Wolfgang Stegmüller

Probleme und Resultate der Wissenschaftstheorie
und Analytischen Philosophie, Band II
Theorie und Erfahrung

Studienausgabe, Teil C

# Beobachtungssprache, theoretische Sprache und die partielle Deutung von Theorien

*Diskussion von Carnaps Signifikanzkriterium für theoretische Terme*
*Der Zusammenbruch der Signifikanzidee*
*Funktionelle Ersetzung theoretischer Begriffe: Das Theorem von Craig*
*Der Ramsey-Satz*
*Quantenlogik*
*Was ist wissenschaftlicher Fortschritt?*

Springer-Verlag Berlin · Heidelberg · New York 1970

Professor Dr. WOLFGANG STEGMÜLLER
Philosophisches Seminar II
der Universität München

Dieser Band enthält die Kapitel V bis VII sowie Anhang und Nachwort der unter dem Titel „Probleme und Resultate der Wissenschaftstheorie und Analytischen Philosophie, Band II, Theorie und Erfahrung" erschienenen gebundenen Gesamtausgabe.

Erster Nachdruck 1987

ISBN 3-540-05021-3 Springer-Verlag Berlin Heidelberg New York
ISBN 0-387-05021-3 Springer-Verlag New York Berlin Heidelberg



2142/3140-54321

# Inhaltsverzeichnis

Von der gebundenen Gesamtausgabe des Bandes „Probleme und Resultate der Wissenschaftstheorie und Analytischen Philosophie, Band II, Theorie und Erfahrung", sind folgende weiteren Teilbände erschienen:

**Studienausgabe Teil A:** Erfahrung, Festsetzung, Hypothese und Einfachheit in der wissenschaftlichen Begriffs- und Theorienbildung.

**Studienausgabe Teil B:** Wissenschaftssprache, Signifikanz und theoretische Begriffe.

# Teil C

# Beobachtungssprache, theoretische Sprache und die partielle Deutung von Theorien

# Kapitel V

# Darstellung und kritische Diskussion von Carnaps Kriterium der empirischen Signifikanz für theoretische Terme

## 1. Das Problem

Allen folgenden Betrachtungen wird die Prämisse vorangestellt, daß die Motive für die Einführung theoretischer Begriffe zwingend sind und daß wir daher *das Stadium der Theorienbildung* erreicht haben, welches sich vom Stadium der empirischen Systematisierung dadurch unterscheidet, daß die wissenschaftliche Gesamtsprache $L$ in zwei Teilsprachen zerlegt worden ist: in die Beobachtungssprache $L_B$ mit dem Vokabular $V_B$ und in die theoretische Sprache $L_T$ mit dem Vokabular $V_T$. Die Terme von $V_T$ erhalten nur eine indirekte und partielle empirische Deutung mit Hilfe der Korrespondenz- oder Zuordnungsregeln $Z$. Die reine Theorie $T$ ist gänzlich in der Sprache $L_T$ formuliert; die *interpretierte* Theorie, welche in der Konjunktion $T \wedge Z$ besteht, enthält hingegen Ausdrücke aus beiden Sprachen.

Mit der Einführung einer solchen Zweistufentheorie der Wissenschaftssprache wird für den Empiristen eine große Schwierigkeit erzeugt: *Der Empirismus ist von der Gefahr bedroht, sich zu verflüchtigen.* Wir müssen ja jetzt einerseits davon ausgehen, daß nur die Beobachtungssprache $L_B$ den *vollkommen verstandenen*, d. h. den *zur Gänze interpretierten* Teil der Wissenschaftssprache bildet. Andererseits ergibt sich aus unserer Prämisse, daß die Forderung nach vollständiger Definierbarkeit der Terme von $V_T$ mittels solcher von $V_B$ bzw. nach vollständiger Übersetzbarkeit der Sätze von $L_T$ in solche von $L_B$ nicht erfüllt werden kann. Was in $L_T$ gesagt wird, können wir also nicht in der Sprache wiedergeben, die wir vollkommen verstehen. Wir geben damit zu, *nur ein teilweises Verständnis* der Terme unserer theoretischen Sprache gewonnen zu haben.

Sobald so etwas zugestanden wird, scheint es jedoch, *daß man praktisch überhaupt keine Terme aus dem Wissenschaftsbetrieb mehr ausschalten kann.* Insbesondere wäre dann keine scharfe Abgrenzung von empirischer Wissenschaft gegenüber spekulativer Metaphysik mehr möglich. Angenommen nämlich, $\tau$ sei ein Term, welcher nach allgemeiner Übereinstimmung bisher nur in metaphysischen Kontexten verwendet worden ist. Wir beschließen nun, das theoretische Vokabular $V_T$ so zu erweitern, daß auch $\tau$ darin als Element vorkommt. Ferner werde $\tau$ in syntaktisch korrekte Sätze unserer Sprache eingeführt, welche außerdem naturwissenschaftliche Terme aus $V_T$ enthalten, oder sogar in syntaktisch korrekte Sätze unserer Sprache, in denen auch noch Terme von $V_B$ vorkommen. Durch diese Verknüpfung mit wissenschaftlichen Begriffen und mit Begriffen der „unmittelbar verständlichen" Beobachtungssprache erhält der metaphysische Term, so könnte argumentiert werden, eine partielle indirekte Interpretation. Zugegeben: Eine *vollständige empirische Deutung* erhält $\tau$ auf solche Weise *nicht*. Dies könnte nur geschehen durch definitorische Zurückführung auf Terme von $V_B$. *Aber diese Art von vollständiger Deutung erwies sich ja auch für die nicht angefochtenen naturwissenschaftlichen Terme von $V_T$ als undurchführbar.* Es wäre unlogisch, metaphysische Begriffe und Sätze wegen eines Mangels zu brandmarken, der allen theoretischen Begriffen einer Erfahrungswissenschaft zukommt und den man dort gar nicht als Mangel empfindet.

HEMPEL hat auf Grund solcher Überlegungen die resignierende Konsequenz gezogen, daß der Gedanke einer *scharfen* Grenzziehung zwischen Erfahrungswissenschaft und Metaphysik fallen gelassen werden müsse, und daß wir nur mehr oder weniger stetige Übergänge vom ursprünglich Verständlichen zum mehr oder weniger mittelbar Verständlichen feststellen können, etwa in dieser Folge abnehmender Verständlichkeit: (1) Grundterme der Beobachtungssprache; (2) Terme, die mit Hilfe von Ausdrücken der Art (1) definierbar sind; (3) Terme, die sich zwar noch immer in die Beobachtungssprache einführen lassen, die dort aber nur teilweise interpretiert werden (reine Dispositionsterme); (4) theoretische Terme, welche in den Interpretationsregeln $Z$ einer Theorie vorkommen; (5) theoretische Terme, die nicht einmal in $Z$ vorkommen, sondern nur in den Grundgesetzen der Theorie $T$; (6) metaphysische Terme.

Daraus zieht HEMPEL zwei Folgerungen: Erstens kann die Frage der empirischen Sinnhaftigkeit überhaupt nicht mehr *für einzelne Begriffe* oder *für einzelne Aussagen* einer Sprache aufgeworfen werden, sondern *nur mehr für eine gesamte interpretierte Theorie*, d. h. für eine Konjunktion von der Gestalt $T \wedge Z$. Zweitens wird es nicht einmal für solche wissenschaftlichen Gesamtsysteme möglich sein, empirisch sinnvolle von empirisch nicht sinnvollen Systemen scharf zu unterscheiden. Vielmehr wird es sich nicht vermeiden lassen, bloß *graduelle Unterschiede* vorzunehmen, etwa von der Art, daß das eine System *besser empirisch prüfbar* sei als das andere; oder daß *der Grad*, in welchem das eine System *auf Grund der verfügbaren Erfahrungsdaten bestätigt* ist, ein *höherer* sei als der Grad der Bestätigung des anderen Systems; oder schließlich, daß sich das eine System *besser für Erklärungen und Voraussagen eigne* als das andere. Sicherlich *kann* man eine scharfe Grenze ziehen. Aber erstens darf dies dann *nicht* mehr gedeutet werden *als eine adäquate*

*Explikation des Begriffs der empirischen Zulässigkeit*, da sie auf einem mehr oder weniger willkürlichen Beschluß beruht. Zweitens wird sich vermutlich jede Grenzziehung als zu eng oder als zu weit herausstellen; d. h. entweder wird man dadurch Begriffe und Sätze, die von Erfahrungswissenschaftlern als sinnvoll betrachtet werden, eliminieren oder man wird Begriffe und Sätze zulassen, die kein ernsthafter Forscher als wissenschaftlich signifikant ansieht.

CARNAP hat diesen Konsequenzen, die einer starken Aufweichung des empiristischen Programms gleichkämen, energisch widersprochen. Er ist der Auffassung, daß selbst bei Zugrundelegung einer Zweistufenkonzeption der Wissenschaftssprache erstens *eine scharfe Trennungslinie* gezogen werden kann zwischen dem, was *empirisch zulässig* ist, und dem, was *als empirisch unzulässig* betrachtet werden muß; zweitens daß ein präzises Kriterium der empirischen Signifikanz nicht erst für eine Theorie als ganze, sondern *für die einzelnen Terme* (Begriffe) *der Theorie* formulierbar ist.

Tatsächlich hat CARNAP den ersten Versuch unternommen, ein präzises empirisches Signifikanzkriterium für die theoretische Sprache zu formulieren. Er läßt sich dabei von den folgenden drei Grundgedanken leiten:

(1) Man kann zwar weiterhin von der *einen* Wissenschaftssprache $L$ reden, aber nicht in der undifferenzierten Weise, in der dies früher geschah. Diese Sprache gliedert sich in die Beobachtungssprache und in die theoretische Sprache als noch genauer zu charakterisierende *Teilsprachen*. Die *Beobachtungssprache* enthält — mit einer noch zu erwähnenden Einschränkung — an Ausdrucksmitteln gerade das, was nach der früheren Konzeption in der empiristischen Gesamtsprache zugelassen war. Die einfachsten in ihr vorkommenden Sätze sind von der Art: „der physische Gegenstand $a$ ist rot, hart und kalt". Nur ein sehr kleiner Teil der Sätze einer Wissenschaft wird in dieser Sprache formuliert. Die meisten Aussagen einer wissenschaftlichen Theorie werden dagegen in der *theoretischen Sprache* ausgedrückt, so etwa Aussagen von der Gestalt: „Am Punkt $\langle x, y, z, t\rangle$ des vierdimensionalen Raum-Zeit-Kontinuums haben die Komponenten des elektrischen Feldvektors die folgenden Werte: ...". Diese Sprache beinhaltet also den „theoretischen Überbau" zur Beobachtungssprache. In ihr werden insbesondere alle Grundgleichungen der naturwissenschaftlichen Theorie gebildet.

(2) Die beiden Teilsprachen werden durch spezielle Regeln miteinander verknüpft: die *Zuordnungs-* oder *Korrespondenzregeln*. Diese Regeln enthalten Ausdrücke aus *beiden* Sprachen, also sowohl Beobachtungsterme als auch theoretische Terme. In bezug auf die Sprachstufenunterscheidung handelt es sich bei ihnen somit um *gemischte* Sätze. Auf sie allein stützt sich die gesamte *empirische Interpretation* der Theorie. Ohne solche Regeln bliebe

die letztere, die ja zur Gänze in der theoretischen Sprache formuliert ist[1], ein uninterpretierter Kalkül.

(3) Der entscheidende Schritt besteht in der Angabe des gesuchten Signifikanzkriteriums. CARNAP geht methodisch so vor, daß er unmittelbar nicht ein Kriterium für die Signifikanz von *Sätzen* der theoretischen Sprache formuliert, sondern für theoretische *Begriffe* bzw. *Terme*, und erst in einem zweiten Schritt das Kriterium auf *Sätze* ausdehnt. Die intuitive Idee, welche er dabei benützt, ist die der *prognostischen Relevanz*: Auch nur teilweise deutbare theoretische Terme eines erfahrungswissenschaftlichen Systems ermöglichen doch *Voraussagen im Bereich des Beobachtbaren*, die ohne ihre Hilfe nicht zustande gekommen wären; *metaphysischen Termen fehlt diese Art von prognostischer Leistungsfähigkeit*. In diesem Unterschied spiegelt sich der Gegensatz zwischen dem empirischen Gehalt wissenschaftlicher theoretischer Begriffe einerseits, der empirischen Sinnlosigkeit spekulativer Begriffe eines metaphysischen Systems andererseits wider.

## 2. Die Beobachtungssprache $L_B$

Wir sagten oben, daß CARNAP mit einer noch zu schildernden Einschränkung die Beobachtungssprache $L_B$ mit dem identifiziert, was er z. B. in [Testability] die empiristische Gesamtsprache nannte. Diese Einschränkung betrifft folgendes: Solange $L_B$ als Gesamtsprache konzipiert worden war, mußte in ihr auch die gesamte logische und mathematische Apparatur zur Verfügung gestellt werden. Am Beispiel metrischer Begriffe haben wir an früherer Stelle gesehen, wie durch eine Verstärkung dieser Apparatur auch *der empirische Ausdrucksgehalt* der Sprache erhöht werden kann: Vorher nicht definierbare empirische Funktoren konnten danach durch Definition eingeführt werden.

Überlegungen von solcher Art kann man jetzt außer Betracht lassen. Es genügt, in $L_B$ die *Quantorenlogik mit Identität* zur Verfügung zu haben. Es wird sich dabei also um eine *interpretierte Sprache erster Ordnung* handeln. Alle evtl. erforderlichen stärkeren logischen Hilfsmittel kann man auf den theoretischen Überbau von $L_T$ „abschieben". Denn erstens werden auf Grund der früheren Überlegungen sowohl alle Dispositionsterme als auch alle metrischen Terme in $L_T$ eingeführt. Zweitens werden auch alle Berechnungen, die sich aus dem Erfordernis der Ableitung von Theoremen wie der Anwendung dieser Theoreme auf konkrete Situationen (z. B. für Erklä-

[1] Jedenfalls soll für das Folgende vorausgesetzt werden, daß die Theorie ausschließlich in $L_T$ formuliert wurde. Natürlich sind auch *Mischfälle* denkbar, in denen ein Teil der Theorie in $L_T$, ein anderer Teil hingegen in $L_B$ formuliert ist. Dieser zweite Teil wäre dann vom ersten abspaltbar und könnte im gegenwärtigen Kontext unberücksichtigt bleiben, da er von den speziellen wissenschaftstheoretischen Problemen der theoretischen Begriffe nicht betroffen würde.

rungs- und Voraussagezwecke) ergeben, hauptsächlich in der theoretischen Sprache durchgeführt.

CARNAP fordert daher, daß die Beobachtungssprache die folgenden Bedingungen zu erfüllen habe:

(1) Es sei $V_B$ die Klasse der undefinierten *deskriptiven Konstanten* von $L_B$. Von diesen wird verlangt, daß sie *nur Beobachtbares* zum Inhalt haben. $V_B$ umfaßt also genau das sogenannte *Beobachtungsvokabular*. Was unter dem metatheoretischen Prädikat „beobachtbar" zu verstehen ist, wird hierbei als bekannt vorausgesetzt. Wie bereits früher hervorgehoben wurde, muß die Grenze zwischen dem Beobachtbaren und dem Nichtbeobachtbaren bis zu einem gewissen Grad willkürlich gezogen werden, da eine kontinuierliche Gradabstufung besteht, die mit den direkten Sinneswahrnehmungen beginnt und mit sehr indirekten physikalischen Beobachtungsverfahren endet, bei denen von komplizierten Meßinstrumenten Gebrauch gemacht wird. Der Philosoph wird gewöhnlich die Neigung haben, die Grenze eng zu ziehen und nur etwas als beobachtbar ansehen, das *sinnlich wahrnehmbar* ist. Der Physiker hingegen wird meist auch solches als beobachtbar bezeichnen, das *mit Hilfe einfacher Apparaturen* beobachtet werden kann. Er wird also einen *Laboratoriumssinn der Beobachtbarkeit* gegenüber einem als zu eng empfundenen philosophischen Begriff in den Vordergrund rücken.

Eine gewisse Einschränkung in der Wahlfreiheit ist hier von vornherein dadurch gegeben, daß metrische Begriffe jetzt überhaupt nicht in der Beobachtungssprache, sondern erst innerhalb von $L_T$ eingeführt werden. Während nämlich Physiker häufig auch *quantitative Größen* als beobachtbar bezeichnen, wenn das erforderliche Meßverfahren relativ einfache Struktur hat, ist eine derartige Festsetzung jetzt ausgeschlossen. Es sei aber nochmals daran erinnert, daß nach dem früher skizzierten Verfahren die Beobachtungssprache jederzeit erweitert werden *könnte*, um auch metrische Begriffe einzubeziehen. Die Gründe, welche dagegen bzw. dafür sprechen, metrische Begriffe als *bloß teilweise interpretierte Begriffe* anzusehen, waren jenen analog, die gegen die Einführung von Dispositionsbegriffen in $L_B$ vorgebracht werden konnten.

Soweit die Elemente von $V_B$ *Prädikate* sind, muß es sich dabei um *beobachtbare Eigenschaften und Relationen* handeln. Sollten in $L_B$ auch Individuenkonstante vorkommen, so muß es sich bei deren Designata um *beobachtbare Objekte* handeln. Da in $L_B$ das Verfahren der Kennzeichnung zur Verfügung steht, ist die Verwendung von Namen überflüssig. Der Gegenstandsbereich der Individuenvariablen darf aber in jedem Fall nur aus beobachtbaren Objekten bestehen. Andere Variable außer Individuenvariablen sind wegen der vorausgesetzten Einfachheit der Beobachtungssprache nicht erforderlich.

Ein präziser Aufbau von $L_B$ müßte sich nach dem üblichen Verfahren des Aufbaus formaler Sprachen vollziehen. Zunächst wäre die *Liste* aller deskriptiven und logischen *Konstanten* aufzustellen; ebenso die Liste der Symbole, welche als *Individuenvariable* verwendet werden. In einem zweiten Schritt wären die *Formregeln* zur Bildung komplexer Sätze anzugeben. Im dritten Schritt wäre schließlich *der deduktive Teil der Logik von $L_B$* zu formulieren. Sollte man sich für einen kalkülmäßigen Aufbau der Quantorenlogik entschließen, so müßte dieser durch eine semantische Interpretation ergänzt werden, da $L_B$ nicht ein bloßer Kalkül, sondern eine voll verständliche und damit *eine vollständig gedeutete Sprache erster Ordnung* sein soll.

(2) Außer den primitiven deskriptiven Konstanten können weitere Terme eingeführt werden, die keine Grundterme sind. Für diese wird nur die Forderung der *expliziten Definierbarkeit* erhoben.

Strenggenommen gewährleistet erst diese Bedingung (2) zusammen mit (1), daß es sich bei $L_B$ um eine vollständig interpretierte Sprache handelt. Würde man nämlich gemäß dem früheren Vorschlag CARNAPs außer expliziten Definitionen auch das Verfahren der Einführung von Dispositionsprädikaten durch Reduktionssätze bzw. durch Klassen von Reduktionssätzen zulassen, so hätten wir es trotz der Erfüllung aller in (1) erwähnten Bedingungen nur mit einer *partiell interpretierten* Sprache zu tun. Denn für die auf diese Weise eingeführten Dispositionsprädikate vermöchten wir keine vollständige Deutung zu geben.

CARNAP hat dadurch, daß er das Verfahren der Reduktionssätze als eine Verallgemeinerung des Verfahrens der *definitorischen Einführung* von Begriffen charakterisierte, diese von ihm entwickelte Methode in eine zu große Nähe zum Definitionsverfahren gerückt und den radikalen Unterschied zwischen beiden Methoden etwas verwischt. In *formaler* Hinsicht äußert sich der Unterschied darin, daß die durch das Reduktionsverfahren eingeführten Prädikate *das Prinzip der Eliminierbarkeit verletzen*, welches alle korrekten Definitionen erfüllen müssen. In *wissenschaftstheoretischer Hinsicht* kommt der Unterschied dadurch zum Ausdruck, daß Reduktionssätze im allgemeinen — d. h. abgesehen vom Grenzfall der Einführung mittels eines einzigen bilateralen Reduktionssatzes — zum Unterschied von Definitionen *einen nachprüfbaren empirischen Gehalt* besitzen.

Es erscheint daher als angebrachter, den Sachverhalt so darzustellen, wie dies N. GOODMAN getan hat. Danach sind die durch Reduktionssätze eingeführten Dispositionsprädikate *als zusätzliche primitive Terme* aufzufassen, die zu jenen von $V_B$ hinzugefügt werden. Die Reduktionssätze selbst, in denen sie auftreten, sind als Axiome zu deuten, welche diese Terme partiell charakterisieren. Diese Interpretation ist analog jener, in der man heute die Einführung von Grundbegriffen in ein axiomatisches mathematisches System deutet. Der Unterschied besteht allein darin, daß im mathematischen Fall nur die *logischen* Konstanten als mit fester Bedeutung versehen vorausgesetzt werden, während im vorliegenden Fall auch die *deskriptiven* Konstanten von $V_B$ eine feste Bedeutung besitzen.

Macht man sich diese Interpretation zu eigen, so scheinen die Grenzen zwischen CARNAPs früherer Auffassung und der jetzigen Zweistufentheorie zu verschwimmen. In der neuen Terminologie könnte man CARNAPs früheres Vorgehen bei der Einführung von Dispositionsprädikaten so charakterisieren: Diese Prädikate machen primitive Terme des theoretischen Vokabulars aus. Die Reduktionssätze sind in der Regel gemischte Sätze, da sie sowohl Prädikate aus $L_B$ wie aus $L_T$ enthalten. Soweit dies gilt, wären die Reduktionssätze somit als spezielle Fälle von Korrespondenzregeln zu interpretieren. Sofern *alle* in einem Reduktionssatz enthaltenen Prädikate Dispositionsprädikate sind — was wegen der Iterierbarkeit des Verfahrens durchaus möglich ist —, müßte dieser Satz als ein Satz von $L_T$ angesehen werden. Ebenso wären alle Gesetze, in denen nur Dispositionsprädikate vorkommen, als *rein theoretische Gesetze* von $L_T$ zu deuten.

Daraus ersieht man, daß bereits CARNAPs früheres Vorgehen zur Gänze im Rahmen des Begriffsapparates deutbar ist, welcher von der Aufsplitterung der Wissenschaftssprache in die beiden Teilsprachen $L_B$ und $L_T$ Gebrauch macht. Und zwar ist diese Deutung adäquater als jene, in der eine doch nur recht künstliche Parallele zwischen Definitionen und Reduktionssätzen hergestellt wird.

Wie ist dann aber CARNAPs Wechsel in den Anschauungen bezüglich der Einführung von Dispositionsbegriffen zu charakterisieren? Am besten so: Es hat sich herausgestellt, daß bei der früheren Methode der Einführung dieser Begriffe *allzu spezielle Annahmen* gemacht worden waren. Erstens war dort gefordert worden, daß die ersten eingeführten Dispositionsprädikate nicht bloß in $T$ vorkommen, sondern bereits *in den Zuordnungsregeln Z* (Reduktionssätze *sind* ja, wie wir eben feststellten, derartige Regeln). Zweitens war bezüglich der *Form der Sätze* die einschränkende Bedingung auferlegt worden, daß diese Sätze entweder die Gestalt haben: $A \rightarrow (B \rightarrow C)$, oder die Gestalt: $A \rightarrow (B \leftrightarrow C)$. *Beide* Voraussetzungen werden in dem Augenblick *fallengelassen, wo man Dispositionsprädikate mit anderen theoretischen Begriffen vollkommen gleichstellt.* Dadurch wird jene Liberalisierung erreicht, die nach den in IV, 1 angestellten Überlegungen notwendig ist, um die dort aufgezeigten unerwünschten Konsequenzen der Methode der Reduktionssätze zu vermeiden.

(3) Die Beobachtungssprache soll selbstverständlich nicht nur für *eine* Person verständlich sein. Vielmehr muß es sich um eine *intersubjektiv verständliche* Sprache handeln, die sich für die *Verständigung zwischen Wissenschaftlern untereinander* eignet. Da verschiedene Philosophen größte Bedenken haben, ob sich eine phänomenalistische Sprache für solche Zwecke eignet, wird zusätzlich die Forderung aufgestellt, daß es sich um eine *Dingsprache* handeln müsse (Forderung des Physikalismus bzw. allgemeiner:

des *Reismus*). In seinem „logischen Aufbau der Welt" hat CARNAP bekanntlich noch mit einer phänomenalistischen Grundsprache gearbeitet.

Die Gründe, welche für eine reistische Sprache ins Treffen geführt werden können, sind von jenen, die man zugunsten der Zweisprachstufentheorie anführen kann, vollkommen unabhängig. Falls es daher überhaupt einen ernst zu nehmenden *Streit* zwischen Phänomenalisten und Reisten gibt, ist dieser für die folgenden Betrachtungen von keiner Bedeutung.

(4) Der Beobachtungssprache kann die weitere Bedingung auferlegt werden, daß sie mit dem *Grundsatz des Nominalismus* im Einklang steht. Dies bedeutet, daß die Werte der Variablen nicht nur *beobachtbare* Entitäten sein müssen, sondern darüber hinaus *konkrete Individuen*, wie z. B. Dinge, Dingmomente oder Ereignisse. Hier wird allerdings die nicht unproblematische Voraussetzung gemacht, daß der Gegensatz „Konkretum — Abstraktum" scharf präzisierbar ist. Vom intuitiven Standpunkt aus werden *Klassen* als nichtkonkrete Entitäten betrachtet; und eine logische Theorie wird als platonistisch bezeichnet, wenn zum Wertbereich ihrer Variablen Klassen gehören. Eine derartige „höhere" Logik kann man aus der Beobachtungssprache verbannen, weil es genügt, sie in die Sprache $L_T$ einzuführen.

Wir wollen die vierte Forderung, die des Nominalismus, in der vorsichtigeren Gestalt eines Konditionalsatzes formulieren: *Falls es überhaupt möglich sein sollte, den Gegensatz zwischen Nominalismus und Platonismus scharf zu präzisieren* — oder, was auf dasselbe hinausläuft: den Begriff des konkreten Individuums in exakter Weise einzuführen —, *so genügt es, als $L_B$ eine solche Sprache zu wählen, die den Forderungen des Nominalismus genügt.* Das Motiv für diese weitere Bestimmung ist einleuchtend: $L_B$ soll eine *verständliche* Sprache sein. Es ist daher unzweckmäßig, in diese Sprache einen logischen Apparat einzubauen, dessen Semantik von einigen, nämlich den Nominalisten, als unverständlich betrachtet würde.

(5) Eine weitere Forderung ist die des *Finitismus.* Auch hier handelt es sich darum, von vornherein einen möglichen Einwand der Unverständlichkeit auszuschalten. Bekanntlich haben von alters her viele Philosophen den Gedanken einer „fertigen" unendlichen Totalität oder eines „Aktual-Unendlichen" als unbegreiflich oder sogar als unsinnig bezeichnet. Eine ähnlich ablehnende Haltung nehmen z. B. die sogenannten Konstruktivisten innerhalb der logisch-mathematischen Grundlagenforschung ein. Ja, es gibt sogar Deutungen des Nominalismus, wonach dieser Standpunkt mit dem der Verwerfung des Begriffs unendlicher Gesamtheiten zusammenfällt.

Die Forderung des Finitismus kann in einer schwächeren oder in zwei strengeren Formen ausgesprochen werden. Nach der schwächeren Form wird bloß verlangt, es dürfte aus den Regeln der Sprache $L_B$ nicht folgen, daß der Wertbereich der Variablen unendlich sei. Diese Situation ist genau dann gegeben, wenn $L_B$ *ein endliches Modell* besitzt. (Es darf in $L_B$ also kein

Satz als richtig behauptet werden, der nur im Unendlichen erfüllbar ist, wie z. B. die verschiedenen Varianten des sogenannten Unendlichkeitsaxioms. Das Fehlen eines solchen Satzes ist aber durchaus damit verträglich, daß die Sprache *auch* unendliche Modelle besitzt. Daher macht die zweite Forderung bereits wesentlich stärkere Einschränkungen.) Schärfer wäre die Forderung, daß $L_B$ *ausschließlich endliche Modelle* besitzen dürfe. Die stärkste Forderung bestünde schließlich darin, daß *kein Modell der Sprache mehr als n Individuen* enthalten dürfe, für eine feste natürliche Zahl *n*. Diese Forderung würde z. B. der Auffassung des Physikers und Naturphilosophen A. EDDINGTON entsprechen, der nachweisen zu können glaubte, daß das Universum eine genau bestimmte Anzahl von Elementarpartikeln enthalte. Vom wissenschaftstheoretischen Standpunkt dürfte es genügen, die schwächste der drei Forderungen als erfüllt anzusehen.

CARNAPs Behauptung, daß diese schwächste Forderung des Finitismus automatisch erfüllt sei (a. a. O., S. 42), ist allerdings unrichtig. Da er zwar eine Aussage über die in $L_B$ zugelassenen logischen *Zeichen*, *nicht* jedoch über die darin akzeptierten logischen *Axiome* macht, kann mit Hilfe des verfügbaren Begriffsapparates ohne weiteres eine Variante des Unendlichkeitsaxioms formuliert werden. Es sei etwa $R$ ein zweistelliges Prädikat aus $V_B$. Dann kann man das Axiom hinzunehmen:

$$\bigwedge x \bigwedge y \bigwedge z\,(Rxy \wedge Ryz \rightarrow Rxz) \wedge \bigwedge x \bigvee y\, Rxy \wedge \bigwedge x \neg Rxx.$$

$L_B$ kann dann kein endliches Modell besitzen.

(6) Eine weitere Bedingung wäre die zu verlangen, daß jeder Wert einer Variablen von $L_B$, also *jedes Element* des zugrundeliegenden Gegenstandsbereiches, *durch einen Ausdruck von $L_B$ bezeichnet wird*[2]. Falls wir es mit einer sogenannten Koordinatensprache zu tun haben, ist diese Forderung automatisch erfüllt.

(7) Als siebente Forderung ließe sich die des *Extensionalismus* aufstellen. Daß $L_B$ eine extensionale Sprache sein soll, besagt nichts anderes, als daß diese Sprache nur die üblichen Junktoren zur Bezeichnung von Wahrheitsfunktionen sowie die üblichen Quantoren enthalten darf und daß keine semantischen Designationsregeln auf Intensionen Bezug nehmen. Durch diese Forderung wird dem Standpunkt der *Anti-Intensionalisten* und *Modalitätsskeptiker*, wie z. B. W. v. QUINE, Rechnung getragen. Insbesondere enthält die Sprache bei Erfüllung dieser Bedingung keine Zeichen für logische oder für kausale Modalitäten.

Bezüglich der theoretischen Sprache werden die einschränkenden unter diesen Forderungen abgelehnt. Was die siebente Forderung betrifft, so hängt ihre Berechtigung davon ab, was künftige Forschungen ergeben werden. Sollten die Untersuchungen über die Logik der kausalen Modalitäten einmal zu einem befriedigenden positiven Abschluß gelangen, so

---

[2] CARNAP bezeichnet diese Forderung etwas irreführend als die des Konstruktivismus.

wäre nichts dagegen einzuwenden, Zeichen für *kausale Modalitäten*, z. B. für kausale Notwendigkeiten, *auch in die Beobachtungssprache* einzuführen. Ein derartiges Vorgehen ließe sich folgendermaßen rechtfertigen: Naturgesetze würden nach dem erfolgreichen Abschluß einer Theorie der kausalen Modalitäten generell mit Hilfe des kausalen Notwendigkeitsoperators formuliert werden. Nun sind aber *theoretische* Gesetze nicht die einzigen Naturgesetze. Die *empirischen* Naturgesetze, für deren Formulierung nur das Beobachtungsvokabular benötigt wird, sollten weiterhin in $L_B$ ausdrückbar sein. Dies hätte zur Folge, daß die Operatoren für kausale Modalitäten auch in der Beobachtungssprache zur Verfügung stehen müßten.

## 3. Die theoretische Sprache $L_T$

Die *deskriptiven Grundkonstanten* von $L_T$ sind die *theoretischen Terme*, welche das *theoretische Vokabular* $V_T$ ausmachen. Beobachtbarkeit wird für diese Terme nicht gefordert, und natürlich auch nicht ihre explizite Definierbarkeit mittels der zu $V_B$ gehörenden Terme. Die Elemente von $V_T$ sind vielmehr ebenso wie die zu $V_B$ gehörenden *undefinierte* Grundkonstante. Eine partielle empirische Deutung erlangen sie lediglich über die Zuordnungsregeln $Z$. Dagegen können mit ihrer Hilfe beliebig viele weitere theoretische Terme durch explizite Definitionen eingeführt werden. Hierin besteht eine völlige Parallele zu dem Verfahren in $L_B$. Auch das frühere Verfahren der Reduktionssätze ließe sich hier im Prinzip reproduzieren: Falls es sich als zweckmäßig erweisen sollte, könnten *rein theoretische Dispositionsterme* mit Hilfe von Reduktionssätzen eingeführt werden, die ausschließlich in der Sprache $L_T$ ausgedrückt sind.

Die in $L_T$ formulierte Theorie bezeichnen wir mit $T$. Es soll vorausgesetzt werden, daß diese Theorie in axiomatischer Gestalt aufgebaut ist. Die Verknüpfung von theoretischen Termen mit Beobachtungstermen wird durch die Korrespondenz- oder Zuordnungsregeln $Z$ hergestellt. Unter Berücksichtigung der Frage der empirischen Deutung nennen wir $T$ auch die *uninterpretierte Theorie* und die Konjunktion $T \wedge Z$ die *interpretierte Theorie*. Die uninterpretierte Theorie ist unter dem Gesichtspunkt des Erfahrungsgehaltes nichts weiter als ein *Kalkül*.

Dies ist jedoch ebenso wie der gerade benützte Ausdruck „Interpretation" mißverständlich. Unter Interpretation kann nämlich außer der erwähnten partiellen empirischen Deutung die *semantische Deutung* von $L_T$ verstanden werden. Diese ist sozusagen eine rein interne logische Angelegenheit und berührt die Frage nach dem empirischen Gehalt überhaupt nicht. In bezug auf diese Semantik ergibt sich nun aber gerade der entscheidende Unterschied gegenüber $L_B$. Da in $L_T$ z. B. auch komplizierte physikalische Theorien ausdrückbar sein sollen, *muß der in $L_T$ zur Verfü-*

*gung stehende logische Apparat wesentlich stärker sein als der logische Apparat von* $L_B$. Man kann die Minimalforderung aufstellen, daß der Wertbereich $\mathfrak{V}$ der Variablen drei Konventionen erfüllt:

($A$) $\mathfrak{V}$ muß eine abzählbare Teilmenge enthalten;

($B$) für jede natürliche Zahl $n$ muß auch jedes $n$-Tupel von Entitäten von $\mathfrak{V}$ zu $\mathfrak{V}$ gehören;

($C$) jede Klasse von Entitäten aus $\mathfrak{V}$ ist Element von $\mathfrak{V}$.

Als die in ($A$) geforderte abzählbare Menge kann der Bereich der natürlichen Zahlen gewählt werden. Es ist dann leicht einzusehen, daß auf dieser Basis mit Hilfe der anderen beiden Konventionen alle für den Aufbau der Mathematik erforderlichen Entitäten bereitgestellt werden. Da $n$-stellige Relationen als Klassen geordneter $n$-Tupel charakterisierbar sind, kann man zunächst die ganzen und dann die rationalen Zahlen in der üblichen Weise einführen. Reelle Zahlen lassen sich sodann in verschiedener Weise einführen, z. B. als Klassen bzw. als Klasseneinteilungen von rationalen Zahlen oder als Cauchy-Folgen rationaler Zahlen. Komplexe Zahlen sind geordnete Paare von reellen Zahlen. Da Funktionen als bestimmte eindeutige (z. B. rechtseindeutige) Relationen eingeführt werden können, erhält man auch Funktionen reeller und komplexer Zahlen, Klassen von solchen Funktionen und Relationen zwischen ihnen usw.

Aus gewissen Formulierungen Carnaps, so z. B. in [Beobachtungssprache], S. 237, scheint hervorzugehen, daß er für die Logik von $L_T$ ein System der Stufen- oder Typenlogik voraussetzt. Dies ist natürlich nicht der Fall. Die eben gegebene semantische Skizze macht dies deutlich. Es ist völlig gleichgültig, ob die benötigten logisch-mathematischen Entitäten durch ein typentheoretisches System oder durch ein System von der Art des Zermelo-Fraenkelschen erzeugt werden. Jedenfalls muß das System so stark sein, daß die Sätze der höheren Mathematik nicht nur *formuliert*, sondern die Theoreme dieser Mathematik darin auch *bewiesen* werden können.

Die Festsetzungen ($A$) bis ($C$) reichen aus, um z. B. auch alle Aussagen der theoretischen Physik ausdrücken zu können. Bezogen auf ein in $L_T$ eingeführtes Raum-Zeit-Koordinatsystem sind die *Weltpunkte* als geordnete Quadrupel von reellen Zahlen darstellbar, gehören also nach ($B$) zu $\mathfrak{V}$. *Raum-Zeit-Gebiete* sind als Klassen von Weltpunkten deutbar, werden nach ($C$) also ebenfalls zu $\mathfrak{V}$ gerechnet. *Physikalische Systeme* nehmen bestimmte Raum-Zeit-Gebiete ein. Die Beschreibung von Systemen, Systemmomenten oder Vorgängen an Systemen erfolgt, da die physikalische Sprache eine rein quantitative Sprache ist, mit Hilfe von Funktoren, die bestimmte Funktionen designieren (Kraft-, Massen-, Energie-, Temperatur-Funktion etc.). Solche Funktionen können entweder *Punktfunktionen* oder *Gebietsfunktionen* sein, d. h. durch sie werden die Werte der betreffenden physikalischen Größe entweder einem Weltpunkt oder einem Raum-Zeit-Gebiet zugeordnet. Diese Werte sind entweder reelle Zahlen oder *n*-Tupel von solchen. Wegen der oben festgestellten mengentheoretischen Eigenschaft von $\mathfrak{B}$ gehören daher auch physikalische Systeme, Systemzustände, physikalische Vorgänge, physikalische Größen und deren Werte zu $\mathfrak{B}$. Wem das noch nicht ganz einleuchtet, der möge sich nochmals den Inhalt des Satzes von CARNAP deutlich vergegenwärtigen: „Ein physikalisches System ist nichts anderes als ein Raum-Zeit-Gebiet, beschrieben mit Hilfe von Größen"[3].

Bei einem streng formalen Aufbau der Theorie $T$ innerhalb von $L_T$ müßten in einem ersten und in einem zweiten Schritt eine *Zeichentabelle* und *Formregeln* angegeben werden. In einem dritten Schritt wären die *Axiome* und die *Ableitungsregeln* zu formulieren. Die ersteren wären in die logisch-mathematischen Grundsätze einerseits, in die nichtlogischen Axiome (z. B. die physikalischen Grundgleichungen) andererseits, zu gliedern. Die sich an einen solchen syntaktischen Aufbau anschließende *abstrakte Semantik*[4] von $L_T$ müßte dann die obigen drei Konventionen erfüllen.

Die Sprache $L$ mit den beiden Teilsprachen $L_B$ und $L_T$ bildet die *Objektsprache*. Als *Metasprache* werden wir in beiden Fällen die um gewisse technische Begriffe bereicherte Umgangssprache ansehen. Die für $L_T$ aufgestellten Forderungen verletzen zweifellos das Grundprinzip des Nominalismus. Ein strenger Nominalist würde daher auch den logisch-mathematischen Apparat der theoretischen Sprache nur als eine Art von ungedeutetem syntaktischem Überbau über der verständlichen Sprache $L_B$ ansehen. Er müßte aber, um überhaupt mit $L_T$ operieren zu können, imstande sein, eine geeignete Metasprache zu benützen, um über $L_T$ zu reden. Daß so etwas stets möglich ist, wurde von N. GOODMAN und W. v. QUINE gezeigt[5].

Abschließend seien noch einige Bemerkungen über das Verhältnis der beiden Teilsprachen $L_B$ und $L_T$ gemacht. CARNAP erweckt durch seine Formulierungen gelegentlich den Eindruck, als handle es sich bei $L_B$ und $L_T$ um eine *erschöpfende* Untergliederung der Sprache $L$. Diese Deutung wäre jedoch falsch. Dies ergibt sich schon allein daraus, daß mittels der in $L_T$ formulierten Gesetze von $T$ *deduktive Zusammenhänge zwischen den Aussagen der Beobachtungssprache* $L_B$ gestiftet werden müssen. Von diesem Faktum macht auch das noch zu schildernde Carnapsche Signifikanzkriterium Gebrauch.

Am besten dürfte es sein, eine Gliederung in fünf Klassen von Sätzen aus $L$ vorzunehmen. *Reine Sätze aus* $L_B$ sind solche, die mindestens eine deskriptive Konstante von $V_B$ enthalten, in denen jedoch keine deskriptiven Konstanten außer jenen von $V_B$ vorkommen und die zur Gänze in der

---

[3] [Theoretische Begriffe], S. 215.

[4] Von abstrakter Semantik sprechen wir deshalb, damit sich keine Verwechslung mit der *empirischen Deutung* einschleicht, die ausschließlich durch die Regeln $Z$ geliefert wird.

[5] [Constructive Nominalism].

Sprache der Logik von $L_B$ abgefaßt sind. In analoger Weise sind *die reinen Sätze aus* $L_T$ zu bestimmen[6]. Wenn man die *logischen* Theorien betrachtet, die in $L_B$ bzw. in $L_T$ eingebaut sind, so ergibt sich offenbar ein einseitiges Einschlußverhältnis: Die elementare Logik von $L_B$ muß eine *echte Teiltheorie* der Logik von $L_T$ sein. Sätze wie „$\bigwedge x(x = x)$" bzw. „$\bigwedge x \bigvee y(x = y)$" können daher sowohl $L_B$ *als auch* $L_T$ zugeordnet werden. Dagegen können andere Sätze, die keine deskriptiven Konstanten enthalten, gebildet werden, welche *nur zur Logik von* $L_T$ gehören.

In bezug auf die verwendete Logik überlappen sich also beide Sprachen. Eine wiederum *andere Art von Überschneidung* ergibt sich, wenn man die deskriptiven Konstanten mitberücksichtigt. Da vor allem sämtliche Korrespondenzregeln sowohl Terme aus $V_B$ als auch solche aus $V_T$ enthalten, muß auf Grund der Formregeln eine fünfte Art von Sätzen zugelassen sein: *gemischte Sätze*, welche deskriptive Konstante aus beiden Sprachen enthalten. Daraus ergibt sich sofort, daß auch der gewissermaßen entartete Fall eintreten kann, daß in einem Satz zwar nur deskriptive Konstante aus $V_B$, jedoch logische Konstante vorkommen, die nur in der Logik von $L_T$ zugelassen sind. So etwas würde z. B. entstehen, wenn man aus einem gemischten Satz, der Konstante aus $V_T$ von einer in $L_B$ überhaupt nicht vorkommenden Kategorie (z. B. Funktoren) enthält, diese Konstanten durch Quantifikation eliminierte.

Aus diesen Bemerkungen geht hervor, daß die früheren Andeutungen über den Sprachaufbau von $L_B$ und $L_T$ nicht ganz korrekt waren. Wegen des Vorkommens gemischter Sätze ist es nicht ausreichend, syntaktische und semantische Bestimmungen *zunächst* für $L_B$ und *dann* für $L_T$ anzugeben. Vielmehr müssen bei einem streng systematischen Aufbau diese Regeln „in einem Zuge" für die ganze Sprache $L$ formuliert werden und dabei so geartet sein, daß der erwähnte Fall gemischter Sätze ausdrücklich zugelassen wird. Die Teilsprachen $L_B$ und $L_T$ können erst *im nachhinein* aus der Gesamtsprache $L$ ausgesondert werden. Aus den gemachten Andeutungen dürfte hervorgehen, daß die genaue Angabe der Struktur von $L$ keineswegs eine Trivialität ist, wie es zunächst den Anschein hat. Die detaillierten Bestimmungen hängen u. a. von der Art und Weise ab, in der ein höheres logisch-mathematisches System in $L_T$ eingebaut wird (z. B. ob darin Typenunterscheidungen gemacht werden usw.).

## 4. Wirklichkeitsprobleme

An dieser Stelle schalten wir eine kurze Zwischenbetrachtung über den Realitätsbegriff ein. Wie CARNAP erwähnt, muß man wegen der Aufsplitte-

[6] Sowohl die reinen $L_B$-Sätze als auch die reinen $L_T$-Sätze können entweder synthetisch oder logisch bzw. analytisch determiniert sein. Auf diese andersartige Einteilung kommen wir in Kap. VII genauer zu sprechen.

rung der wissenschaftlichen Gesamtsprache in die beiden Teilsprachen $L_B$ und $L_T$ dem alltäglichen, vorexplikativen Gebrauch von „wirklich" verschiedene Explikate gegenüberstellen. Vorausgeschickt werden muß dafür, daß CARNAP „die landläufigen ontologischen Fragen", welche die Realität von Zahlen, Klassen, Körpern, Seelen usw. betreffen, für Scheinprobleme hält. Er würde also keinesfalls zugeben, daß mit der wesentlich stärkeren Semantik von $L_T$ gegenüber jener von $L_B$ in der theoretischen Sprache auch stärkere ontologische Voraussetzungen gemacht werden.

*Wirklichkeitsfragen in Verbindung mit* $L_B$ können nur auftreten bezüglich möglicher *beobachtbarer* Dinge und Ereignisse, da sich die Werte der Variablen von $L_B$ auf solcherlei Beobachtbares beschränken. Eine Wirklichkeitsbehauptung kann hier stets durch eine *semantische Wahrheitsfeststellung in der Metasprache* ersetzt werden. Die Behauptung, daß das Ereignis, wonach diese Gebirgslandschaft vor 50 Millionen Jahren im Meer lag, *wirklich* sei, ist z. B. transformierbar in: »Der Satz von $L_B$ „Diese Gebirgslandschaft lag vor 50 Millionen Jahren im Meer" ist wahr.« Eine derartige metatheoretische Wahrheitsfeststellung ist jedoch *gehaltgleich* mit der als wahr behaupteten Aussage selbst, d. h. mit: „diese Gebirgslandschaft lag vor 50 Millionen Jahren im Meer". Das Wirklichkeitsproblem erledigt sich somit durch Vermeidung des Ausdruckes „wirklich"[7].

Etwas komplizierter liegen die Verhältnisse bei Wirklichkeitsfragen, die man in Verbindung mit der theoretischen Sprache $L_T$ aufwerfen kann. Es hat Naturforschern wie Philosophen immer wieder Kopfzerbrechen bereitet, in welchem Sinn man z. B. von der Realität von Elementarteilchen sprechen kann, also davon, *daß solche Entitäten wie Elektronen und Positronen wirklich existieren*. Es wird dabei vorausgesetzt, daß Terme wie „Elektron", „Positron" zum theoretischen Vokabular $V_T$ gehören. Hier trifft CARNAP eine Unterscheidung. Soweit es sich um die Wirklichkeit eines konkreten Ereignisses handelt, das nur mit Hilfe von Ausdrücken aus $L_T$ beschreib-

[7] Gegenüber dieser Auffassung CARNAPs möchte ich allerdings betonen, daß es mir als ein sinnvolles Problem erscheint, in welchen verschiedenen Weisen im Alltag das *Wirkliche* dem *Unwirklichen* oder *Scheinbaren* entgegengestellt wird. Durch eine solche Untersuchung kann man die Vieldeutigkeit von „wirklich" durch praktische Beispiele veranschaulichen. Vgl. dazu u. a. J. L. AUSTIN, [Wirklichkeit], und STEGMÜLLER, [Glauben]. Wenn ich z. B. eines Abends bei künstlichem gelben Licht ein Stück Stoff für grün halte, während es am kommenden Mittag bei hellem Tageslicht blau aussieht, so werde ich vermutlich sagen: „Der Stoff schien grün zu sein; seine *wirkliche* Farbe ist jedoch blau". In derartigen Kontexten ist das Wirkliche das *unter Standardbedingungen Wahrgenommene*. Der Begriff der Standardbedingung verharrt dabei in intuitiver Unbestimmtheit, da er sich je nach Situation ändert. In anderen Fällen wird das *Wirkliche* dem *Halluzinierten* oder *Vorgespiegelten* gegenübergestellt (letzteres z. B. im Fall: Oase — Fata Morgana). Ein *wirklicher Truthahn* kann wiederum *in einer bestimmten Situation* dasselbe bedeuten wie: *kein ausgestopfter Truthahn;* ein *wirkliches Salz* kann in einer bestimmten Notzeit *ein für menschlichen Genuß taugliches Salz* sein usw.

bar ist, verhält es sich *vollkommen analog* wie im vorigen Fall: Die Behauptung, daß die bestimmte Elektronenwolke, die sich zur Zeit $t$ entlang des Weges $W$ bewegt, wirklich existiert, ist logisch äquivalent mit der semantischen Feststellung, daß der Satz von $L_T$, der dieses Ereignis beschreibt, wahr ist. Und diese Aussage wieder ist L-äquivalent mit dem fraglichen Satz aus $L_T$.

Bei philosophischen Reflexionen über die Wirklichkeit oder Realität wird aber meist etwas anderes intendiert. Man will keine Antwort auf die Frage, ob die Elektronenwolke im Raum-Zeit-Gebiet $X$ wirklich ist, sondern fragt nach der Wirklichkeit von Elektronen bzw. von Positronen etc. *überhaupt*. Analog kann man nach der Wirklichkeit von Gravitationsfeldern, von elektromagnetischen Feldern, von Lichtwellen überhaupt fragen. Die Frage lautet also: *Existieren die durch theoretische Terme, also die durch Ausdrücke von $V_T$ designierten Entitäten wirklich*?

Auch eine solche Frage sowie die bejahende Antwort darauf ist nach Carnap mehrdeutig. Es kann jedoch eine präzise wissenschaftliche Interpretation vorgenommen werden. Dazu müssen wir uns daran erinnern, daß ein theoretischer Term, für sich betrachtet, bedeutungslos ist. Eine partielle Deutung erhält er erst *im Rahmen einer bestimmten Theorie einerseits, auf Grund von geeigneten Zuordnungsregeln andererseits.* So hat der Ausdruck „Elektron" eine andere Bedeutung in der klassischen als in der modernen Physik. Man muß also zunächst klar sagen, *in bezug auf welche Theorie $T$* diese Wirklichkeitsfrage gestellt werden soll. Da eine uninterpretierte Theorie ein ungedeuteter Kalkül ist, reicht die Bezugnahme auf einen solchen nicht aus. Wir müssen uns also auf eine interpretierte Theorie beziehen, was nichts anderes heißt, als daß wir auch geeignete Zuordnungsregeln $Z$ anzugeben haben. Ein Festhalten an dem in der theoretischen Sprache formulierten „theoretischen Kern" $T$ bei gleichzeitiger Ersetzung von Zuordnungsregeln $Z$ durch davon verschiedene Regeln $Z'$ stellt ja ebenfalls den Übergang von einer empirisch gedeuteten Theorie $T \wedge Z$ zu einer *anderen* empirisch gedeuteten Theorie $T \wedge Z'$ dar!

*Berücksichtigt man all dies, so kann die Wirklichkeitsfrage und ihre Bejahung wieder in eine semantische Frage und deren Bejahung umgeformt werden.* Es sei etwa $\tau$ ein theoretischer Term, der in einer theoretischen Sprache $L_T$ sowie in einer in $L_T$ formulierten Theorie $T$ vorkommt. Die Behauptung der Wirklichkeit der durch $\tau$ bezeichneten Entität bedeutet danach dasselbe wie die Behauptung der Wahrheit von $T$ bzw. von einer für $\tau$ relevanten Teiltheorie von $T$. Ob dabei die ganze Theorie zu wählen ist oder eine Teiltheorie davon (und im letzteren Fall welche), kann nicht a priori gesagt werden. Vielmehr muß dies je nach der Art des Terms im konkreten Fall entschieden werden. Wenn etwa gefragt wird, ob das elektromagnetische Feld im klassischen Sinn *wirklich existiere*, und darauf eine bejahende Antwort gegeben wird, so kann die letztere verstanden werden als die Annahme einer Wissenschaftssprache $L_T$ (der Sprache der klassischen Physik), verbunden mit der Annahme einer ganz bestimmten Teiltheorie der klassischen Physik $T$. In diesem Fall braucht man nicht die *ganze* klassische Theorie für richtig zu erklären (insbesondere nicht den mit „Mechanik" bezeichneten Teil), sondern z. B. nur die Maxwellschen Gleichungen, aus welchen alle für das (klassische) elektromagnetische Feld geltenden Gesetze folgen.

Wer sich an der Verwendung des semantischen Wahrheitsbegriffs für eine *empirische* Theorie stößt, der kann — obzwar diese Verwendung des Wahrheitsbegriffs logisch *vollkommen unproblematisch* ist — seine Wirklichkeitsbehauptung auch ohne diesen Begriff ausdrücken. Die Bejahung der Realität des elektromagnetischen Feldes im klassischen Sinn bedeutet dann, daß er erstens bereit ist, *die Sprache* der klassischen Physik *anzunehmen*, und zweitens außerdem gewillt ist, *die Maxwellsche Theorie zu akzeptieren.*

Zusätzlich zu den drei angeführten Arten von Wirklichkeitsfragen ließe sich noch eine vierte Klasse von Realitätsproblemen angeben. Hier würde es sich nicht um die Realität der durch Prädikate aus $V_T$ beschreibbaren Objekte handeln, sondern um die Realität der Gegenstände, die zum Wertbereich der Variablen gehören, welche in der Logik von $L_T$ verwendet werden. Fragen von dieser Art wären z. B.: „gibt es Zahlen?", „gibt es Klassen?", „gibt es Relationen?", „gibt es Funktionen?". Die Diskussion *dieses* Problems geht über den gegenwärtig gesetzten Rahmen eindeutig hinaus. Denn hier handelt es sich um Themen, die zum sog. *Universalienproblem* gehören. Wir haben oben bereits angedeutet, daß Carnap, im Gegensatz zu Quine und anderen Philosophen, solche Fragen für Pseudofragen hält.

## 5. Die Zuordnungsregeln Z

Im Gegensatz zu $L_B$ erhält die theoretische Sprache $L_T$ keine vollständige, sondern *nur eine partielle und indirekte empirische Deutung*. Diese soll darin bestehen, daß den deskriptiven Konstanten $V_T$ von $L_T$ eine partielle und indirekte empirische Deutung gegeben wird. Das wiederum geschieht dadurch, daß *einige*, aber *nicht notwendig alle* Terme von $V_T$ durch *gemischte Sätze*, die sowohl deskriptive Konstante aus $V_B$ sowie solche aus $V_T$ enthalten, mit Termen von $V_B$ verknüpft werden. Diese gemischten Sätze sind gerade die Zuordnungsregeln $Z$, auch einfach $Z$-Regeln genannt, ohne welche die Theorie $T$ keine realwissenschaftliche Theorie darstellte, sondern *ein bloßer Kalkül ohne Realitätsbezug* bliebe.

Ein technisches Detail sei an dieser Stelle erwähnt. Carnap verlangt nicht ausdrücklich, daß in den $Z$-Regeln *undefinierte* deskriptive Konstante vorkommen. Es könnte also durchaus der Fall sein, daß in den $Z$-Regeln, *so wie sie formuliert sind*, weder Terme aus $V_B$ noch Terme aus $V_T$ vorkommen. Diese so formulierten Regeln können aber stets durch solche ersetzt werden, deren sämtliche deskriptiven Terme aus $V_B \cup V_T$ stammen. Dazu brauchen nur alle definierten Terme solange durch ihre Definitionen ersetzt zu werden, bis in den Regeln nur mehr Grundterme vorkommen. Das soll im folgenden stets vorausgesetzt werden.

Jene theoretischen Terme, die in den Zuordnungsregeln überhaupt nicht vorkommen, erhalten eine indirekte Deutung über die darin vorkommenden Terme von $V_T$, mit denen sie entweder über die Axiome von $T$ oder über Definitionsketten verbunden sind. Soweit das letztere der Fall ist, muß folgendes beachtet werden: Es ist keineswegs erforderlich, daß die *undefinierten* theoretischen Terme in den Korrespondenzregeln vorkommen und die oben erwähnte indirekte empirische Deutung nur den definierten Termen gegeben wird. Es wird sich vielmehr meist so verhalten, daß es *definierte* Begriffe von $L_T$ — gerade die in den Definitionsketten am Schluß stehenden Terme — sind, zu denen über die Zuordnungsregeln eine Verbindung mit der Beobachtungssprache hergestellt werden kann. Die Primitivterme von $L_T$ werden sich dagegen in fast allen interessanten Fällen von komplexeren Theorien überhaupt nicht durch Korrespondenzregeln mit beobachtbaren Begriffen verknüpfen lassen. *Die empirische Interpretation wird also fast immer zur Ordnung der Definitionen gegenläufig sein.* Es kann nach CARNAP sogar der Grenzfall eintreten, *daß Terme aus $V_B$ mit Hilfe von theoretischen Termen definierbar sind* — die früher erwähnte Überschneidung der beiden Teilsprachen $L_B$ und $L_T$ kann somit so weit gehen, daß Definitionsketten aus der einen Teilsprache in die andere hineinreichen —, während nicht nur die umgekehrte Definition dieser theoretischen Terme mit Hilfe von Beobachtungstermen ausgeschlossen ist, sondern diese Terme von $V_T$ nicht einmal in Zuordnungsregeln vorkommen. Als Beispiel bringt CARNAP den Begriff des Eisens[8]. Angenommen, „Eisen" sei ein Prädikat des Beobachtungsvokabulars $V_B$. Man kann nun eine Definition von der Art liefern, daß Eisen eine Substanz ist, deren *atomare Struktur* eine bestimmte Beschaffenheit besitzt, wobei die darin vorkommenden Atome aus *Konfigurationen von Elementarpartikeln eines bestimmten Typus* bestehen. Wenn diese Definition explizit angeschrieben wird, so gehören die deskriptiven Konstanten des Definiens zu $V_T$, während das definierte Prädikat zu $V_B$ gehört.

*Anmerkung.* Diese Darstellung bei CARNAP ist allerdings anfechtbar. Um paradoxe Konsequenzen zu vermeiden, müßte man den Sachverhalt in komplizierterer Weise darstellen: Man hätte in dem fraglichen Beispiel einen *theoretischen* Term „$\text{Eisen}_T$" und einen *Beobachtungs*term „$\text{Eisen}_B$" einzuführen und müßte eine Zuordnungsregel von der Art hinzufügen:

$$\wedge x\, (\text{Eisen}_T\, x \leftrightarrow \text{Eisen}_B\, x)$$ [8a]

[8] [Physics], S. 234.

[8a] Auf diesen Sachverhalt hat mich Herr Dr. U. BLAU aufmerksam gemacht.

Dieser Sachverhalt zeigt zweierlei: erstens, *daß die Verbindung zwischen $L_B$ und $L_T$ teilweise durch Definitionen bzw. durch Definitionsketten hergestellt werden kann,* wobei die Richtung der Definitionen der Richtung der Deutung gegenüber umgekehrt ist; zweitens daß es unzweckmäßig ist, die Zuordnungsregeln nach dem Vorschlag REICHENBACHs als *Zuordnungsdefinitionen* zu bezeichnen. Das ohnehin sehr vieldeutige Wort „Definition" würde dadurch nur um eine weitere Äquivokation bereichert werden. REICHENBACH gelangte zu seiner Benennung auf Grund einer philosophischen Position, die er mit vielen anderen älteren Vertretern des Empirismus teilte. Er vertrat, wie wir gesehen haben (vgl. VI,4), die Auffassung, daß *alle* in einem physikalischen System vorkommenden theoretischen Terme mit Beobachtbarem verknüpft werden müssen und daß diese Verknüpfung auch eine *vollständige* empirische Deutung zu liefern habe. Die bisherigen Überlegungen haben gezeigt, daß beide Forderungen zu stark sind und daß ihre Erfüllung auch keine Voraussetzung dafür bildet, um von einer wissenschaftlichen Theorie einen Gebrauch, etwa für Erklärungs- und Voraussagezwecke, zu machen.

Von P. W. BRIDGMAN stammen die Ausdrücke „operationale Regel" und „operationale Definition". Soweit darunter nicht die bereits früher diskutierten Reduktionssätze zu verstehen sind, handelt es sich gerade um das, was wir jetzt Zuordnungsregeln nennen. Gegen die Verwendung des Wortes „Definition" sprechen dieselben Gründe wie oben. N. R. CAMPBELL verwendet den Ausdruck „Wörterbuch" („dictionary") für die Gesamtheit der Zuordnungsregeln. Diese Bezeichnung erscheint vom modernen Standpunkt ebenfalls als unzweckmäßig, da auch sie den Gedanken einer *vollständigen* Übersetzbarkeit der theoretischen Terme in Beobachtungsterme nahelegt.

Es mögen jetzt einige Konsequenzen erwähnt werden, die sich aus der Tatsache ergeben, daß durch die Regeln $Z$ nur eine indirekte und partielle Deutung der theoretischen Terme geliefert wird. Wegen der *Unvollständigkeit* der Deutung ist das theoretische System im folgenden Sinn ein *offenes System*: *Die Klasse der Korrespondenzregeln kann ständig erweitert werden.* Man muß sich klarmachen, was dies bedeutet. Wenn wir unter der reinen, d. h. der uninterpretierten Theorie $T$ wieder die Konjunktion der Axiome der Theorie verstehen und unter $Z$ die konjunktive Zusammenfassung der Korrespondenzregeln, so ist die *interpretierte Theorie* durch die Konjunktion $T \wedge Z$ wiederzugeben. Die sukzessive Erweiterung der Zuordnungsregeln besteht in der Konstruktion von Folgen $Z, Z', Z'', \ldots$, wobei jedes Glied der Folge aus dem vorangehenden durch die Hinzufügung neuer Konjunktionsglieder hervorgeht. Dementsprechend erhalten wir eine Folge von interpretierten Theorien: $T \wedge Z, T \wedge Z' \ldots$. Mit dem Übergang zu einem weiteren Glied dieser Folge sind *empirische Bedeutungsverschärfungen* und *empirische Bedeutungsänderungen* der Terme aus $V_T$ verbunden. Von einer

Bedeutungs*verschärfung einzelner Terme* aus $V_T$ kann man sprechen, wenn für diese Terme, welche bereits in früheren Zuordnungsregeln vorkamen, neue und neue Regeln dieser Art angegeben werden. Auf diesen Sachverhalt sind wir bereits an früherer Stelle in einem anderen Zusammenhang zu sprechen gekommen: Für ein und dieselbe physikalische oder psychische Disposition z. B. werden im Verlauf der Entwicklung der Wissenschaft neue und neue Reduktionssätze angegeben bzw., wie wir auf Grund der früheren Überlegungen sagen müssen, neue und neue Korrespondenzregeln. Dasselbe gilt, wenn etwa für physikalische Größen immer neue Meßverfahren entwickelt werden. Es kann aber auch der Fall sein, daß es gelingt, für theoretische Terme Zuordnungsregeln zu finden, die bisher überhaupt nicht in derartigen Regeln vorkamen. In *beiden* Fällen ändert sich meist der empirische Bedeutungsgehalt *aller* theoretischen Terme, selbst derjenigen, die nicht in den Zuordnungsregeln vorkommen, da ihre empirische Bedeutung ja zur Gänze darauf beruht, daß sie durch Postulate und Definitionen mit solchen Termen verknüpft sind, die in $Z$ enthalten sind; ihre Bedeutung variiert daher mit der der letzteren.

Dabei ist nicht zu vergessen, *daß bei all diesen Änderungen der rein theoretische Kern T unverändert bleibt.* Beachtet man dies, so kann man sich leicht klarmachen, daß der Ausdruck „wissenschaftlicher *Fortschritt*" neben anderen Bedeutungen vor allem die folgenden fünf völlig verschiedenartigen Klassen von Fällen umfaßt. Eine Klasse von Fällen betrifft das, was man auch als *die Gewinnung neuer experimenteller Ergebnisse oder neuer Beobachtungsbefunde* bezeichnet. Technisch gesprochen handelt es sich darum, daß entweder die Wahrheit bestimmter Sätze von $L_B$, deren Wahrheitswert bisher unbekannt war, festgestellt wird oder daß auf Grund von Beobachtungen zumindest gewisse $L_B$-Sätze akzeptiert werden. Diese Art von Fortschritt spielt sich also sozusagen ganz in der Sprache $L_B$ ab. Drei weitere Bedeutungen von „wissenschaftlicher Fortschritt" betreffen die in $L_T$ akzeptierten Aussagen. Einmal kann es sich darum handeln, daß zu einer oder mehreren bisherigen Theorien *eine neue umfassendere Theorie* gewonnen wird, aus der jene speziellen Theorien ableitbar sind. Ein anderer Fall ist der, wo eine Theorie $T$ durch eine andere Theorie $T'$ *ersetzt* wird, die mit den empirischen Daten besser im Einklang steht oder die durch alle bisherigen Daten bestätigt wird, während einige davon die Theorie $T$ erschüttern. Ein letzter Fall eines *rein* theoretischen Fortschrittes besteht in der *Gewinnung neuer Lehrsätze* von $T$. Diese Art von Fortschritt ist rein logisch-mathematischer Natur. Eine fünfte Art von Fortschritt betrifft gerade die im vorigen Absatz geschilderte *Hinzufügung neuer Zuordnungsregeln.* Von dieser Änderung im Bereich der akzeptierten wissenschaftlichen Aussagen wird *das wissenschaftliche Gesamtsystem* betroffen. Zwar werden hier keine zusätzlichen reinen $L_T$-Sätze und ebensowenig neue $L_B$-Sätze akzeptiert, wohl aber *gemischte* Sätze mit Termen, die zum Teil aus $V_B$ und zum Teil aus $V_T$ stammen. Durch die sukzessive Erweiterung der Regeln $Z$ vermag eine immer größere Menge von „Blut" an empirischer Realität in die höheren Gefilde der Theorie hineinzufließen.

Wir haben bisher nur den Fall berücksichtigt, daß die Korrespondenzregeln durch die Hinzufügung neuer Regeln dieser Art der Anzahl nach immer mehr werden. Kann nicht auch der Fall eintreten, daß man bisher akzeptierte Regeln preisgibt und sie durch andere ersetzt? Sicherlich. Dafür kann es sogar zwei ganz verschiedene Gründe geben. Erstens ist zu bedenken, daß mit dem Übergang von einer konsistenten Theorie $T$ zu $T \wedge Z$ die Gefahr der Inkonsistenz heraufbeschworen wird: die Zuordnungsregeln können entweder bereits untereinander oder doch zusammen mit der Theorie unverträglich sein. Diese Gefahr entsteht neu mit jedem Schritt, in dem eine neue Korrespondenzregel zur bisherigen interpretierten Theorie hinzugefügt wird. Da es für alle nichttrivialen interessanten Theorien kein mechanisches Verfahren zur Überprüfung ihrer Konsistenz gibt, kann u. U. der Fall eintreten, daß eine interpretierte Theorie $T \wedge Z$ längere Zeit hindurch benützt wurde, bis auf Grund einer logisch-mathematischen Entdeckung festgestellt wird, daß $T \wedge Z$ trotz der Konsistenz von $T$ widerspruchsvoll ist. Sobald eine derartige Entdeckung gemacht wurde, müssen natürlich die Zuordnungsregeln geändert werden.

Ein interessanterer Fall liegt dann vor, wenn sich herausstellt, daß die interpretierte Theorie $T \wedge Z$ zwar logisch konsistent ist, *jedoch mit den gemachten Erfahrungen* — technisch gesprochen: mit den akzeptierten $L_B$-Sätzen — *nicht mehr im Einklang steht.* Hier ist die Situation für $L_T$-Gesetze prinzipiell verschieden von der Situation, die für empirische Gesetze ($L_B$-Gesetze) gilt. Während manche empirischen Generalisationen auf Grund neuer Beobachtungen *falsifiziert* werden können, ist eine Falsifikation bei theoretischen Prinzipien nicht ohne weiteres möglich. Der Grund dafür liegt darin, daß ja nur *das ganze System $T \wedge Z$ als mit der Erfahrung unverträglich* erkannt wird und daß daher der Theoretiker in vielen Fällen *die Wahl* haben wird, *entweder $T$ allein oder $Z$ allein oder sowohl $T$ als auch $Z$ zu modifizieren.* Wo immer ein Fall von dieser Art vorliegt, kann der Theoretiker stets *beschließen*, seine reine Theorie $T$ gegen die „Widerlegung durch die Erfahrung" dadurch zu *immunisieren*, daß er „allein den Zuordnungsregeln die Schuld gibt" und sich mit deren Modifikation begnügt.

Eine Einschränkung muß hier gemacht werden. Diese Äußerung darf nicht dahingehend mißverstanden werden, daß der „Immunisierungsbeschluß" eines Theoretikers, selbst wo er an sich durchführbar ist, auch immer *sinnvoll* sei. Vielmehr kann der Fall eintreten, daß eine Entscheidung darüber, die reine Theorie $T$ intakt zu halten, zu großen Komplikationen führt, die es ratsamer erscheinen lassen, die notwendig gewordenen chirurgischen Eingriffe nicht auf $Z$ allein zu beschränken, sondern auf $T$ auszudehnen. Der Theoretiker wird sich in solchen Fällen von intuitiven

Einfachheitsüberlegungen leiten lassen. Insgesamt ist also bei der Feststellung einer Unverträglichkeit zwischen der interpretierten Theorie und den gemachten Beobachtungen dreierlei von Relevanz: *empirische Tatsachenbefunde*, *Einfachheitsbetrachtungen* und *Konventionen*.

An einem in anderem Zusammenhang bereits in II,3 gebrachten Beispiel aus der physikalischen Geometrie läßt sich der erwähnte Sachverhalt illustrieren. Es soll etwa untersucht werden, ob der Weltraum euklidische Struktur hat oder nicht. Dazu wird festgestellt, ob die Winkelsumme eines Dreiecks zwischen drei Fixsternen 180° beträgt oder davon abweicht. Angenommen, es ergäbe sich eine Winkelsumme, die größer ist als 180°. Ein Physiker schließe daraus, daß der Weltraum elliptische Struktur habe. Nun mußte aber bei dem Überprüfungsverfahren u. a. von der *Zuordnungsregel* Gebrauch gemacht werden, in der Lichtstrahlen als gerade Linien interpretiert werden. Ein zweiter Physiker ziehe daher einen ganz anderen Schluß, nämlich: „Das Ergebnis beweist nur, daß die Lichtstrahlen sich nicht auf geraden, sondern auf krummen Linien bewegen; die Struktur des physikalischen Raumes kann nach wie vor als euklidisch angesehen werden". Hier steht *nur scheinbar* eine Tatsachenbehauptung gegen eine andere. In Wahrheit handelt es sich um *zwei verschiedene Beschlüsse auf Grund einer bestimmten Tatsacheninformation*. Der erste Physiker ist bereit, den geometrischen Teil seiner physikalischen Theorie durch einen komplizierteren zu ersetzen, ohne an den Korrespondenzregeln etwas zu ändern. Der zweite hingegen ändert gerade diese Regeln teilweise ab, da er nicht mehr wie früher Lichtstrahlen als physikalische Gerade interpretiert. Er kann es aber nicht dabei bewenden lassen; denn er muß nun auch die Gesetze der Optik so modifizieren, daß Lichtstrahlen sich auf krummen Linien im euklidischen Raum fortbewegen. Das zeigt, daß wir es hier nicht mit einem *reinen* Fall von der obigen Art zu tun haben, wo die Wahl bestand, entweder *nur* $T$ oder *nur* $Z$ zu modifizieren. Welchem unter den beiden Beschlüssen der Vorzug zu geben ist, bzw. ob zwischen ihnen überhaupt eine sinnvolle Entscheidung möglich ist, kann nicht a priori gesagt werden, da der isoliert betrachtete Sachverhalt diesbezüglich indifferent ist. Den Ausschlag werden *Einfachheitsbetrachtungen* geben, vorausgesetzt, daß ein von *beiden* Physikern verwendeter hinreichend klarer Einfachheitsbegriff zur Verfügung steht (für Details vgl. II, 3).

Wir müssen nochmals auf die Frage der Erweiterungsfähigkeit der Klasse der Zuordnungsregeln sowie der Unvollständigkeit des wissenschaftlichen Gesamtsystems bezüglich seiner empirischen Deutung zurückkommen. Es sei $\tau$ ein Term aus $V_T$. $\tau$ komme in Zuordnungsregeln vor. Es mögen neue und neue Regeln dieser Art für $\tau$ hinzugefügt werden. Könnte nicht ein Punkt erreicht werden, an dem jede weitere Verschärfung der empirischen Interpretation von $\tau$ durch zusätzliche Korrespondenzregeln unmöglich wird, und wird dies nicht auf dasselbe hinauslaufen wie auf eine explizite *Definition von* $\tau$? CARNAP bejaht diese Frage ausdrücklich[9]. Er fügt jedoch hinzu, daß in diesem Augenblick $\tau$ aufgehört hätte, ein theoretischer Term zu sein, und zu einem Bestandteil der Beobachtungssprache geworden wäre. Außerdem bemerkt er, daß man nicht wissen könne, ob der Prozeß der Modifikation in der Deutung theoretischer physikalischer Terme durch ständige Hinzufügung neuer Zuordnungsregeln unbegrenzt sei oder einmal zum Abschluß kommen werde. Die explizite Definition theoretischer Begriffe durch Beobachtungsterme könnte allerdings den negativen Effekt haben, den wissenschaftlichen Fortschritt zu unterbinden.

Zwei Kommentare dürften hier angebracht sein. Erstens hat CARNAPS Gedanke die merkwürdige Konsequenz, daß die Aufgliederung der Wissenschaftssprache $L$ in die Teilsprachen $L_B$ und $L_T$ *nicht* mehr allein vom *Beschluß* des Sprachbenützers abhängt, sondern daneben auch vom Fortschritt der Wissenschaft. Sobald der von CARNAP oben erwähnte Grenzfall erreicht ist, *wäre der Theoretiker ja gezwungen*, $\tau$ *in das Vokabular* $V_B$ *einzubeziehen*. Ob die Aufgliederung der Wissenschaftssprache in die beiden Teilsprachen $L_B$ und $L_T$ etwas *Provisorisches* oder etwas *Endgültiges* ist, kann nach dieser Auffassung heute überhaupt nicht gesagt werden. Sollte nämlich die von CARNAP angedeutete Möglichkeit für *sämtliche* theoretischen Terme verwirklicht werden, so würde die theoretische Sprache im Endeffekt von der Beobachtungssprache aufgesaugt werden. *Und zwar wäre dies ein durch den wissenschaftlichen Fortschritt aufgezwungenes Faktum, gegen welches sich der Theoretiker nicht zur Wehr setzen könnte.* Der Leser wird bereits bemerkt haben, daß dies CARNAPS Grundintention zuwiderläuft, wonach der Aufbau der Wissenschaftssprache auf einer vom Weltablauf unabhängigen *Konvention* basiert.

Die angedeutete Konsequenz beruhte auf der vorläufig fiktiven Annahme, daß es eines Tages gelingen werde, für *alle* theoretischen Terme eine vollständige empirische Interpretation zu liefern. Damit kommen wir zum zweiten Punkt. Wir haben an früherer Stelle verschiedene Motive dafür kennengelernt, theoretische Terme einzuführen. Sollte es gelingen, eine dieser Überlegungen, z. B. das Braithwaite-Ramsey-Argument, zu einem logischen Beweis der definitorischen Irreduzibilität theoretischer Terme auf Beobachtungsterme zu verschärfen, so wäre damit gezeigt, daß die von CARNAP erwähnte mögliche Vervollständigung der empirischen Interpretation höchstens für *einzelne* theoretische Terme, nicht jedoch *generell* für *alle* theoretischen Terme denkbar ist.

Ob das, was CARNAP hier in einer etwas kühnen Behauptung als Möglichkeit hinstellt, tatsächlich möglich ist oder nicht, hängt somit davon ab, ob sich bestimmte Motive zugunsten der Annahme theoretischer Terme nicht zu einem Beweis verschärfen lassen. Außerdem wäre aber kritisch

[9] [Physics], S. 238.

hervorzuheben, daß CARNAPs Bejahung der obigen Frage auf einem gedanklichen Sprung beruht, der logisch kaum zu rechtfertigen ist. Seine These lautet ja: „Sollte einmal ein Punkt erreicht sein[10], wo eine weitere Verschärfung der empirischen Interpretation von $\tau$ durch zusätzliche Korrespondenzregeln ausgeschlossen ist, so liefe dies auf eine explizite Definition von $\tau$ in der Beobachtungssprache hinaus." Diese Behauptung ist nur dann richtig, wenn man für die Regeln eine ganz bestimmte Form — z. B. daß es sich um *bedingte Definitionen* von der Art bilateraler Reduktionssätze handelt — und außerdem die Gültigkeit einer empirischen Hypothese annimmt. Angesichts der Tatsache, daß CARNAP als Beispiele von $Z$-Regeln nur generelle *Konditional*sätze anführt, ist diese seine Behauptung kaum mit seiner Vorstellung von der Struktur von Zuordnungsregeln in Einklang zu bringen.

HEMPEL hat versucht, den Begriff der partiellen Interpretation mittels eines sehr allgemeinen Begriffs des *Interpretationssystems* („interpretative system") $J$ für eine Theorie $T$ zu charakterisieren[11]. Da es sich um etwas ganz Analoges handelt wie um die Regeln $Z$, soll sein Gedankengang hier kurz skizziert werden. HEMPEL gelangt zu seiner begrifflichen Bestimmung durch die Verallgemeinerung dreier Ansätze von partiellen Interpretationen. Den ersten bilden CARNAPs Reduktionssätze. Den zweiten bildet das, was HEMPEL „verallgemeinerte Reduktionssätze" nennt. Diese betreffen den Fall, daß eine „hypothetische Entität" $H$ (z. B. eine bestimmte Art von elektrischem Feld) beobachtbare Symptome nur dann besitzt, wenn gewisse beobachtungsmäßige Bedingungen erfüllt sind. Werden die letzteren durch „$O_1$" abgekürzt, die beobachtbaren Reaktionen durch „$O_2$", so ergibt sich als Struktur eines derartigen verallgemeinerten Reduktionssatzes die Formel: $O_1 \rightarrow (H \rightarrow O_2)$. (Gegenüber den Carnapschen Reduktionssätzen sind im zweiten Konditional die Positionen des Beobachtungsausdrucks und des neu einzuführenden Terms vertauscht.) Den dritten Ansatzpunkt bildet CAMPBELLs „Dictionary" für theoretische Terme. Dieses besteht aus einer endlichen Klasse von Bikonditionalsätzen, deren linke Glieder als deskriptive Ausdrücke nur theoretische Terme und deren rechte Glieder nur

[10] Als Grund für seine Behauptung führt CARNAP an, „daß die wirkliche Welt vielleicht in bezug auf Struktur und Gesetze endlich ist" (a. a. O., S. 238). Wenn man diese metaphysische Aussage liest, so darf man dabei nicht übersehen, daß das betreffende Buch aus einem einführenden Seminar hervorgegangen und ganz in intuitiver Form abgefaßt ist. Bei präziser Wiedergabe würde CARNAP zweifellos die formale Redeweise zur Wiedergabe dieses Gedankens bevorzugen. Dann würde die Aussage etwa so lauten, daß zu einem Zeitpunkt auf Grund aller verfügbaren Daten eine bestimmte Theorie in so hohem Grade bestätigt ist, daß sie generell akzeptiert wurde. Diese Theorie ist so beschaffen, daß aus ihr nur endlich viele Gesetzesaussagen ableitbar sind, sowie die Behauptungen, daß das Raum-Zeit-Kontinuum zwar unbegrenzt, aber endlich ist, und daß die Anzahl der Elementarteilchen eine angebbare endliche Zahl nicht überschreitet.

[11] [Dilemma] in: [Aspects], S. 206 ff.

Beobachtungsterme als deskriptive Ausdrücke enthalten. Jede einzelne Aussage dieses *Wörterbuches* besagt also, daß ein theoretischer Satz von einer bestimmten Art genau dann wahr ist, wenn ein Beobachtungssatz von einer bestimmten Art wahr ist. Diese Aussagen liefern jedoch *keine* Explizitdefinitionen für die theoretischen Terme, da in den auf den linken Seiten stehenden $L_T$-Sätzen stets *mehrere* theoretische Terme zugleich vorkommen. Es handelt sich also bei diesen Aussagen nicht um Definitionsregeln, sondern um *Übersetzungsregeln*, die angeben, wie gewisse Sätze der $L_T$-Sprache durch Sätze der $L_B$-Sprache wiederzugeben sind. Daß auch das Verfahren CAMPBELLs nur eine *partielle* und *keine vollständige* empirische Deutung der Terme aus $V_T$ liefert, beruht außerdem darauf, daß das Wörterbuch *nur für einige*, nicht jedoch für alle $L_T$-Sätze Übersetzungsregeln der beschriebenen Art enthält.

HEMPELs Verallgemeinerung besteht darin, daß er für die das theoretische System $T$ interpretierenden Aussagen *beliebige logische Formen* zuläßt und nur verlangt, daß diese Aussagen sowohl theoretische Terme als auch Beobachtungsterme enthalten. Vorausgesetzt wird auch hier wieder, daß alle deskriptiven Terme von $T$ aus dem endlichen Vokabular $V_T$ stammen und daß $V_T$ und $V_B$ keine gemeinsamen Elemente enthalten. Unter einem *Interpretationssystem $J$ für $T$* wird dann eine Menge von Sätzen verstanden, welche die folgenden Bedingungen erfüllt:

(1) $J$ ist endlich;

(2) $J$ ist logisch verträglich mit $T$;

(3) alle deskriptiven Ausdrücke aus $J$ stammen aus $V_T$ oder aus $V_B$;

(4) jedes Element von $V_T$ und $V_B$ kommt in $J$ wesentlich vor, d. h. $J$ ist nicht L-äquivalent mit einer Menge von Sätzen, in denen gewisse Terme von $V_T$ oder von $V_B$ überhaupt nicht vorkommen.

Diese Explikation des Begriffs des Interpretationssystems ist sicherlich inadäquat. In einer Hinsicht ist sie *viel zu weit*. Der Grund dafür liegt darin, daß für die Aussagen aus $J$ beliebige logische Formen zugelassen werden. Auf diesen Punkt werden wir bei der Erörterung der Adäquatheit von CARNAPs Signifikanzkriterium noch genauer zu sprechen kommen[12]. In einer anderen Hinsicht wieder ist diese Explikation *viel zu eng*, und zwar wegen der Bestimmung (4). Darin wird ja verlangt, daß *jeder* theoretische Term in $J$ vorkommt. Wie wir wiederholt festgestellt haben, wäre es eine viel zu starke und einschränkende Bedingung, wollte man eine derartige

---

[12] HEMPELs Charakterisierung von $J$ verstößt insbesondere bereits gegen das elementare Adäquatheitsprinzip (I) von Abschn. 9. Vgl. die dortigen Beispiele, welche dieses Prinzip motivieren.

Forderung für *jede* interpretierte Theorie aufstellen[13]. In den meisten Fällen werden nur für gewisse, aber nicht für alle Terme aus $V_T$ Interpretationsregeln zur Verfügung stehen. An der Bestimmung (4) zeigt sich, daß Hempel zwar die Vorstellungen Campbells in *logischer* Hinsicht dadurch verallgemeinert, daß er als Übersetzungsregeln nicht nur Bikonditionale von der angegebenen Art, sondern Sätze von beliebiger logischer Struktur zuläßt, daß er aber in *wissenschaftstheoretischer* Hinsicht an dessen viel zu enger Konzeption festhält. Da man auch nicht einsieht, warum in den Interpretationsregeln *alle* Beobachtungsterme beteiligt sein sollen, könnte eine Verbesserung der Hempelschen Definition nicht bloß in einer Revision, sondern nur in einer gänzlichen Preisgabe von (4) bestehen. Allerdings blieben dann die Bestimmungen, wie bereits angedeutet, viel zu weit[14].

Carnap lehnt jedenfalls ein Analogon zu (4) ausdrücklich ab. Er unterscheidet zwei Arten von Zuordnungsregeln oder von *Z-Regeln*. Die erste Art bilden die *Basisregeln*. Diese beziehen sich ausschließlich auf die Raum-Zeit-Bestimmungen. Die Einführung von Raum-Zeit-Koordinaten, d. h. von geordneten Quadrupeln $\langle x, y, z, t\rangle$ mit den Raum-Koordinaten $x, y, z$ und der Zeitkoordinate $t$, ist zunächst eine rein theoretische, d. h. eine mathematische Angelegenheit. *Dieses System muß in der beobachtbaren Welt verankert werden.* Diese Verankerung erfolgt auf dem Wege über eine Funktion $f$, die einem in $L_B$ beschreibbaren, also beobachtbaren Raum-Zeit-Gebiet $G$ (etwa einem physischen Ding oder Ereignis, welches das Gebiet $G$ einnimmt) umkehrbar eindeutig eine Klasse von Koordinatenwerten $\langle x, y, z, t\rangle$ zuordnet (evtl. beschreibbar als eine Klasse von Intervallen um vier bestimmte Werte $x_1$, $y_1$, $z_1$, $t_1$). Die Argumente von $f$ sind also beobachtbare Raum-Zeit-Gebiete, die Werte von $f$ sind Klassen von Zahlen-Quadrupeln. Für $f$ gilt ferner: Wenn die Beobachtung zeigt, daß sich zwei Gebiete räumlich bzw. zeitlich überschneiden, so kommen in ihren $f$-Werten solche Quadrupel vor, die an den ersten drei bzw. an der letzten Stelle übereinstimmen.

[13] Der Einwand würde natürlich hinfällig werden, wenn der theoretische Kern $T$ bereits als eine echte Teilkonjunktion von $J$ aufzufassen wäre (sofern wir $J$ diesmal nicht als Menge, sondern selbst als Konjunktion deuten). Es wäre dann aber recht irreführend, $J$ ein Interpretationssystem für $T$ zu nennen; denn die interpretierte Theorie wäre jetzt nicht durch $T \wedge J$, sondern nur durch $J$ wiederzugeben. Daß Hempel nicht an diese Möglichkeit gedacht haben dürfte, zeigt sich darin, daß die Theorie auch unendliche Axiomenschemata enthalten könnte, während für $J$ ausdrücklich die Endlichkeit verlangt wird.

[14] Hempels Ausführungen zu diesem Punkt sind übrigens nicht konsistent. Während er in [Aspects], S. 184, ausdrücklich sagt, daß *nur einige* deskriptiven Terme des theoretischen Vokabulars durch Interpretationsregeln mit Beobachtungstermen zu verknüpfen sind, führt er auf S. 208 den oben geschilderten Begriff des Interpretationssystems ein, worin verlangt wird, daß *jeder* theoretische Term in einer Interpretationsregel vorkommt.

Die zweite Art von Korrespondenzregeln bilden die uns eigentlich interessierenden *Z-Regeln für die $V_T$-Terme*. Wie bereits betont, wird nicht verlangt, daß es für *jeden* Term aus $V_T$ eine solche Regel gibt. Im Gegensatz zu den Basisregeln handelt es sich hier um *generelle* Sätze, da diese Regeln raum-zeitlich allgemein sein müssen. Einige davon werden tatsächlich auch die von CAMPBELL beschriebene Form haben. Sollte etwa der Temperaturbegriff *im Sinne der durch ein Thermometer gemessenen Temperatur* in $V_B$ einbezogen worden sein, so könnte z. B. eine dieser Regeln die folgende Gestalt haben: „Die mittlere kinetische Energie der Moleküle eines Gases ist proportional der Temperatur dieses Gases". Dadurch wird ein theoretischer Term der Molekulartheorie, nämlich der Begriff der kinetischen Energie von Molekülen, mit einem Begriff verknüpft, der nach Voraussetzung einen Beobachtungsbegriff bildet. Sollte dagegen auch der Temperaturbegriff als theoretischer Begriff konstruiert sein, so müßte die Verknüpfung des Begriffs der kinetischen Energie von Molekülen mit Beobachtungstermen *in zwei Stufen* erfolgen, etwa mit Hilfe eines zu $V_B$ gehörenden zweistelligen Relationsprädikates „wärmer als", das *für nicht zu hohe und nicht zu niedrige Temperaturen* eine Regel von der folgenden Gestalt aufzustellen gestattet: „wenn der Gegenstand *a wärmer ist als b*, so ist die *Temperatur* des von *a* eingenommenen Raum-Zeit-Gebietes größer als die des von *b* eingenommenen Raum-Zeit-Gebietes"[15]. (Der Leser überlege sich, warum wegen der Grenzen der Beobachtungsgenauigkeit das „wenn ... dann ———" nicht in der umgekehrten Richtung verlaufen könnte.) Wenn wir annehmen, daß eine derartige Regel vorkommt, so hätten wir damit zugleich eine Illustration dafür, warum auch für den Temperaturbegriff, obwohl er in einer Zuordnungsregel vorkommt, dadurch *nur eine unvollständige empirische Deutung* gegeben wird: erstens schon deshalb, weil die zitierte Regel nur die Form eines Konditionals und nicht die eines Bikonditionals hat; zweitens deshalb, weil die $Z$-Regel von vornherein beschränkt ist auf eine kleine Teilklasse des Wertbereichs der fraglichen Größe, nämlich der Temperatur.

Während in der eben zitierten Regel von Konditionalform das Antecedens ein $L_B$-Satz und das Konsequens ein $L_T$-Satz ist, kann es sich in anderen Fällen genau umgekehrt verhalten, wie etwa in einer Regel von der folgenden Gestalt: „Wenn in dem Raum-Zeit-Gebiet $X$ *eine elektromagnetische Schwingung von solcher und solcher Frequenz* stattfindet, dann wird in dem (auf Grund der Basisregeln dem Gebiet $X$ zugeordneten) beobachtbaren Bereich $\mathfrak{B}$ *eine rote Farbe von dem und dem Farbton* zu sehen sein".

---

[15] Die im zweiten Teil des Satzes vorkommende Größer-Relation ist zum Unterschied von dem beobachtbaren Relationsbegriff *eine Relation zwischen reellen Zahlen*.

Dagegen wird die Verknüpfung des theoretischen Begriffs der Masse mit dem beobachtbaren Relationsbegriff „schwerer als" durch eine zu der obigen Regel analoge Bestimmung verbunden: „Wenn der (beobachtbare physische) Gegenstand *a* schwerer ist als der Gegenstand *b*, so wird die Masse des von *a* eingenommenen Raum-Zeit-Gebietes größer sein als die Masse des von *b* eingenommenen Raum-Zeit-Gebietes"[16].

CARNAP hebt hervor, daß *Z*-Regeln nicht unbedingt Allsätze von strikter Form zu sein brauchen, sondern auch *generelle statistische Aussagen* sein können. Dabei kann entweder die Wahrscheinlichkeit des Vorkommens einer bestimmten theoretischen Größe bezüglich eines beobachtbaren Ereignisses angegeben werden oder umgekehrt die Wahrscheinlichkeit des Eintretens eines beobachtbaren Ereignisses bezüglich eines genauer spezifizierten theoretischen Zustandes.

Weitere Bestimmungen über die möglichen Formen der *Z*-Regeln trifft CARNAP nicht. Wir werden uns an späterer Stelle noch genauer überlegen müssen, *ob die bisherigen Andeutungen über die Form der Z-Regeln für die theoretischen Terme nicht viel zu dürftig sind, um unerwünschte Konsequenzen auszuschließen.* Vorläufig kommt es jedoch darauf an, die Rolle der *Z*-Regeln nicht überzubewerten und sich an folgendes zu erinnern: Auch der rein theoretische Kern *T* ist für die Zuordnung einer empirischen Bedeutung zu den Elementen von $V_T$ von Relevanz. Denn die nicht in *Z*-Regeln vorkommenden theoretischen Terme gewinnen ja nur „auf dem Umwege über *T*" einen empirischen Gehalt. *Insbesondere ändert sich der empirische Gehalt dieser Terme mit jeder Änderung der Theorie, selbst wenn die Zuordnungsregeln alle unverändert bleiben.*

## 6. Carnaps Signifikanzkriterium für theoretische Terme und theoretische Sätze

**6.a Die intuitive Motivation.** Wir kommen nun zu dem zentralen Problem, ein Kriterium der *empirischen Signifikanz* — oder der *empirischen Zulässigkeit*, wie man auch sagen könnte — für die Sätze der theoretischen Sprache $L_T$ zu entwerfen. CARNAP geht methodisch so vor, daß er in einem ersten Schritt ein derartiges Kriterium für die *theoretischen Terme*, also für die Elemente von $V_T$, formuliert und erst in einem zweiten Schritt das Kriterium auf *die Sätze* von $L_T$ ausdehnt.

---

[16] Wenn der Begriff der Masse (analog wie oben der Begriff der Temperatur) als Gebietsfunktion eingeführt wurde — d. h. als Funktion, die Raum-Zeit-Gebieten reelle Zahlen zuordnet —, so ist an diesen Formulierungen nichts zu ändern. Sollten dagegen diese Begriffe als Punktfunktionen eingeführt worden sein, die Raum-Zeit-Punkten reelle Zahlwerte zuordnen, so müßte noch über das fragliche Gebiet integriert worden sein.

Das Problem der Präzisierung des Begriffs der empirischen Sinnhaftigkeit existiert *nur* für die theoretische Sprache. Denn die Sprache $L_B$ ist eine *empiristische Sprache in dem früher geschilderten Sinn.* Sie unterscheidet sich von den empiristischen Sprachen, die CARNAP in [Testability] konzipiert hatte, nur dadurch, daß sie den in Abschn. 2 angeführten zusätzlichen einschränkenden Bedingungen genügt. Diese Einschränkungen sind jetzt dadurch möglich geworden, daß zusätzliche Apparaturen, welche die damals allein verfügbare empiristische Grundsprache $L_E$ mitschleppen mußte, daraus entfernt und auf die theoretische Sprache $L_T$ „abgeschoben" werden konnten: etwa der über die elementare Logik hinausgehende logisch-mathematische Apparat; oder die durch Reduktionssätze charakterisierten Dispositionssätze, welche jetzt als theoretische Terme eingeführt werden etc. Die frühere Rechtfertigung der Gleichsetzung von empirischer Sinnhaftigkeit mit Ausdrückbarkeit in $L_E$ mittels des Begriffs der empirischen Bestätigungsfähigkeit aller Sätze von $L_E$ kann unmittelbar auf $L_B$ übertragen werden. Da wir es jetzt mit zwei Sprachen zu tun haben, erscheint es als zweckmäßiger, statt von Bestätigungsfähigkeit schlechthin, von *$L_B$-Bestätigungsfähigkeit* zu sprechen.

Eine Übertragung der früheren Überlegungen auf $L_T$ ist hingegen nicht möglich. Es mag sein, *daß in $V_T$ theoretische Terme vorkommen, die vom empirischen Standpunkt äußerst wichtig und nützlich sind*, trotz der Tatsache, daß sie auf dem Wege über die $Z$-Regeln nur eine unvollständige und evtl. sehr indirekte Deutung erfahren haben. Zur Illustration denke man etwa wiederum an alle Terme, die dazu dienen, Objekte und Ereignisse im nicht beobachtbaren subatomaren Bereich zu beschreiben. Auf der anderen Seite könnte es nach CARNAPs Auffassung auch durchaus der Fall sein, *daß in die theoretische Sprache $L_T$ Terme eingeschmuggelt wurden, die überhaupt keinen Beitrag zur empirischen Verwertung der Theorie für Erklärungs- und Voraussagezwecke leisten*, sondern die nichts anderes bilden als einen unnützen spekulativen Ballast der Theorie.

Auf welche Weise soll es gelingen, die schwarzen von den weißen Schafen abzusondern? Wir haben früher gesehen, daß HEMPEL und andere zu der resignierenden Feststellung gelangten, dies sei überhaupt nicht möglich. Man könne nur *eine Theorie als ganze* auf ihre empirische Leistungsfähigkeit hin beurteilen. CARNAP hingegen ist wesentlich optimistischer. Seine Grundidee ist prima facie ebenso einfach wie einleuchtend. Man könnte sie als *den Gedanken von der prognostischen Relevanz (Voraussagerelevanz) theoretischer Terme* bezeichnen. Danach soll ein theoretischer Term dann als empirisch gehaltvoll oder empirisch signifikant anerkannt werden, wenn eine bestimmte hypothetische Annahme über diesen Term „einen Unterschied in der Vorhersage eines beobachtbaren Ereignisses ausmacht", d. h. wenn mittels der diesen Term enthaltenden Annahme Ereignisse prognostiziert werden können, die sich ohne eine diesen Term verwendende Annahme nicht voraussagen lassen. Man erinnert sich an einen ähnlichen Versuch bei AYER. Doch hatte sich AYERS Verfahren als viel zu primitiv erwiesen. CARNAPS Methode ist wesentlich subtiler und raffinierter ausgeklügelt.

CARNAPS inhaltliche Überlegungen, die schließlich zu seinem Kriterium führen, werden am zweckmäßigsten in sieben Schritte aufgegliedert. Wir setzen voraus, daß $t$ ein theoretischer Term ist, also ein Element von $V_T$.

*1. Schritt:* Zu behaupten, daß *t von prognostischer Relevanz* sei, muß vor allem die Behauptung einschließen, *daß es mindestens einen Satz $S_t$ gibt, der zu $L_T$ gehört und den Term t enthält, mit Hilfe dessen ein Satz $S_B$ der Beobachtungssprache $L_B$ abgeleitet werden kann.* Im deterministischen Fall wird es sich dabei um eine rein logische Ableitung handeln. Sollte dagegen $S_t$ z. B. eine statistische Hypothese darstellen, so wird keine logische Ableitung, sondern nur eine induktive Begründung vorliegen. Um die ohnehin schon etwas schwierigen Überlegungen nicht noch weiter zu komplizieren, wird im folgenden der Einfachheit halber angenommen, daß der erste Fall vorliegt. Um jedes Mißverständnis auszuschließen, sei ausdrücklich darauf hingewiesen, daß $S_t$ nicht etwa ein Satz der Theorie $T$ sein soll, sondern lediglich eine hypothetische Annahme über $t$, also ein *beliebiger* Satz der Sprache $L_T$ mit der deskriptiven Konstanten $t$.

*2. Schritt:* Im Normalfall wird es nicht möglich sein, $S_B$ aus $S_t$ allein zu deduzieren. Vielmehr wird es sich als notwendig erweisen, für diese Ableitung die Theorie $T$ sowie ihre durch die Regeln $Z$ repräsentierte partielle Interpretation mit zu benützen. Wenn wir $T$ als endlich axiomatisiert voraussetzen, können wir die empirisch interpretierte Theorie durch die Konjunktion $T \wedge Z$ wiedergeben und diesen Satz als zusätzliche Prämisse verwenden. (Gewöhnlich wird für die Ableitung nur eine Teiltheorie von $T$ benötigt werden. Diese wird jedoch je nach der Wahl des theoretischen Terms $t$ sowie nach der des zu deduzierenden Beobachtungssatzes eine andere sein, so daß insgesamt, d. h. für die Klasse aller im folgenden betrachteten Deduktionen, die ganze Theorie $T \wedge Z$ benötigt werden wird. Es ist daher zweckmäßig, jeweils diese ganze interpretierte Theorie als zusätzliche Prämisse zu verwenden.)

Für die Ableitung des Satzes $S_B$ werden also mindestens drei Prämissen benützt: der Satz $S_t$, die Theorie $T$ und die Regeln $Z$, zusammen ausdrückbar durch den Satz $S_t \wedge T \wedge Z$.

Dies hat für unser Problem die spezielle Konsequenz, daß der Begriff der empirischen Signifikanz sowohl auf die Theorie $T$ als auch auf die Korrespondenzregeln $Z$ *relativiert* werden muß. Dieses Resultat steht im Einklang mit den früheren Überlegungen: *Derselbe Term „Elektron" oder „Neutron" kann sowohl in der klassischen Physik als auch in der Quantenphysik vorkommen. Trotzdem haben diese Terme in den beiden Systemen eine andere Bedeutung*, da die Konjunktion $T \wedge Z$ in beiden Fällen eine ganz andere Aussage ist.

*3. Schritt:* Der Satz $S_t$ muß einer einschränkenden Bedingung unterworfen werden. Angenommen, $S_t$ enthalte außer $t$ noch weitere Terme aus $V_T$. Dann würde die Tatsache, daß der Beobachtungssatz $S_B$ in der geschilderten Weise herleitbar ist, nicht die empirische Signifikanz von $t$ beweisen. Die Ableitbarkeit von $S_B$ könnte in diesem Fall ja darauf beruhen, daß in $S_t$ *die von t verschiedenen anderen theoretischen Terme vorkommen.* Um einen Schluß auf *die empirische Signifikanz von t allein* gewinnen zu können, muß daher vorausgesetzt werden, daß *t der einzige* Term aus $V_T$ ist, der in $S_t$ vorkommt.

*4. Schritt:* Diese eben notwendig gewordene Einschränkung von $S_t$, nämlich das Verbot des Vorkommens anderer theoretischer Terme außer $t$ in $S_t$, hat nun wiederum zur Folge, daß dieser Satz $S_t$ selbst bei zusätzlicher Benützung der interpretierten Theorie $T \wedge Z$ als Prämisse *zu schwach* sein dürfte, um daraus beobachtbare Folgerungen ableiten zu können. Diese Ableitung wird erst gelingen, *wenn wir einen weiteren theoretischen Satz als Prämisse hinzufügen*, der theoretische Terme aus einer Klasse $\alpha$ mit $\alpha \subsetneqq V_T$ enthält. Dieser Satz heiße $S_\alpha$. Zum Unterschied von $S_t$ wird also $S_\alpha$ in der Regel *mehrere* theoretische Terme enthalten, da $\alpha$ eine Klasse von mehr als einem Term bilden wird.

Die Klasse der Prämissen zur Ableitung von $S_B$ hat sich somit inzwischen auf vier Elemente erweitert; sie enthält nämlich: $S_t$, $T$, $Z$ und $S_\alpha$.

Damit entstehen aber unmittelbar *zwei Probleme*: (1) Wie vermeiden wir bei der Mitverwendung von $S_\alpha$ einen Rückfall in die problematische Ausgangssituation, die zu der Festsetzung im dritten Schritt führte? Anders ausgedrückt: Wodurch unterscheidet sich denn die Verwendung der Prämisse $S_t \wedge S_\alpha$ von dem Fall, wo in $S_t$ außer *t noch andere* theoretische Terme vorkommen? Wir wollen ja die prognostische Relevanz dem Term $t$ allein und nicht der um $t$ erweiterten Klasse der Terme $\alpha$ zuschreiben! (2) Wie vermeiden wir bei der Mitverwendung von $S_\alpha$ einen Zirkel oder einen unendlichen Regreß? Die empirische Signifikanz eines bestimmten theoretischen Terms scheint ja nun relativiert zu werden auf eine Klasse *anderer* theoretischer Terme, für deren Elemente dasselbe gilt usw.

Im fünften Schritt soll die Frage (1) beantwortet werden und in den darauf folgenden beiden weiteren Schritten die Frage (2).

*5. Schritt:* Die prognostische Relevanz von $t$ ist durch die Tatsache gekennzeichnet, daß die Verwendung von $t$ in $S_t$ *einen Unterschied* bezüglich der Voraussagbarkeit von $S_B$ im folgenden Sinn ergibt: $S_B$ muß zwar aus $S_t \wedge S_\alpha \wedge T \wedge Z$ ableitbar sein, *darf jedoch nicht aus* $S_\alpha \wedge T \wedge Z$ *allein ableitbar sein.* Ist diese eben erwähnte Nichtableitbarkeitsbedingung erfüllt, so ist damit gewährleistet, daß die prognostische Relevanz *nicht* den Elementen von $\alpha$ zugeschrieben werden kann.

*6. Schritt:* Wegen der Tatsache, daß für die Ableitung von $S_B$ auch der Satz $S_\alpha$ notwendig ist, müssen wir noch *eine weitere Relativierung* im Begriff der empirischen Signifikanz ausdrücklich berücksichtigen: *die Relativierung auf die Klasse* $\alpha$. Genauer verhält es sich folgendermaßen: Da für die Ableitung von $S_B$ durch die Benützung der Prämisse $S_\alpha$ auch alle theoretischen Terme von $\alpha$ verwendet werden, *deren empirische Sinnhaftigkeit hier nicht zur Diskussion steht*, darf man nicht mehr behaupten als folgendes: Auf Grund der geschilderten Ableitbarkeit von $S_B$ ist $t$ empirisch signifikant, *vorausgesetzt, daß sämtliche Terme der Klasse* $\alpha$ *empirisch signifikant sind*. In der endgültigen Definition der empirischen Signifikanz muß also eine Wendung vorkommen, in welcher ausdrücklich diese Signifikanz relativiert wird auf $T$, $Z$ und $\alpha$.

*7. Schritt:* Um die Schwierigkeit (2) zu überwinden, darf *keine* Signifikanzdefinition für theoretische Terme formuliert werden, *in welcher stets andere theoretische Terme als empirisch signifikant vorausgesetzt werden*. Der Gefahr des Zirkels bzw. des unendlichen Regresses entgeht man daher nur auf die Weise, daß man *die Konstruktion einer linearen Ordnung* der Elemente von $V_T$ voraussetzt, so daß die Elemente von $V_T$ in der Reihenfolge ihres Vorkommens in dieser Ordnung sukzessive auf ihre empirische Signifikanz hin überprüft werden können. Diese Überprüfung muß im einzelnen die folgende Gestalt annehmen:

(*a*) Die ersten Terme dieser Ordnung der Elemente aus $V_T$ müssen so beschaffen sein, daß ihre Signifikanz erkennbar ist, *ohne daß die Signifikanz anderer Terme von* $V_T$ *vorausgesetzt wird*. Für diese Terme ist also die obige Klasse $\alpha$ identisch mit der leeren Klasse. Dies wird offenbar nur für solche Terme gelten, die in $Z$-Regeln vorkommen.

(*b*) Unter Benützung der Tatsache, daß bereits bestimmte Terme von $V_T$ als signifikant erkannt worden sind, können dann weitere Terme von $V_T$ als signifikant erwiesen werden, nämlich jene, welche die nächste Position innerhalb der Ordnung einnehmen. In dieser Weise kann man fortfahren.

Die empirische Signifikanz aller Elemente aus $V_T$ ist erst nachgewiesen, wenn für die erste Klasse der Terme die Signifikanz „*in absoluter Weise*" festgestellt wurde und wenn *für alle übrigen Terme* die Signifikanz *relativ auf die Klasse der in der Ordnung vorangehenden Terme* gezeigt worden ist.

Zwecks Vermeidung von Mißverständnissen schließen wir diese intuitiven Vorbetrachtungen mit zwei Anmerkungen. Immer wieder haben wir von der Ableitung eines Beobachtungssatzes aus theoretischen Sätzen und $Z$-Regeln gesprochen. Ist dies nicht eine allzu vereinfachende Schilderung der Sachlage? Bei jeder Anwendung theoretischer Hypothesen für Erklärungs- oder Voraussagezwecke benötigen wir doch Antecedens- und Randbedingungen, die selbst in der Sprache $L_B$ formuliert werden müssen.

Diese Bedingungen seien in dem weiteren Satz $S_B^*$ zusammengefaßt. Muß dann nicht gesagt werden, daß $S_B$ aus den obigen theoretischen Annahmen *und dem Satz* $S_B^*$ ableitbar sei? Die Antwort hierauf lautet: CARNAP nimmt eine technische Vereinfachung in der Weise vor, *daß er stillschweigend das Deduktionstheorem auf die Beobachtungsprämisse anwendet*. Statt daher in unserem Fall von der Ableitbarkeit von $S_B$ aus $S_t \wedge S_\alpha \wedge T \wedge Z \wedge S_B^*$ zu sprechen, denkt er an die Ableitbarkeit des *Konditionales* $S_B^* \rightarrow S_B$ aus $S_t \wedge S_\alpha \wedge T \wedge Z$. CARNAP erwähnt dies zwar nicht ausdrücklich, seine Ausführungen lassen aber keine andere Interpretation zu; denn nur auf diese Weise kann man es erreichen, daß die Beobachtungssätze aus den Prämissen ganz verschwinden.

Ein anderer Punkt betrifft die Relativierung des Signifikanzbegriffs auf eine bestimmte Theorie $T$. Hat dies nicht zur Folge, daß neu entdeckte naturwissenschaftliche Tatsachen bisher nicht signifikante Terme in signikante verwandeln können oder daß umgekehrt eine frühere Signifikanzfeststellung wieder zurückgenommen werden muß? Hierzu ist zu sagen, daß unter der Theorie $T$ tatsächlich nur die *Grundprinzipien* beim axiomatischen Aufbau eines wissenschaftlichen Systems verstanden werden sollen. Sätze, welche neue empirische oder theoretische *Einzel*tatsachen behaupten, berühren daher überhaupt nicht die Klasse der signifikanten theoretischen Terme. Erst wenn die Theorie selbst geändert wird, muß die Signifikanzfrage für die Terme aus $V_T$ neu gestellt werden. Dies trifft insbesondere zu bei einer revolutionären Umwälzung der Wissenschaft. CARNAP erwähnt als speziellen Fall den, daß ein neuer theoretischer Grundterm mit neuen Axiomen für diesen Term eingeführt wird. Nicht weniger wichtig — und in psychologischer Hinsicht vielleicht sogar noch viel wichtiger — ist der Fall, wo die Theorie geändert wird, *ohne daß neue Terme eingeführt werden*. Wenn in einer Theorie $T_1$, die nachweislich nur empirisch signifikante Terme enthält, innerhalb des theoretischen Vokabulars der Ausdruck „Elektron" vorkommt, so ist damit natürlich noch nichts darüber ausgesagt, ob dieses selbe Wort „Elektron" auch in einer von $T_1$ verschiedenen und mit ihr nicht logisch äquivalenten Theorie $T_2$ signifikant ist, welche dasselbe theoretische Vokabular besitzt wie die erste, d. h. für welche gilt: $V_{T_1} = V_{T_2}$.

**6.b Präzise Formulierung der Signifikanzdefinition.** Auf Grund der vorangehenden Überlegungen erweist es sich als erforderlich, in einer ersten Definition den *Hilfsbegriff der relativen Signifikanz* einzuführen, d. h. den Begriff der Signifikanz von $t$ relativ zur Klasse $\alpha$ von theoretischen Termen. In einer zweiten Definition kann dann durch Benützung eines Begriffs der Folge theoretischer Terme der *Signifikanzbegriff* selbst definiert werden. In diesem Begriff muß ausdrücklich Bezug genommen werden auf die beiden Teilsprachen $L_B$ und $L_T$ sowie auf $T$ und $Z$. Zusätzlich zu den bereits motivierten Forderungen muß noch ausdrücklich die *logische Konsistenz* von $S_t \wedge S_\alpha \wedge$

$T \wedge Z$ verlangt werden. Ansonsten wäre daraus (trivial) *jeder* Beobachtungssatz ableitbar. Inhaltlich gesprochen handelt es sich darum, daß der durch die Konjunktion $S_t \wedge S_\alpha$ beschriebene theoretische Sachverhalt *in bezug auf die interpretierte Theorie* $T \wedge Z$ *möglich sein* muß.

**D₁** Ein Term $t$ ist *signifikant relativ zur Klasse* $\alpha$ von Termen in bezug auf $L_B$, $L_T$, $T$ und $Z$ genau dann, wenn folgendes gilt:

(a) $\alpha \subseteq V_T$, d. h. alle Terme von $\alpha$ gehören zu $V_T$;

(b) $t \in V_T$;

(c) $t \notin \alpha$;

(d) es gibt drei Sätze $S_t$, $S_\alpha$ und $S_B$, wobei $S_t$ und $S_\alpha$ zur theoretischen Sprache $L_T$ gehören und $S_B$ zur Beobachtungssprache $L_B$ gehört, welche die folgenden Bedingungen erfüllen:

(1) $t$ ist der einzige deskriptive Term von $S_t$;

(2) alle deskriptiven Terme von $S_\alpha$ gehören zu $\alpha$[17];

(3) der Satz $S_t \wedge S_\alpha \wedge T \wedge Z$ ist konsistent (nicht L-falsch);

(4) $S_t \wedge S_\alpha \wedge T \wedge Z \Vdash S_B$;

(5) non-$(S_\alpha \wedge T \wedge Z \Vdash S_B)$.

Die getrennte Erwähnung von $L_T$ ist deshalb notwendig, weil *dieselbe* Theorie in *verschiedenen* Sprachen formuliert werden kann.

**D₂** Ein undefinierter Term $t$ ist *signifikant* in bezug auf $L_B$, $L_T$, $T$ und $Z$ genau dann, wenn es eine Folge von Termen $t_1, \ldots, t_n$ aus $V_T$ gibt, so daß jeder Term $t_i$ (für $i = 1, \ldots, n$) relativ zur Klasse jener Terme, die ihm in der Folge vorangehen, in bezug auf $L_B$, $L_T$, $T$ und $Z$ signifikant ist und $t$ identisch ist mit $t_n$.[18]

Man beachte, daß in **D₁** eine sechsstellige und in **D₂** eine fünfstellige Relation eingeführt wird. Daher könnte man das Definiendum im ersten Fall etwa durch *Relativ Signifikant* $(t, \alpha, L_B, L_T, T, Z)$ abkürzen und das Definiendum von **D₂** durch *Signifikant* $(t, L_B, L_T, T, Z)$.

Wie bereits hervorgehoben, muß man bei der praktischen Anwendung von **D₁** mit dem Fall beginnen, daß $\alpha$ die leere Klasse ist. Terme, deren Signifikanz gezeigt werden kann, ohne daß dabei die Signifikanz anderer Terme bereits vorausgesetzt wird, sollen *Anfangsterme* genannt werden.

[17] Setzt man die früheren Konventionen über den Gebrauch der Symbole „$S_t$“ und „$S_\alpha$“ voraus, so sind diese beiden Bestimmungen (1) und (2) überflüssig. Es ist jedoch zweckmäßiger, **D₁** nicht als bedingte Definition anzuschreiben und diese Bestimmungen in das Definiens mit einzubeziehen.

[18] CARNAPS Formulierung dieser Definition ist nicht ganz korrekt, da er „$t_n$“ statt „$t$“ schreibt. Dies hat zur Folge, daß der Ausdruck im Definiendum frei vorkommt, hingegen im Definiens durch einen Existenzquantor gebunden wird, was natürlich nicht zulässig ist.

Die Definitionen sind so gehalten, daß sie sowohl für $T$ wie für $Z$ voraussetzen, daß darin nur strikte Gesetze vorkommen. Sollten in der Theorie oder in den Korrespondenzregeln oder in beiden auch statistische Prinzipien vorkommen, so wäre die logische Folgerelation durch die Relation der induktiven Bestätigung zu ersetzen.

Das Symbol „$\Vdash$" wurde verwendet, weil wir es dahingestellt sein lassen wollen, ob die Logik von $L_T$ syntaktisch charakterisiert ist oder nicht.

**D**$_3$ Ein Ausdruck $A$ von $L_T$ ist ein *signifikanter Satz* von $L_T$ in bezug auf $L_T$, $L_B$, $T$ und $Z$ genau dann, wenn gilt: (a) $A$ genügt den Formregeln für „Satz in $L_T$"; (b) jede deskriptive Konstante von $A$ ist ein signifikanter Term in bezug auf $L_T$, $L_B$, $T$ und $Z$.

Hier möge vor allem die Relativität auf eine Theorie $T$ beachtet werden: Es wird nicht schlechthin ein Satz der theoretischen Sprache als signifikant erklärt, sondern ein Satz dieser Sprache *unter Zugrundelegung einer bestimmten Theorie T*. Bei gleichbleibender theoretischer Sprache ändert sich bei einem Wandel der Theorie auch dieser Signifikanzbegriff. Durch **D**$_3$ wird also eine fünfstellige Relation *Satz-Signifikant* ($A$, $L_B$, $L_T$, $T$, $Z$) eingeführt.

Gemäß dieser Bestimmung ist die empirische Signifikanz eines Satzes abhängig von seiner logischen Form und von der Natur der in ihm vorkommenden deskriptiven Konstanten. Man könnte sagen, daß die erste Teilbestimmung den Begriff des *syntaktisch signifikanten Satzes* festgelegt und daß die zweite Teilbestimmung dies zum Begriff des *empirisch signifikanten Satzes* verschärft, indem für alle darin vorkommenden nichtlogischen Terme die Erfüllung der Signifikanzdefinition im Sinn von **D**$_2$ verlangt wird. Es möge beachtet werden, daß gemäß der Methode CARNAPs das empirische Signifikanzkriterium für Sätze nicht in die syntaktischen Formregeln für Sätze einbezogen werden kann.

Wenn man CARNAPs Überlegungen als eine Fortsetzung der in III geschilderten Empirismus-Diskussion interpretiert, so ist die am Ende von III gegebene Bestimmung ($E_7$) durch die folgende Fassung zu ersetzen:

($E_8$) *Ein synthetischer Satz S ist genau dann empirisch signifikant, wenn S entweder einen synthetischen Satz von* $L_B$ *oder einen synthetischen Satz von* $L_T$ *darstellt, der im Sinn von* **D**$_3$ *signifikant ist*[19].

[19] In bezug auf $L_B$ besagt dabei der Ausdruck „synthetisch", daß der Satz nicht analytisch determiniert ist, also weder aus den für $L_B$ aufgestellten Analytizitätspostulaten logisch folgt noch mit ihnen logisch unverträglich ist. In bezug auf $L_T$ ist die Definition der Analytizität zwar formal gleichlautend; doch ist der Analytizitätsbegriff in der in VII,6 geschilderten Weise zu bestimmen. Der Leser verschwende an dieser Stelle nicht zu viel Gedanken an den Terminus „synthetisch". Wie in III,1 hervorgehoben wurde, betrifft die analytisch-synthetisch-Dichotomie nur die erste Teilthese des Empirismus. Wir beschäftigen uns hier ausschließlich mit der davon unabhängigen zweiten Teilthese. *Daß* eine solche Unabhängigkeit vorliegt, tritt in der Definition **D**$_3$ deutlich zutage.

## 7. Einige bemerkenswerte Eigentümlichkeiten von Carnaps Signifikanzkriterium[20]

(1) In den früher behandelten Stadien war die Diskussion über die empirische Signifikanz dadurch ausgezeichnet, daß stets versucht wurde, unmittelbar die empirische Signifikanz von *Sätzen* zu bestimmen, sei es durch gewisse logische Beziehungen zwischen diesen Sätzen und Beobachtungsaussagen, sei es durch die Forderung der Ausdrückbarkeit dieser Sätze in einer empiristischen Sprache. CARNAPs Kriterium hingegen ist, wie die Reihenfolge der drei Definitionen zeigt, *in erster Linie ein Kriterium für die empirische Signifikanz von Termen* und erst *in einem abgeleiteten und indirekten Sinn ein Kriterium für die empirische Signifikanz von Sätzen.*

(2) Auf Grund dieser Eigentümlichkeit stellt CARNAPs Kriterium in merkwürdiger Weise eine Rückkehr zu einer „*altertümlichen*" *Form des Empirismus* dar. Denn wenn auch die englischen Empiristen selbstverständlich ganz anders vorgingen und mit wesentlich primitiveren Methoden arbeiteten als CARNAP, so war doch ihr Empirismus *in erster Linie* ein *Begriffsempirismus* (Empirismus der "ideas") und erst *in zweiter Linie* ein *Empirismus der Propositionen*, ganz analog wie wir dies eben in (1) bezüglich CARNAPs Präzisierung des Empirismusbegriffs feststellten.

(3) Wie CARNAP selbst hervorhebt, ist sein Kriterium *außerordentlich liberal. Es schließt Sätze ein, für welche kein Beobachtungsresultat jemals positiv oder negativ relevant sein kann.* Es sei etwa $f$ ein Funktor, der eine physikalische Größe in $L_T$ ausdrückt, also zu $V_T$ gehört. Die empirische Signifikanz von $f$ sei bereits nachgewiesen. Dann muß auch der folgende Satz als empirisch signifikant anerkannt werden: „Der Wert von $f$ an der Raum-Zeit-Stelle $\langle x, y, z, t\rangle$ ist eine irrationale Zahl". Wir wissen ja bereits von früher, daß wegen der Grenzen der Beobachtungsgenauigkeit einerseits, der Tatsache andererseits, daß die rationalen Zahlen in den irrationalen dicht liegen, uns keine denkbare Menge von Beobachtungen dazu zwingt, für eine Größe einen irrationalen Zahlenwert anzunehmen. Die Zulassung derartiger Aussagen steht durchaus im Einklang mit den Intentionen der heutigen Naturforscher. Nur durch die Zulassung solcher Sätze kann garantiert werden, daß sich die gesamte klassische Mathematik in den heutigen Natur- und Geisteswissenschaften anwenden läßt.

(4) Einige Autoren haben eingewendet, daß das Kriterium deshalb zu liberal sei, weil es auch Sätze als signifikant zulasse, die nach Ansicht dieser Autoren einen „kategorialen Fehler" enthalten. Dazu gehören Aussagen wie: „das elektromagnetische Feld im Gebiet $G$ ist grausam"; „der integrale Geist der Welt verabscheut Schokolade"; „die durchschnittliche Beschleunigung der Wut beträgt 2 m/sec$^{-2}$". Dazu ist folgendes zu sagen: Erstens

[20] Einige dieser Merkmale wurden von G. MAXWELL in [Criteria] hervorgehoben.

kann man die Formregeln von $L_T$ durchaus so einrichten, daß derartige sprachliche Gebilde bereits *als syntaktisch unzulässig* ausgeschieden werden. Will man dies nicht tun, so bleibt noch immer der zweite Ausweg, daß diese Sätze zwar als empirisch singifikant zugelassen werden — denn die darin vorkommenden Terme sollen laut Voraussetzung signifikant sein —, daß sie jedoch zu den Fällen *offensichtlicher Falschheiten* gezählt werden. Der Einwand ist also nicht berechtigt. Er zeigt bloß, *daß es keinen „Unterschied an sich" zwischen Sinnlosigkeit und Falschheit gibt* — wie dies nicht nur die englischen Empiristen, sondern auch die Verteter des Wiener Kreises in den dreißiger Jahren dieses Jahrhunderts irrtümlich meinten —, sondern daß es von syntaktischen Formbestimmungen abhängt, ob etwas als falsch oder als sinnlos ausgezeichnet wird.

(5) MAXWELL macht darauf aufmerksam, daß CARNAPS Kriterium auch einen Satz von der folgenden Art zuläßt: „Heute nacht haben sich alle Gegenstände in bezug auf ihre Länge verdreifacht." Vorausgesetzt muß hierbei lediglich werden, daß die darin vorkommenden Ausdrücke, soweit sie nicht bereits zur Beobachtungssprache gehören, empirisch signifikant sind sowie daß der Satz gemäß den syntaktischen Regeln von $L$ zulässig ist. Ebenso wäre etwa der folgende Satz als sinnvoll anzuerkennen: „Das Elektron $e$ hat zur Zeit $t$ eine $x$-Komponente des Ortes, die innerhalb des Intervalls $\Delta q$ um $q_x$ liegt, und eine $x$-Komponente des Impulses, der innerhalb des Intervalls $\Delta p$ um $p_x$ liegt, wobei $\Delta p \cdot \Delta q \ll h/2\pi$." *Auch diese Ergebnisse zeigen nicht, daß* CARNAPS *Kriterium zu liberal und daher inadäquat ist.* Aussagen von dieser Art können als *sinnvoll,* obzwar als falsch oder als mit einer Theorie logisch unverträglich bezeichnet werden. Sofern man z. B. geeignete Bedeutungspostulate voraussetzt, könnte der erste Satz als analytisch falsch (kontradiktorisch) erwiesen werden; der zweite wäre, obzwar ebenfalls sinnvoll, logisch unverträglich mit der Quantenphysik usw.

(6) Wichtig ist es, *empirische Signifikanz nicht mit Fruchtbarkeit einer Theorie zu verwechseln.* Angenommen, es sei eine physikalische Theorie $T$ auf der Grundlage gewisser Axiome aufgebaut worden. Die Axiome mögen allen für die Sprache $L_T$ aufgestellten Formregeln genügen. Ferner möge gezeigt worden sein, daß alle Terme von $V_T$, also sämtliche in den Axiomen vorkommenden theoretischen Begriffe, im Sinn von $\mathbf{D}_2$ empirisch signifikant sind. Dann sind gemäß $\mathbf{D}_3$ auch alle Axiome und somit die ganze Theorie $T$ als empirisch signifikant erwiesen. *Trotzdem kann sich herausstellen, daß diese Theorie in der empirischen Anwendung von geringem Wert ist oder überhaupt eine gänzlich nutzlose Theorie darstellt.* Empirische Signifikanz und Fruchtbarkeit einer Theorie müssen also streng auseinandergehalten werden. Dasselbe gilt für das Verhältnis von Signifikanz und empirischer Bestätigung. Eine empirisch signifikante Theorie kann wegen des Vorliegens von Erfahrungsdaten, die sie erschüttern, verworfen werden.

*Wissenschaftliche Revolutionen bestehen nicht darin, daß bisher akzeptierten Theorien die empirische Signifikanz aberkannt werden muß, sondern daß Theorien, die weiterhin signifikant bleiben* (wie z. B. die klassische Mechanik), *aber durch Beobachtungen erschüttert worden sind, durch allgemeinere, fruchtbarere oder besser bestätigte ersetzt werden.*

(7) Das von CARNAP vorgeschlagene Kriterium liefert *keinen effektiv entscheidbaren Begriff der empirischen Signifikanz*. Dies gilt zwar auch von einigen früheren Kriterien. Doch könnte man sagen, daß CARNAPS Begriff von wesentlich höherer Ordnung unentscheidbar ist als alle früher vorgeschlagenen Explikationsversuche des Begriffs der empirischen Sinnhaftigkeit[21]. Dazu braucht man sich nur die wichtigsten Schritte zu verdeutlichen, die vollzogen werden müssen, um für eine vorgegebene Theorie $T$ die Signifikanz der Terme von $V_T$ nachzuweisen: Erstens muß man eine Reihenfolge *entdecken*, in der gemäß $\mathbf{D}_2$ die theoretischen Terme anzuordnen sind. (Diese Reihenfolge hat ja nichts zu tun mit der Reihenfolge, in welcher diese Terme in die Theorie eingeführt werden.) Zweitens muß man sukzessive immer wieder theoretische Sätze von der Art $S_\iota$, $S_\alpha$ und Beobachtungssätze $S_B$ *entdecken*, die zugleich die in $\mathbf{D}_1$ (d) (4) und (5) verlangten Ableitbarkeits- und Unableitbarkeitsbedingungen erfüllen. Wie man von der modernen Logik her weiß, bereiten vor allem Nichtableitbarkeitsbeweise, zumal in den höheren Gebieten der Logik und Mathematik, große Schwierigkeiten.

Aus diesem Grund würde es einem auch äußerst schwer fallen, CARNAPS Kriterium *praktisch zu handhaben*, um für eine konkret vorliegende komplexe Theorie, wie z. B. für die klassische Mechanik oder für die Quantenmechanik, die Signifikanz der darin vorkommenden theoretischen Terme nachzuweisen.

Der effektiven Unentscheidbarkeit wegen kann man die Aufgabe, Terme auf ihre Signifikanz zu überprüfen, nicht einer Maschine überlassen. *Daher ist es auch ausgeschlossen, das Signifikanzkriterium in die Formregeln einzubeziehen.* Denn die Entscheidung darüber, ob eine Zeichenfolge den Formbestimmungen einer Sprache genügt, muß prinzipiell einer Maschine überlassen bleiben können.

## 8. Kritische Erörterung von Carnaps Versuch, die Adäquatheit seines Kriteriums nachzuweisen

**8.a Was Carnap mit seinem Kriterium nicht bezweckt.** Bevor wir in eine Diskussion von CARNAPS Rechtfertigungsversuch seines Kriteriums eintreten, erscheint es als zweckmäßig, zu hoch gespannte Erwartungen, die

[21] Diese Wendung „höhere Ordnung an Unentscheidbarkeit" ist in dem rein intuitiven, oben erläuterten Sinn zu verstehen, dagegen nicht in dem präzisen Sinn, wie er in der rekursiven Funktionentheorie benützt wird.

der Leser an CARNAPs Kriterium knüpfen könnte, zu dämpfen. Dies geschieht am besten durch drei negative Feststellungen:

(1) CARNAPs *Kriterium soll nicht dazu dienen, empirisch gut bestätigte oder durch die Erfahrung gut gestützte Theorien vor schlecht bestätigten auszuzeichnen.* Diese Feststellung erscheint fast als trivial; und doch ist es nicht ausgeschlossen, daß CARNAPs Formulierungen zu einer Konfusion zwischen zwei Dingen den Anlaß geben könnten: zwischen der Frage der empirischen Signifikanz und der Frage der empirischen Bestätigung. Der entscheidende intuitive Grundgedanke, der CARNAPs Kriterium motivierte, war der Begriff der *prognostischen Relevanz*. Und — so könnte man geneigt sein, weiter zu schließen — dieser Begriff der prognostischen Relevanz ist es ja auch, welcher bei der Überprüfung einer empirischen oder theoretischen Hypothese im Vordergrund steht; die Überprüfung erfolgt auf dem Wege über Prognosen, die mit Hilfe der Hypothese ableitbar sind.

Hier muß auf die *Doppeldeutigkeit* der Wendung „*prognostisch relevant*" aufmerksam gemacht werden. Wenn man die Ableitung von Prognosen dazu benützt, um Theorien auf ihre Haltbarkeit zu überprüfen, so kann dies nur *über die Feststellung des Wahrheitswertes der Prognosen* geschehen. Anders ausgedrückt: Nicht daß eine Theorie die Ableitung von Prognosen überhaupt gestattet, macht sie zu einer annehmbaren Theorie, sondern *daß diese Prognosen auch zutreffen*. Treffen sie nicht zu, so ist die Theorie falsifiziert, aber nicht empirisch sinnlos. Wenn z. B. eine deterministische Atomtheorie durch eine solche ersetzt wird, deren Grundgesetze statistischer Natur sind, weil die erste, nicht aber die zweite zu *falschen* Prognosen führte, so bleibt die erste trotzdem eine signifikante Theorie.

Dies ist auch der Grund dafür, warum CARNAP in seinem Signifikanzkriterium *nicht die Wahrheit* der Prognosen voraussetzt, sondern nur *die Möglichkeit*, überhaupt Prognosen, wahre oder falsche, machen zu können. Der in den beiden Definitionen $\mathbf{D}_1$ und $\mathbf{D}_2$ in etwas komplizierter Weise präzisierte Gedanke bestand ja in folgendem: Ein Term soll als signifikant angesehen werden, wenn mit seiner Hilfe Voraussagen abgeleitet werden können, die man ohne seine Hilfe nicht gewinnen kann. *Dabei spielt es keine Rolle, ob diese Voraussagen zutreffen oder nicht.*

In der vollkommenen Abstraktion von der Wahrheit zeigt sich die außerordentliche Liberalität des Carnapschen Kriteriums. In dieser Liberalität liegt allerdings, wie später gezeigt werden soll, *eine große Schwäche des Kriteriums*. Und zwar handelt es sich um einen Nachteil, der vermutlich unbehebbar ist.

(2) CARNAPs *Kriterium erhebt nicht den Anspruch, die Frage der wissenschaftlichen Fruchtbarkeit von Theorien oder einzelner Sätze dieser Theorien zu beantworten.*

Dieser Punkt wird von CARNAP selbst ausdrücklich hervorgehoben (a. a. O., S. 62). Die Feststellung (2) deckt sich nicht mit dem unter (1) erwähnten Aspekt. Eine Theorie $T$ kann sich durch lange Zeit für viele Anwendungen als außerordentlich fruchtbar erweisen, obwohl sie zu einem viel späteren Zeitpunkt auf Grund neuer Entdeckungen als erschüttert angesehen und durch eine andere Theorie ersetzt wird. Auch zur Klärung eines derartigen Fruchtbarkeitsbegriffs — gleichgültig, ob er überhaupt formal präzisierbar ist oder nicht, ob er als klassifikatorischer Begriff oder als Gradbegriff eingeführt werden sollte usw. — trägt CARNAPs Kriterium nichts bei und beansprucht dies auch nicht.

(3) CARNAPs *Kriterium liefert kein Verfahren, um einfachere Theorien gegenüber weniger einfachen auszuzeichnen.*

Diese Feststellung ist keine Selbstverständlichkeit. Sowohl die intuitiven Vorbetrachtungen wie die formale Präzisierung des Kriteriums legen den folgenden Gedanken nahe: „Terme, die nicht empirisch signifikant sind, werden für die Ableitung von Prognosen nicht benötigt; sie sind für die Systematisierung des Erfahrungsbereiches *überflüssig*. Das Signifikanzkriterium hat also die Funktion, überflüssige Terme und solche Terme enthaltende Sätze aus vorgegebenen Theorien zu eliminieren."

Daß sich auch eine solche an das Signifikanzkriterium geknüpfte Erwartung nicht erfüllt, möge das folgende formale Gegenbeispiel einer einfachen Modelltheorie zeigen:

Das Beobachtungsvokabular enthalte nur das Prädikat $G$. Das theoretische Vokabular der ersten Theorie $T_1$ bestehe aus den beiden Prädikaten $f_0$ und $f_1$. Die Theorie $T_1$ laute: $\wedge x\,(f_1 x \rightarrow f_0 x)$; die Zuordnungsregel $Z$: $\wedge x\,(f_0 x \rightarrow Gx)$. $f_0$ ist empirisch signifikant im Sinn von $\mathbf{D}_2$. Man wähle als $S_\alpha$ den $L$-wahren Satz $\wedge x\,(x = x)$ und als $S_t$: $\vee x\, f_0 x$. Daraus ist der Satz $\vee x\, Gx$ der Beobachtungssprache ableitbar. Dieser Satz kann offenbar nicht aus $S_\alpha \wedge T_1 \wedge Z$ allein deduziert werden. In derselben Weise läßt sich die Signifikanz von $f_1$ beweisen. Angenommen, man superponiert der Theorie $T_1$ die folgende Implikationshierarchie für beliebiges $n \geqq 2$, durch deren Hinzufügung eine Theorie $T_2$ entsteht:

$$\wedge x\,(f_n x \rightarrow f_{n-1} x)$$
$$\vdots$$
$$\wedge x\,(f_2 x \rightarrow f_1 x)\,.$$

Nach demselben Verfahren wie oben beweist man leicht, daß alle Terme $f_i$ $(2 \leqq i \leqq n)$ empirisch signifikant sind (man wähle stets als $S_\alpha$ einen $L$-wahren Satz und als $S_t$ die Aussage $\vee x\, f_i x$).

$T_1$ ist einfacher als $T_2$; denn die erste Theorie ist eine echte Teiltheorie der letzteren. Die Klasse der empirischen Folgerungen ist aber dieselbe. *Der vom empiristischen Standpunkt aus völlig überflüssige Überbau, den $T_2$ gegenüber $T_1$ enthält, wird durch das Signifikanzkriterium,* wie wir soeben feststellten, *nicht beseitigt.*

Man könnte versucht sein, dieses Ergebnis in der folgenden Weise für einen Einwand gegen CARNAP zu verwerten: Wir wollen annehmen, die Terme $f_i$ für $i \geqq 2$ seien „metaphysische" Terme, die CARNAP als sinnlos verwerfen würde. Nach dem eben geschilderten Verfahren könnte jedoch die Signifikanz dieser Terme gezeigt werden, im Widerspruch zu CARNAPs Intention. Die Erwiderung auf einen solchen potentiellen Einwand wäre die folgende: Man kann nicht voraussetzen, daß die betreffenden Terme, *die ja nichts weiter als die eben angeschriebenen Symbole darstellen*, nach CARNAP metaphysische Terme seien. Eine derartige Annahme würde voraussetzen, *daß man bereits anderweitig verwendete und inhaltlich irgendwie gedeutete Terme in das Vokabular $V_T$ einbeziehen dürfte*. Gerade dies aber ist verboten. Nur die Beobachtungssprache $L_B$ wird ja *als eine für sich verständliche und interpretierte Sprache* vorausgesetzt. Deren Grundterme müssen daher entweder unmittelbar der vorwissenschaftlichen Sprache des Alltags entnommen sein oder bestimmte Präzisierungen derartiger Terme darstellen. Die Grundterme von $L_T$ hingegen sind vollkommen ungedeutete Symbole, die erst durch die Theorie $T$ eine *formale* und durch die Regeln $Z$ eine partielle und meist sehr indirekte *empirische* Deutung erhalten. Die Voraussetzung: „die Terme $f_i$ sind sinnlos" ist daher falsch[22]. Generell läßt sich also feststellen: Man kann CARNAPs Signifikanzkriterium nicht in der Weise zu widerlegen versuchen, daß man einer empirisch signifikanten Theorie, z. B. einer physikalischen Theorie, eine „metaphysische" Superstruktur von der skizzierten Art aufsetzt.

Die obige Skizze könnte allerdings abermals den Verdacht aufkommen lassen, daß CARNAPs Kriterium viel zu liberal sei. Der Verdacht läßt sich in der Form einer Frage präzisieren: Einerseits sind nicht-signifikante Terme sicherlich überflüssig. Auf der anderen Seite ist nach CARNAPs Intention offenbar nicht alles Überflüssige auch empirisch nicht signifikant. Auf welche Weise ist dann das, was vom empiristischen Standpunkt aus sinnlos ist, von dem, was zwar sinnvoll, aber überflüssig ist, abzugrenzen? Oder noch anders formuliert: *Wo liegt die inhaltlich zu ziehende Grenze zwischen dem Überflüssigen, das* CARNAP *eliminieren möchte, und jenem Überflüssigen, das in*

[22] Es wäre kein Einwand, wollte man darauf hinweisen, daß theoretische Terme innerhalb verschiedener Theorien dieselben Bezeichnungen erhalten, also daß z. B. das Wort „Elektron" sowohl in der klassischen wie in der modernen Physik vorkommt. Eine solche terminologische Wahl hat einen pragmatischen und psychologischen Hintergrund. Sie soll z. B. das Erkennen struktureller Ähnlichkeiten zwischen den Theorien oder den Übergang vom Studium der einen zum Studium der anderen erleichtern. Vermutlich würde CARNAP außerdem darauf hinweisen, daß ein derartiger terminologischer Beschluß von zweifelhaftem Wert ist. Der Leser möge dabei an die früher geschilderte Diskussion zwischen E. NAGEL und H. REICHENBACH zurückdenken, in der deutlich zutage getreten ist, in wie starkem Maße das philosophische Denken über Theorien durch einen solchen Beschluß über die Beibehaltung eines Terminus irregeleitet werden kann.

*unserer Modelltheorie $T_1$ zweifellos vorkommt, von* CARNAPs *Kriterium aber nicht eliminiert wird?* Es bleibt abzuwarten, ob CARNAPs Adäquatheitsargument auf diese Frage eine Antwort liefert.

**8.b Carnaps Nachweis dafür, daß das Kriterium nicht zu eng ist.** Der Verdacht, daß CARNAPs Kriterium zu eng sei, könnte bei drei Bestimmungen von $\mathbf{D}_1$ und $\mathbf{D}_2$ auftreten.

(1) Zunächst könnte man fragen, ob es wirklich notwendig sei, die theoretischen Terme so in einer Reihe zu ordnen, daß ein späterer Term der Folge nur in der Weise als signifikant erkennbar ist, daß man den Nachweis erbringt: dieser Term ist (im Sinn von $\mathbf{D}_1$) signifikant *relativ auf bereits als signifikant erkannte Terme.* Dies kann man tatsächlich zeigen: Wollte man für den Signifikanzbeweis auch solche Terme zulassen, die im Sinn von $\mathbf{D}_1$ signifikant sind relativ auf eine Klasse $\alpha$, die auch nur einen einzigen noch nicht *als signifikant* erkannten Term enthält, so wird das Kriterium zu weit. Dieser Nachweis findet sich im folgenden Unterabschnitt. Mit der Forderung, daß sich die theoretischen Terme in der von CARNAP geschilderten Weise in einer Reihe ordnen lassen, wird also der Signifikanzdefinition keine unzulässige Einschränkung auferlegt.

(2) Gemäß der Bestimmung (4) von $\mathbf{D}_1$ (*d*) wird verboten, daß Beobachtungsterme, also Terme aus $V_B$, in der Prämisse $S_\alpha$ vorkommen. Ist dies nicht eine unzulässige Einschränkung? Der Einwand liegt nahe: Ein Theoretiker leitet doch niemals aus theoretischen Annahmen allein eine Prognose ab, sondern nur aus theoretischen Annahmen *sowie gewissen Beobachtungssätzen,* in denen die Anfangs- und Randbedingungen beschrieben werden. Die Antwort auf diesen potentiellen Einwand wurde bereits in 6.a gegeben: CARNAP setzt für jeden derartigen Fall stillschweigend voraus, daß bezüglich dieser restlichen Beobachtungsprämissen das Deduktionstheorem angewendet wurde.

(3) Das stärkste Bedenken ließe sich gegen die Forderung richten, daß der Satz $S_t$ *nur* den theoretischen Term $t$ enthalten kann, während dieser Term in $S_\alpha$ *nicht* vorkommen dürfe. Könnte nicht die folgende Situation eintreten: $S_B$ ist ableitbar aus $T$, $Z$ sowie einem theoretischen Satz $S$, der $t$ sowie die Terme $\alpha$ enthält, *ohne daß es jedoch möglich wäre, $S$ in der von* CARNAP *verlangten Weise in die beiden Teilsätze $S_t$ und $S_\alpha$ aufzusplittern?*

Dieses Bedenken versucht CARNAP durch die folgende Plausibilitätsbetrachtung zu entkräften, in welcher ein einfacher gedanklicher Trick benützt wird. Er setzt dabei voraus, daß eine theoretische Sprache zur Verfügung steht, die quantitative physikalische Funktoren enthält, mit deren Hilfe sich Aussagen über die Werte machen lassen, welche physikalische Größen in bestimmten Raum-Zeit-Gebieten annehmen. $G$ sei ein solches Raum-Zeit-Gebiet, und $S$ sei ein theoretischer Satz, der mittels des Funktors $t$ etwas über dieses Raum-Zeit-Gebiet aussagt. $t$ soll ebenso wie die

Terme aus $\alpha$ in $S$ wesentlich vorkommen. Wegen der Forderung, daß $S$ mit $T \wedge Z$ logisch verträglich ist, gibt es eine Klasse von Werten, welche $t$ für Punkte aus $G$ annimmt und welche mit $T \wedge Z \wedge S$ logisch verträglich ist (sonst käme nämlich entweder $t$ nicht in $S$ wesentlich vor oder $S$ wäre mit $T \wedge Z$ nicht verträglich). Es sei $k$ eine *logische Konstante*, und zwar ein Funktor, der eine mathematische Funktion mit einer solchen Werteverteilung bezeichnet. Als Satz $S_t$ werde der folgende gewählt: „Für jeden Punkt aus $G$ ist der Wert von $t$ identisch mit dem von $k$". Nach Voraussetzung ist $S_t$ logisch verträglich mit $T \wedge Z \wedge S$. Als $S_\alpha$ werde jetzt jener Satz gewählt, der aus $S$ dadurch hervorgeht, daß man den theoretischen Term $t$ an allen Stellen seines Vorkommens in $S$ durch die logische Konstante $k$ ersetzt. *Damit ist die gewünschte Aufsplitterung erreicht.* In $S_\alpha$ kommt $t$ nicht mehr vor; und $S_t$ enthält nur den theoretischen Term $t$. $S$ ist eine logische Folgerung von $S_\alpha$ und der generellen Identitätsbehauptung $S_t$. Da $S_B$ nach Voraussetzung aus $S \wedge T \wedge Z$ logisch folgt, kann $S_B$ a fortiori aus $S_t \wedge S_\alpha \wedge T \wedge Z$ logisch gefolgert werden. Damit ist der Nachweis dafür erbracht, daß die im obigen Einwand geschilderte Situation nicht eintreten kann.

Wenn trotz dieser Überlegungen in Abschn. 12 gezeigt werden kann, daß CARNAPs Kriterium zu eng ist, so beruht dies darauf, daß CARNAP die folgende Situation nicht in Erwägung gezogen hat: Geben sei eine Theorie $T$, deren sämtliche theoretische Terme im Sinn von CARNAPs Kriterium signifikant sind. $T$ werde *durch eine triviale Umformung* in eine Theorie $T'$ umgeformt. Man würde erwarten, daß auch sämtliche Terme von $T'$ signifikant sind. Dies ist jedoch *nicht* der Fall, wenn man eine geeignete Umformulierung wählt. Die genaue Natur dieser Neuformulierung wird in Abschn. 12 beschrieben werden. Außerdem ist nicht zu übersehen, daß es sich bei dem obigen Argument, *welches sich auf eine bestimmte Klasse von Fällen metrischer Begriffe stützt*, nur um eine Plausibilitätsbetrachtung handelt, deren Verallgemeinerungungsfähigkeit auf beliebige Fälle keineswegs selbstverständlich ist. Die Überlegungen in den Abschnitten 12 und 13 werden eine diesbezügliche optimistische Annahme erschüttern.

**8.c Carnaps Nachweis dafür, daß sein Kriterium eine notwendige Adäquatheitsbedingung erfüllt.** Es soll hier der Nachweis für (1) von 8.b erbracht werden. $t_3$ sei ein Term, von dem aus intuitiven Gründen feststehe, daß er nicht signifikant ist, sondern einen Pseudobegriff beinhaltet. Die Art von Überlegung, welche zu einem derartigen Resultat führen könnte, soll hier nicht weiter interessieren. Die Klasse $\alpha$ enthalte sowohl einen Term $t_1$, der im Sinn von $\mathbf{D}_2$ nachweislich signifikant ist, sowie einen Term $t_2$, der im Sinn dieser Definition *nicht* signifikant ist. Es ist zu zeigen, daß $t_3$ signifikant ist relativ zur Klasse der Terme $\alpha = \{t_1, t_2\}$. Würde man also beim Signifikanzbeweis gemäß $\mathbf{D}_2$ in der Klasse der vorangehenden Terme einen nichtsignifikanten Term zulassen, so würde man die Signifikanz des Terms $t_3$ zeigen können, der nach Voraussetzung empirisch bedeutungslos ist.

In $T$ möge das folgende Postulat als Konjunktionsglied vorkommen:

($M$) Für jeden Raum-Zeit-Punkt gilt: $t_2(\mathfrak{x}) = t_3(\mathfrak{x}) + 3$[23].

Im Sinn CARNAPs ist dies ein „metaphysisches Axiom"; denn es enthält genau die beiden Terme $t_2$ und $t_3$, von denen der erste *im formalen Sinn von* $\mathbf{D}_2$ nicht signifikant ist, während der zweite *aus intuitiven Gründen* als sinnlos vorausgesetzt wird.

Unter den $Z$-Regeln komme u. a. die folgende vor:

$(Z_1)$ $t_1(\mathfrak{a}) = 9 \rightarrow S_B$ .

Dabei möge sich $\mathfrak{a}$ auf einen Koordinatenwert beziehen, welcher dem empirischen Ort entspricht, auf den $S_B$ Bezug nimmt. (Man beachte, daß der theoretische Term von $Z_1$ nach Voraussetzung nachweislich signifikant ist.)

Da der uns interessierende Term $t_3$ ist, schreiben wir größerer Suggestivität halber $S_{t_3}$ statt $S_t$. Und zwar wählen wir als solchen Satz den folgenden:

$(S_{t_3})$ $t_3(\mathfrak{a}) = 6$ .

Es steht nur noch die Wahl von $S_\alpha$ aus:

$(S_\alpha)$ $t_2(\mathfrak{a}) = t_1(\mathfrak{a})$ .

Hier wird also jener problematische Satz benützt, der sowohl einen signifikanten als auch einen nichtsignifikanten Term enthält. Aus dem Postulat $M$ und der Annahme $S_{t_3}$ erhalten wir zunächst: $t_2(\mathfrak{a}) = 9$. Mittels $S_\alpha$ gewinnen wir daraus: $t_1(\mathfrak{a}) = 9$. Durch diesen Schritt haben wir also eine „metaphysische" Aussage über einen Wert in $\mathfrak{a}$ in eine empirisch signifikante Aussage über einen Wert in $\mathfrak{a}$ transformiert. Wir können jetzt also auf $Z_1$ den modus ponens anwenden und erhalten: $S_B$. Nach Weglassen von $S_{t_3}$ aus den Prämissen könnte $S_B$ offenbar nicht gewonnen werden. Damit ist bereits alles bewiesen.

CARNAP stellt im Anschluß an diesen Beweis noch die folgende Überlegung an: Durch die früheren Bestimmungen wird zwar ausgeschlossen, daß für den Signifikanznachweis für $t_3$ ein Satz von der Gestalt der jetzigen Aussage $S_\alpha$ als Prämisse verwendet wird. *Dieser Satz* $t_2(\mathfrak{a}) = t_1(\mathfrak{a})$ *könnte jedoch entweder selbst in T vorkommen oder eine logische Folgerung eines Postulates von T sein.* Dann würde *genau dieselbe* Betrachtung wie jene, die soeben beschrieben wurde, vorgenommen werden, und $t_3$ wäre ein erster signifikanter Term.

CARNAP anerkennt nicht, daß dies auf einen Nachweis für die Inadäquatheit seiner Definition hinausliefe. Vielmehr ließe sich nach seiner Auffassung unter dieser Voraussetzung die Annahme, $t_3$ sei nicht signifikant,

[23] Wir benützen der Einfachheit halber die vektorielle Schreibweise; „$\mathfrak{x}$" steht also für Quadrupel von Zahlen. $t_2$ und $t_3$ werden als metrische Begriffe vorausgesetzt, die für beliebige Raum-Zeit-Punkte definiert sind.

nicht aufrecht erhalten: Der aus den Postulaten ableitbare Satz $S_\alpha$ würde *eine echte Verknüpfung* zwischen $t_1$ und $t_2$ herstellen und damit wäre auch $t_2$ empirisch signifikant. Diese Signifikanz würde sich dann in der geschilderten Weise auf $t_3$ übertragen.

*Leider hat sich* CARNAP *an dieser Stelle von einer falschen Intuition leiten lassen.* Ein strenger Nachweis für diese Behauptung soll in 12.b erbracht werden.

**8.d Carnaps Nachweis dafür, daß sein Kriterium nicht zu weit ist.** Absichtlich haben wir diesen Teil des Beweises, den CARNAP zuerst zu führen versucht, zurückgestellt, weil wir hier gleich zu Beginn auf einige Unklarheiten stoßen.

CARNAP geht davon aus, daß das theoretische Vokabular $V_T$ in zwei Teile $V_1$ und $V_2$ zerlegt werden kann. $V_1$ enthält nur *empirisch sinnvolle* Terme, z. B. solche der theoretischen Physik, $V_2$ hingegen enthält nur *empirisch sinnlose* Terme, z. B. solche der spekulativen Metaphysik. Weiter bemerkt er, daß sich sein Kriterium als zu weit erwiese, wenn Terme von $V_2$ in die Klasse der empirisch signifikanten Terme eingeschlossen würden. Könnte man hingegen den Nachweis dafür erbringen, daß kein Term aus $V_2$ im Sinn von $\mathbf{D}_2$ empirisch signifikant ist, so wäre damit gezeigt, daß das Kriterium nicht zu weit ist.

Man fragt sich, wie die genaue Voraussetzung der Überlegung eigentlich lautet, d. h. *in welchem Sinn* die Terme von $V_1$ empirisch sinnvoll und die von $V_2$ empirisch sinnlos sind. Sollte diese Unterscheidung selbst im Sinn der Definition $\mathbf{D}_2$ gemeint sein, so wäre die gesamte folgende Betrachtung offenbar zirkulär: Wenn man *bereits voraussetzt*, daß kein Term von $V_2$ im Sinn von $\mathbf{D}_2$ signifikant ist, dann kann man selbstverständlich aus dieser Annahme nicht das Resultat erhalten, daß doch ein Term von $V_2$ im Sinn dieser Definition signifikant ist, es sei denn, man machte eine inkonsistente Annahme. Das Ergebnis des Nachweises wäre eine triviale Wiederholung der Voraussetzung.

CARNAP muß also bei seiner Voraussetzung an etwas anderes gedacht haben. Seine unmittelbar im Anschluß an die Unterscheidung getroffene Feststellung (S. 54, Zeile 13f.), daß er die Annahme über den Unterschied von $V_1$ und $V_2$ präziser machen wolle, sowie der Umstand, daß er dann einen metatheoretischen Satz anführt, läßt die Vermutung zu, daß nur die in diesem Satz formulierte *formale* Voraussetzung über $V_1$ und $V_2$ gemacht werden soll. Der Satz lautet:

($A$) *Es seien $S_1$ und $S_2$ irgendwelche Sätze der Sprache $L$, so daß alle deskriptiven Terme von $S_1$ zu $V_1$ oder zu $V_B$ (Beobachtungsvokabular) gehören, während die deskriptiven Terme von $S_2$ zu $V_2$ gehören. Dann soll weder $S_1$ den Satz $S_2$ logisch implizieren noch umgekehrt, es sei denn, der implizierende Satz ist logisch falsch oder der implizierte logisch wahr.*

Hier ergibt sich sofort eine neue Schwierigkeit. ($A$) *ist nämlich eine logisch wahre metatheoretische Aussage*[24]. Eine solche Aussage kann aber natürlich nicht einmal als *partielle* Explikation dafür verwendet werden, daß $V_1$ sinnvolle, $V_2$ sinnlose Terme enthält. Es stehen nur zwei Deutungsmöglichkeiten offen: Entweder CARNAP hat übersehen, daß ($A$) logisch wahr ist, oder er hatte im Sinn, eine von ($A$) verschiedene Aussage anzuschreiben. Für beide Möglichkeiten lassen sich Gründe angeben. Für die erste Alternative spricht, daß er an mehreren Stellen des Textes diese Aussage eine Annahme (assumption) oder eine Voraussetzung (presupposition) nennt, was bei einer logischen Wahrheit eine durchaus ungewöhnliche Terminologie ist. Für die zweite Alternative spricht, daß er sich im folgenden zweimal in fehlerhafter Weise auf diese Aussage beruft[25]. Diese zweite Möglichkeit können wir aber nicht weiter verfolgen, da keine Spekulation über eine Verbesserung von ($A$) zu einem brauchbaren Resultat führt. Es bleibt also nur die erste Alternative übrig. Dann aber kann CARNAPs methodisches Vorgehen nur folgendermaßen gedeutet werden: Es wird vorausgesetzt, daß $V_T$ erschöpfend in zwei Klassen $V_1$ und $V_2$ zerlegt wird. Auf Grund irgendwelcher (in ihrer Struktur nicht näher interessierender) *pragmatischer* Überlegungen gelange man zu der Überzeugung, daß die erste Klasse empirisch sinnvolle Terme enthalte, die zweite dagegen empirisch sinnlose. Diese beiden Annahmen werden für das Folgende festgehalten und die beiden speziellen Klassenterme „$V_1$" und „$V_2$" werden in eine logisch wahre Formel eingesetzt, so daß man den logisch wahren Satz ($A$) erhält.

Wegen dieser starken Voraussetzung wird CARNAPs folgender Beweis, daß sein Kriterium nicht zu weit sei, äußerst schwach. Im Grunde tappt man völlig im dunkeln, da man überhaupt nicht erfährt, *was* eigentlich gezeigt werden soll. *Denn* CARNAP *verrät uns nicht, was er mit „empirisch sinnvoll" und „empirisch sinnlos" meint, ja er macht darüber nicht einmal die geringsten*

[24] Für den quantorenlogischen Fall ist dies leicht zu beweisen: Die Sätze $S_1$ und $S_2$ sind so gewählt, daß sie *keine gemeinsamen deskriptiven Konstanten* haben. Es läßt sich daher eine erste Interpretation wählen, die $S_1$ wahr und $S_2$ falsch macht, und eine zweite, die $S_2$ wahr und $S_1$ falsch macht, es sei denn, mindestens einer der beiden Sätze ist entweder logisch wahr oder logisch falsch. ($A$) wäre nur dann nicht logisch wahr, wenn man annehmen wollte, daß sich theoretisches Vokabular und Beobachtungsvokabular überschneiden können oder daß $V_1$ und $V_2$ einen nicht leeren Durchschnitt haben. Unter diesen beiden Annahmen könnte man aber den folgenden Überlegungen keinen Sinn geben.

[25] Die erste dieser Stellen findet sich auf S. 54, Zeile 3 von unten. Hier geht es um die Frage der Deduzierbarkeit *reiner Beobachtungssätze* aus einer Theorie, wofür man sich offenbar nicht auf ($A$) berufen kann. Die zweite Stelle findet sich auf S. 55, Zeile 10/11. Hier beruft sich CARNAP auf den Satz zur Begründung der Behauptung, daß es keine $Z$-Regeln (Zuordnungsregeln) für $V_2$-Terme gäbe. Aber eine derartige Regel müßte ja sowohl Terme aus $V_B$ wie aus $V_2$ enthalten, also ein Satz sein, der andere deskriptive Konstanten enthält als die beiden Sätze $S_1$ und $S_2$ von ($A$). Dieser Satz kann also mit der neuen Behauptung nichts zu tun haben.

*Andeutungen.* Vielmehr setzt er voraus, daß eine überhaupt nicht geschilderte pragmatische Diskussion zwischen irgendwelchen Wissenschaftlern oder Philosophen zu dem Resultat gelangt sei, die Elemente von $V_1$ als sinnvoll, die von $V_2$ jedoch als sinnlos zu bezeichnen.

Für den eigentlichen Nachweis wird eine Fallunterscheidung getroffen.

1. Fall: Die Theorie $T$ ist logisch äquivalent mit einer Konjunktion $T_1 \wedge T_2$, wobei das erste Konjunktionsglied $T_1$ nur $V_1$-Terme und das zweite Konjunktionsglied $T_2$ nur $V_2$-Terme enthalte. CARNAP muß *zusätzlich voraussetzen*, daß es keine $Z$-Regeln für die $V_2$-Terme gibt[26]. Auch dies ist offenbar *eine neue starke Voraussetzung*, die den folgenden Betrachtungen viel von ihrer Plausibilität nimmt, da gewöhnlich auch Metaphysiker irgendwelche Verknüpfungen ihrer Aussagen mit Beobachtungssätzen annehmen werden.

Unter dieser Annahme muß die Folge der Terme im Sinn von $\mathbf{D}_2$ mit Elementen von $V_1$ beginnen. Es ist nachzuweisen, daß durch Fortsetzung des Verfahrens niemals ein Term von $V_2$ erreicht werden kann, also kein Element aus $V_2$ in die Klasse der signifikanten Terme einbezogen werden darf[27]. Der Nachweis erfolgt indirekt.

Es sei $t$ der erste Term der Folge, der zu $V_2$ gehört. Wenn die Symbole $S_t$, $S_\alpha$, $T$, $Z$ und $S_B$ in derselben Bedeutung genommen werden wie in $\mathbf{D}_1$, so erhält man:

(a) $\Vdash S_t \wedge S_\alpha \wedge T \wedge Z \rightarrow S_B$ (d. h. dieser Satz ist L-wahr).

Wegen der logischen Äquivalenz von $T$ mit $T_1 \wedge T_2$ erhält man aus (a) durch aussagenlogische Umformung (insbesondere Exportation):

(b) $\Vdash (S_t \wedge T_2) \rightarrow (S_\alpha \wedge T_1 \wedge Z \rightarrow S_B)$.

---

[26] Bezüglich des fehlerhaften *Begründungsversuchs* für diese zusätzliche Annahme auf S. 55 vgl. die vorangehende Fußnote, zweiter Teil.

[27] Für den einfachen Fall, daß $T$ mit der obigen Konjunktion nicht nur logisch äquivalent, sondern mit dieser Konjunktion $T_1 \wedge T_2$ identisch ist, zieht CARNAP in einer Zwischenbetrachtung *ein einfacheres Kriterium* in Erwägung. Er nennt ein Postulat von $T$ *isoliert*, wenn seine Weglassung aus $T$ die Klasse der aus der so reduzierten Theorie ableitbaren Beobachtungssätze nicht verringert. Ein Term aus $V_T$ könnte dann signifikant genannt werden, wenn er entweder in einer $Z$-Regel vorkommt oder in einem nichtisolierten Postulat von $T$. CARNAP behauptet, daß genau die Postulate von $T_2$ isoliert seien, woraus sich ergeben würde, daß nur $V_1$-Terme signifikant seien. Hier ist nicht nur die Begründung, die sich auf ($A$) stützt, unrichtig. Auch die Behauptung selbst ist falsch. CARNAP setzt ja *nicht* voraus, daß sein System die Forderung der *Unabhängigkeit* der Postulate erfüllt. Angenommen nun, beim Aufbau der Theorie $T$ wurden zwei L-äquivalente Postulate $P_1$ und $P_2$ in $T_1$ eingeführt, *ohne daß der Benützer der Theorie um diese logische Äquivalenz weiß*. Dann ist offenbar sowohl $P_1$ als auch $P_2$ isoliert. Es kämen also auch im „signifikanten Teil" $T_1$ der Theorie $T$ isolierte Postulate vor, so daß das vorgeschlagene einfachere Kriterium im Normalfall *zu stark* wäre, da es zu viel Terme, nämlich auch solche von $V_1$, ausschließen würde.

Anders ausgedrückt: $S_t \wedge T_2$ impliziert logisch $S_\alpha \wedge T_1 \wedge Z \rightarrow S_B$. Gemäß $\mathbf{D}_1$ (d) (3) ist $S_t \wedge T_2$ nicht logisch falsch und gemäß $\mathbf{D}_1$ (d) (5) ist $S_\alpha \wedge T_1 \wedge Z \rightarrow S_B$ nicht logisch wahr. Damit aber steht (b) im Widerspruch zum Satz ($A$). Also kann die Annahme nicht richtig gewesen sein, daß ein Term aus $V_2$ durch das in $\mathbf{D}_1$ und $\mathbf{D}_2$ geschilderte Verfahren erreicht wurde.

2. Fall: $T$ ist nicht logisch äquivalent mit einer Konjunktion von der im ersten Fall geschilderten Art. CARNAP versucht zu zeigen, daß in diesem Fall die Voraussetzung, wonach alle Terme aus $V_2$ keine empirische Bedeutung haben, nicht aufrecht erhalten werden kann. $T$ müßte nämlich in diesem Fall ein Postulat $P$ enthalten, das sowohl Terme aus $V_1$ wie solche aus $V_2$ enthält, ohne daß $P$ $L$-äquivalent ist mit einer Konjunktion $P_1 \wedge P_2$, so daß $P_1$ nur $V_1$-Terme und $P_2$ nur $V_2$-Terme enthält. Ein solches Postulat $P$ würde aber *eine echte Verknüpfung* zwischen $V_1$-Termen und $V_2$-Termen herstellen. Daher wären die Terme von $V_2$ nicht ohne empirischen Gehalt, entgegen der Voraussetzung.

An dieser Stelle wird CARNAP von seiner Intuition fehlgeleitet, ebenso wie an jener Stelle, auf die am Schluß von 8.c hingewiesen worden ist. *Seine Behauptung läßt sich nämlich*, wie in 12.b gezeigt werden soll, *in präziser Weise widerlegen*. Diese Widerlegung hat, um den Grundgedanken zu skizzieren, die folgende Struktur: Es läßt sich eine Miniaturtheorie angeben, welche einen Konditionalsatz enthält, der die beiden Bedingungen erfüllt:

($\alpha$) das Vorderglied des Satzes enthält theoretische Terme und diese Terme sind alle im Sinn von $\mathbf{D}_2$ signifikant;

($\beta$) das Hinterglied des Satzes enthält theoretische Terme und diese sind alle im Sinn von $\mathbf{D}_2$ *nicht* signifikant.

Schließlich läßt sich noch beweisen, daß es unmöglich ist, die Theorie in eine Konjunktion $T_1 \wedge T_2$ so aufzuspalten, daß die theoretischen Terme des Vordergliedes dieses Konditionalsatzes nur in $T_1$ vorkommen, die theoretischen Terme des Hintergliedes nur in $T_2$. Nach CARNAP müßte man hier schließen, daß dieser Konditionalsatz ein Postulat darstelle, welches eine „echte Verknüpfung" zwischen beiden Arten von Termen herstelle und daher den Termen des Hintergliedes eine empirische Bedeutung verleihe. Tatsächlich sind jedoch diese Terme im Sinn seiner Signifikanz-Definition nicht signifikant.

Es ergibt sich also, *daß* CARNAPs *Intuition mit seinem formal präzisierten Begriff nicht im Einklang steht*. Nur für den ersten, relativ trivialen Fall konnte CARNAP zeigen, daß seine Definition nicht zu weit ist; und auch dort konnte der Nachweis nur unter zusätzlichen starken Voraussetzungen erbracht werden. Für den interessanteren zweiten Fall hingegen bricht CARNAPs Nachweis zusammen, da er sich dabei auf eine zusätzliche Behauptung stützen muß, die nicht nur unbegründet, sondern, wie eben angedeutet, in einem präzisen Sinn widerlegbar ist.

*Anmerkung:* Der Trick bei dieser Widerlegung besteht also darin, daß die Begriffe „empirisch sinnvoll“ für die $V_1$-Terme und „empirisch sinnlos“ für die $V_2$-Terme nicht wie bei CARNAP im Vagen gelassen werden, sondern daß man sie im Sinn von CARNAPs eigener formaler Signifikanzdefinition verwendet. Unter dieser Annahme wird CARNAPs Vermutung widerlegt mittels der Miniaturtheorie, die ($\alpha$) und ($\beta$) von S. 339 erfüllt.

## 9. Zur Frage der Adäquatheitsbedingungen für die Zuordnungsregeln

Ein grundlegender Gedanke aller bisherigen Ausführungen war der, daß die theoretischen Terme auf Grund der Korrespondenzregeln eine partielle Interpretation erfahren. Merkwürdigerweise haben sich weder frühere Autoren noch HEMPEL noch CARNAP genauer überlegt, ob diese Regeln nicht bestimmte Adäquatheitsbedingungen erfüllen müssen, um ihre Aufgabe erfüllen zu können. Anscheinend war man der Meinung, daß sie ganz beliebige Formen annehmen dürfen. Eine Ausnahme bildete CAMPBELL, der für sie ganz bestimmte Formen verlangte. Wie wir jedoch feststellten, führte diese Auffassung zu einem viel zu engen Interpretationsbegriff für eine Theorie. Es wird sich herausstellen, daß auf der anderen Seite eine zu liberale Auffassung ebenfalls Schwierigkeiten im Gefolge hat. Wir knüpfen dabei an Gedankengänge von P. ACHINSTEIN an.

Zunächst sei darauf hingewiesen, daß der Ausdruck „Interpretation“ in verschiedenen Bedeutungen verwendet worden ist. Es ist für das folgende wichtig, diese verschiedenen Interpretationsbegriffe klar vor Augen zu haben:

(*a*) Weder für $L_B$ noch für $L_T$ genügt eine rein syntaktische Charakterisierung. Von der Theorie $T$ wurde zwar vorausgesetzt, daß sie axiomatisch, d. h. als Kalkül, aufgebaut ist, doch mußte für die Sprache $L_T$ auch eine *Semantik* vorausgesetzt werden. Die drei Konventionen ($A$) bis ($C$) von Abschn. 3, die vom logischen Apparat von $L_T$ erfüllt werden müssen, waren *semantische*, an die Logik von $L_T$ gestellte Forderungen. Wenn CARNAP daher wiederholt feststellt, daß die Theorie $T$ ohne Zuordnungsregeln „ein reiner, uninterpretierter Kalkül“ sei, so muß man beachten, *daß der Ausdruck „Kalkül“ hierbei in unüblicher Weise gebraucht wird.* Die Wendung „uninterpretiert“ bezieht sich lediglich auf die fehlenden Zuordnungsregeln, die der Theorie einen *empirischen* Gehalt geben könnten, nicht hingegen ist sie so zu verstehen, als stünden überhaupt keine semantischen Regeln zur Verfügung[28].

(*b*) *Alle* Terme aus $V_T$ erhalten eine *formale* Bedeutung dadurch, daß sie den im Axiomensystem der Theorie formulierten Bedingungen genügen

[28] Wenn man bedenkt, daß der semantische Begriff der Interpretation entweder im extensionalen oder im intensionalen Sinn verstanden werden kann, so splittert sich dieser erste Interpretationsbegriff nochmals auf.

müssen. Es ist diejenige Art von Deutung, die D. HILBERT durch den irreführenden Term „implizite Definition" charakterisieren wollte. Modelltheoretisch gesprochen handelt es sich darum, daß die Klasse der möglichen Modelle der Theorie $T$ eingeschränkt wird. Worum es bei dieser Deutung geht, ist allein dies: Die theoretischen Terme werden durch die Postulate und Definitionen *miteinander* in ganz bestimmte Beziehungen gesetzt. *Die formale Bedeutung eines Terms ändert sich daher, wenn auch nur ein einziges Postulat der Theorie durch ein andersartiges ersetzt wird.* Es ist diese formale Bedeutung, welche E. NAGEL in seiner kritischen Auseinandersetzung mit H. REICHENBACHs Interpretation der Quantenphysik hervorgekehrt hat. Eine Verschärfung der Bedeutung in diesem formalen Sinn besteht in einer Einengung der Klasse möglicher Modelle durch die Hinzufügung neuer Postulate zur Theorie.

(*c*) Nehmen wir an, $t$ sei ein Funktor aus $T$, *der in einer Z-Regel vorkommt.* Er erhält dadurch eine *empirische Deutung*, aber in dem Sinn *nur eine unvollständige*, als diese Größe *nur innerhalb eines gewissen Spielraums* und auch da *nur für gewisse Werte* erklärt wird (wie z. B. im Fall der Funktoren „Temperatur", „Masse"). Man könnte von *direkt unvollständig empirisch gedeuteten Termen* sprechen und ihre Klasse mit $V_T^Z$ bezeichnen.

(*d*) Die übrigen theoretischen Terme kommen überhaupt nicht in $Z$-Regeln vor und gewinnen nur eine *indirekte* empirische Deutung dadurch, daß sie mit Termen aus $V_T^Z$, also mit Termen von der in (c) beschriebenen Art, entweder über das Postulatensystem oder über definitorische Zusammenhänge, verknüpft sind. Man könnte sie als die *indirekt unvollständig empirisch gedeuteten Terme* bezeichnen. Ihre Klasse umfaßt genau diejenigen Elemente aus $V_T$, die nicht zu $V_T^Z$ gehören.

Von wissenschaftstheoretischer Relevanz bezüglich theoretischer Terme sind die drei Bedeutungsbegriffe (b) bis (d). Im gegenwärtigen Kontext kommt es dabei nur auf (c) und (d) an. Denn hier allein geht es um die *empirische* Bedeutung theoretischer Begriffe. CARNAP gebraucht übrigens auch diesen Ausdruck „empirische Bedeutung" in seinem Aufsatz [Theoretical Concepts] nicht einheitlich, wie man bei aufmerksamer Lektüre dieses Aufsatzes feststellt. Während strenggenommen ein Element aus $V_T$ erst dann empirisch signifikant sein kann, *wenn es das explizit formulierte Signifikanzkriterium* von Abschn. 6 *erfüllt*, spricht er an verschiedenen Stellen davon, daß ein theoretischer Term eine partielle empirische Bedeutung bereits dann gewinnt, *wenn er in einer Zuordnungsregel vorkommt.* Nur in der erstgenannten Verwendung wird der Begriff „empirisch signifikant" bzw. „empirisch bedeutungsvoll" im formal präzisierten Sinn gebraucht. In der zweiten Verwendung hingegen bleibt er in einer intuitiven Unbestimmtheit.

Im folgenden werden wir methodisch so vorgehen, daß wir zunächst einfachere und primitivere Signifikanzkriterien zu formulieren versuchen.

Dies geschieht nicht zu dem Zweck, um CARNAPs Kriterium durch ein einfacheres zu ersetzen, *sondern um die Gründe für die Inadäquatheit dieser einfacheren Kriterien aufzuzeigen.* Wenn wir dabei vor allem an die in [Concepts] entwickelten Gedankengänge ACHINSTEINs anknüpfen, so ist doch zu betonen, daß das gesetzte Ziel ein ganz anderes ist. Während ACHINSTEIN die Zwischenergebnisse seiner Betrachtungen dazu benützt, um daraus sehr radikale Konsequenzen zu ziehen, insbesondere um sie für *eine Polemik gegen die Lehre von der partiellen Interpretation überhaupt* zu benützen, geht es uns hier um eine wesentlich bescheidenere Zielsetzung: Die folgenden Überlegungen sollen *ein heuristisches Verfahren zur Entdeckung von Adäquatheitsbedingungen für Korrespondenzregeln* liefern.

Wenn im folgenden von einer *Korrespondenzregel* die Rede ist, so soll darunter nichts anderes verstanden werden als ein *gemischter Satz*, der mindestens einen deskriptiven Term aus $V_B$ sowie mindestens einen aus $V_T$ enthält. Da für die weiteren Betrachtungen der rein theoretische Kern keine Rolle spielt und nur die *interpretierte* Theorie von Interesse ist, soll „Theorie" stets im Sinn von „interpretierte Theorie" verstanden werden. *Dementsprechend verwenden wir von jetzt an das Symbol „T", wo wir bisher „$T \wedge Z$" schrieben.*

Das *naheliegendste* und *einfachste* Verfahren scheint darin zu bestehen, sich bloß auf die Korrespondenzregeln zu berufen. So gelangen wir zu dem

*Versuch* (1): *„Wenn in der Theorie T eine Korrespondenzregel für den theoretischen Term t existiert, so ist t empirisch signifikant."*[29]

Die übrigen theoretischen Terme würden in der früher geschilderten Weise auf indirektem Wege (über Postulate und Definitionen) eine empirische Signifikanz zugeteilt bekommen. An solche weiteren Terme zu denken, ist jedoch überflüssig. *Denn nach dieser Bestimmung würde jeder theoretische Term in jeder beliebigen Theorie empirisch signifikant sein.*

Der Beweis ist höchst einfach. $\tau_t$ sei ein Axiom oder ein Lehrsatz von $T$, in dem $t$ vorkommt. $\beta$ sei eine beliebige Aussage der Beobachtungssprache, also eine Aussage, deren sämtliche deskriptiven Terme nichttheoretisch sind. Dann ist $\beta \rightarrow \tau_t$ eine logische Folgerung von $\tau_t$ und somit ein Satz der Theorie (nach der aussagenlogischen Regel: $A \Vdash B \rightarrow A$). $\beta \rightarrow \tau_t$ ist jedoch per definitionem — nämlich weil es sich um einen gemischten Satz handelt — eine Korrespondenzregel für $t$. Also ist nach dem Bestimmungsversuch (1) $t$ empirisch signifikant.

---

[29] ACHINSTEIN formuliert diesen und alle späteren Versuche als dann-und-nur-dann-wenn-Satz. Dadurch setzt er diese Vorschläge von vornherein überflüssigerweise demselben Einwand aus, der gegen HEMPELs Begriff des Interpretationssystems vorgebracht werden mußte. Wir formulieren demgegenüber die obigen Versuche nur als *hinreichende* Bedingungen der Signifikanz.

Insbesondere hätte also jeder Term, der in einem System der spekulativen Metaphysik vorkommt, empirische Signifikanz. Wir brauchen dieses metaphysische System ja nur als eine Satzmenge aufzufassen, welche die uns zunächst nicht ganz verständlichen „spezifisch metaphysischen" Ausdrücke als theoretische Terme enthält. Jeder dieser Terme ist empirisch signifikant; denn er muß in einem akzeptierten metaphysischen Satz $\tau$ vorkommen, der den Satz $\beta \rightarrow \tau$ *als logische Folge* hat, wobei $\beta$ irgend ein beliebiger nichttheoretischer Satz ist. $\beta \rightarrow \tau$ wird einfach *als Korrespondenzregel* gedeutet.

Zwei unmittelbare Reaktionen auf diese Konsequenz von (1) sind denkbar. Die erste besteht in der Forderung, *den Begriff der Korrespondenzregel* dadurch *zu verschärfen*, daß man darin nicht mehr das wahrheitsfunktionelle Symbol „$\rightarrow$", sondern an der betreffenden Stelle nur *ein Symbol für die kausale Implikation* zuläßt. Ein derartiger Rettungsversuch würde jedoch einen unzulässigen Vorgriff auf die Zukunft darstellen. Wir müßten dabei gewisse Begriffe, wie den Gesetzesbegriff und die Begriffe der kausalen Modalitäten, voraussetzen, deren Präzisierung bis heute nicht geglückt ist[30]. Die zweite Reaktion würde darin bestehen, zu verlangen, daß die Korrespondenzregeln keine bloßen Molekularsätze sein dürfen, sondern *Allsätze von Konditionalform* sein müssen. Dieser Vorschlag würde keine Verbesserung erzwingen, obwohl er auf den ersten Blick recht plausibel zu sein scheint. Auch CARNAP hatte offenbar eine derartige Form von Sätzen für die in Abschn. 5 angeführten Zuordnungsregeln der zweiten Art ($Z$-Regeln für $V_T$-Terme) angenommen. (Vgl. dazu die dort gebrachten Beispiele.)

Der Vorschlag ist nur dann durchführbar, wenn die Theorie allgemeine Prinzipien enthält. (Praktisch wird *jede* ernst zu nehmende Theorie *nur* generelle Sätze als Axiome enthalten.) $\wedge x \Phi(x)$ sei ein Axiom oder Lehrsatz der Theorie. Es handle sich dabei um einen Allsatz, in dem der Ausdruck $\Phi(x)$ eine Formel darstellt, die nur die freie Variable $x$ enthält und in der als deskriptive Ausdrücke nur theoretische Terme, und zwar mindestens einer, vorkommen. Ferner sei $B$ ein beliebiges einstelliges Beobachtungsprädikat. Das angeführte theoretische Prinzip hätte diesen Satz zur logischen Folge: $\wedge x(Bx \rightarrow \Phi(x))$. Dies wäre nach dem gerade eingeführten strengeren Kriterium eine Korrespondenzregel.

Die bisherige Betrachtung liefert bereits ein Zwischenresultat, mit dem sich eine frühere Vorstellung kritisieren läßt: Die Formregeln der Gesamtsprache $L$ müssen so geartet sein, daß Sätze aus den beiden Teilsprachen $L_B$ und $L_T$ miteinander verknüpft werden können, und zwar sowohl zu molekularen Komplexen wie zu komplizierten quantorenlogischen Aussagen. Dann ist es aber unmöglich, einen rein theoretischen Kern $T$ im früheren Sinn herauszuisolieren. Denn mit jedem rein theoretischen Satz $\tau$ von $T$

[30] Vgl. STEGMÜLLER, [Erklärung und Begründung], Kap. V und VII.

gehört für eine beliebige Beobachtungsaussage $\beta$ auch $\beta \rightarrow \tau$ zur *reinen* Theorie, da dieser Satz aus $\tau$ logisch folgt. Generell kann man sagen, daß die Isolierung eines in bezug auf die logische Folgebeziehung abgeschlossenen „rein theoretischen Kernes" unmöglich ist, wenn die folgenden drei von CARNAP vorausgesetzten Bedingungen erfüllt sind: (1) daß die Formregeln die Bildung *gemischter* Sätze mit deskriptiven Konstanten aus $V_B$ sowie aus $V_T$ gestatten; (2) daß die Logik von $L_B$ die Quantorenlogik mit Identität ist; (3) daß $L_T$ *mindestens* die Quantorenlogik mit Identität enthält.

Der Gedanke liegt nahe, folgendes einzuwenden: Der erste Versuch ist deshalb *zu liberal*, weil darin nichts weiter verlangt wird als daß die Theorie die Korrespondenzregel *als Theorem* enthalte. Wir verlangen daher für eine Theorie, *daß alle Korrespondenzregeln selbst Axiome sein müssen.* Mit „$T_\wedge$" als Symbol zur Bezeichnung der *Konjunktion der Axiome der interpretierten Theorie* gelangt man so zum

*Versuch* (2): „*Wenn* $T_\wedge$ *eine Korrespondenzregel für den theoretischen Term* $t$ *enthält oder darstellt*, so *ist* $t$ *empirisch signifikant.*"

Dieses Kriterium ist zunächst nur auf die undefinierten Terme anwendbar. Denn es kann in der Theorie definierte Terme geben, die *nur in Theoremen*, nicht jedoch in Axiomen, vorkommen. Diesen Mangel könnte man leicht durch eine entsprechende Zusatzbestimmung beheben. Um die Überlegungen nicht zu sehr zu komplizieren, werden wir uns bei der Formulierung der verschiedenen Versuche stets auf die *undefinierten* Terme beschränken.

Es bleibt jedoch der entscheidende Einwand bestehen, daß auch dieses Kriterium viel zu weit ist, *da die Nachteile des ersten Versuchs nur scheinbar beseitigt wurden.* „$T_\wedge$" habe dieselbe Bedeutung wie oben. $\beta$ sei eine beliebige Beobachtungsaussage. *Wir beschließen* jetzt einfach, die Theorie in der folgenden Weise neu zu formulieren:

$$(\beta \rightarrow T_\wedge) \wedge (\neg\beta \rightarrow T_\wedge)$$

Diese Aussage ist offenbar mit der Theorie L-äquivalent (wir setzen hier immer die Gültigkeit der klassischen Logik voraus). Andererseits bildet dieser Satz gemäß der Definition von „Korrespondenzregel" eine solche Korrespondenzregel für jeden theoretischen Term der Theorie.

Der eben gemachte Einwand motiviert zugleich die Richtung, in der eine weitere Verbesserung zu suchen ist. Der erste Nachteil kann dadurch behoben werden, daß man in einem ersten Schritt das Kriterium ausdrücklich nur für die *Grundterme* formuliert und für die definierten Terme nach einer geeigneten Zusatzbestimmung sucht. Der zweite wesentlichere Nachteil läßt sich dadurch beheben, *daß man sich gleichzeitig auf alle logisch äquivalenten Umformulierungen der Theorie T bezieht.*

*Versuch* (3): „*Ein theoretischer Grundterm t, der in einer Theorie T vorkommt, ist empirisch signifikant, wenn*

(a) $T_{\wedge}$ *eine Korrespondenzregel für t enthält oder darstellt; und außerdem*

(b) *die Konjunktion der Axiome jeder beliebigen L-äquivalenten Umformulierung von T eine Korrespondenzregel für t enthält oder darstellt.*"[31]

Die oben angeführte Schwierigkeit verschwindet jetzt. Eine andere entsteht jedoch. Man kann nämlich eine beliebige Theorie *T in trivialer Weise so modifizieren, daß gemäß* (3) *jeder theoretische Term der Theorie signifikant wird.* Es wäre jedoch, wie man sogleich erkennen wird, *vollkommen absurd* zu behaupten, daß durch das nun zu beschreibende Verfahren theoretischen Termen Signifikanz verliehen wird.

Um die Sache anschaulich zu gestalten, gehen wir von einem *metaphysischen* Axiomensystem $T$ aus. Ein axiomatischer Aufbau im üblichen Sinn wird für $T$ nicht vorausgesetzt. Es würde genügen, *irgendeine Numerierung* der vom Metaphysiker anerkannten Sätze vorzunehmen. $n$ sei die Anzahl der Sätze, die nicht bereits aus den übrigen folgen. Es mögen jetzt $n$ Beobachtungsaussagen $\beta_1, \ldots, \beta_n$ gewählt werden, die allgemein anerkannt sind. Bei diesen Sätzen der Beobachtungssprache kann es sich um Existenzgeneralisationen („es gibt Menschen", „es gibt schwarze Raben") sowie um hinreichend erhärtete empirische Allgeneralisationen („alle Rubine sind rot", „alle Menschen sind sterblich") handeln. Sollte der Metaphysiker diese Sätze nicht akzeptieren, so müßte man andere suchen; sollte er sie nicht *als empirische* Sätze deuten, weil sie z. B. nach seiner Theorie „analytisch für Gott" sind, so würde dies das folgende Verfahren nicht beeinträchtigen.

$\tau_1$ sei das erste „metaphysische Axiom", d. h. der erste Satz in der obigen Numerierung. Da nach Voraussetzung der Metaphysiker auch an $\beta_1$ glaubt, muß er die Konjunktion für wahr halten: $\tau_1 \wedge \beta_1$. In $\tau_1$ können z. B. Terme vorkommen, wie „das Absolute", „die Nichtung des Nichts", „das Für-Sich-Sein als unendliche Reflexion". Wir gehen sukzessive so vor, daß wir für jedes $i (1 \leqq i \leqq n)$ die Konjunktion bilden: $\tau_i \wedge \beta_i$. Die ursprüngliche metaphysische Theorie $T$ werde jetzt durch die Klasse aller dieser Sätze $\tau_i \wedge \beta_i$ ersetzt (oder durch ihre Konjunktion, die wir durch $\sum_{i=1}^{n} (\tau_i \wedge \beta_i)$ abkürzen; die ursprüngliche Theorie ist in dieser Symbolik identisch mit $\sum_{i=1}^{n} \tau_i$).

Das Verfahren kann noch dadurch „empirisch verschärft" werden, daß jedem metaphysischen Axiom $\tau_i$ jeweils *mehrere* Beobachtungssätze $\beta_{i_1}, \ldots, \beta_{i_k}$

[31] Die Wendung „enthält oder darstellt" gebrauchen wir nur der größeren Anschaulichkeit halber. Wie man unmittelbar erkennt, würde „darstellt" *allein* genügen.

zugeordnet und mit diesem konjunktiv verknüpft werden. Wenn $\tau_i$ lautet: „das Sein des Seienden ist die Nichtung des Nichts", so erhielten wir eine Konjunktion von der Gestalt:

(A)

(das Sein des Seienden ist die Nichtung des Nichts) ∧ (London ist groß)

∧ (das Sein des Seienden ist die Nichtung des Nichts) ∧ (der Himmel ist blau)

∧ (das Sein des Seienden ist die Nichtung des Nichts) ∧ (alle Menschen sind sterblich)

∧ (das Sein des Seienden ist die Nichtung des Nichts) ∧ (das Meer ist salzig)

∧ (das Sein des Seienden ist die Nichtung des Nichts) ∧ (Japan hat eine florierende Wirtschaft).

In diesem Fall wäre $T$ durch eine Konjunktion von der Gestalt zu ersetzen:

$$\sum_{i=1}^{n} \sum_{j=1}^{k} (\tau_i \wedge \beta_{ij}).$$

Der Metaphysiker wird gegen diese *von seinem Standpunkt aus* völlig lächerliche Modifikation seiner Theorie nichts einzuwenden haben. Denn was immer er aus seiner ursprünglichen Theorie gewinnen konnte, das kann er auch in der modifizierten Theorie gewinnen; und Sätze, die für ihn falsch oder problematisch sind, wurden ja nicht aufgenommen. *Die Konjunktion der so gewonnenen Sätze $\tau_i \wedge \beta_i$ bzw. $\tau_i \wedge \beta_{ij}$ stellt aber kraft Definition eine Korrespondenzregel für sämtliche metaphysischen Grundterme der Theorie dar. Dasselbe gilt offenbar auch von irgendeiner logisch äquivalenten Umformulierung der neu gewonnenen Theorie.*

Auch der Versuch (3) würde somit *jeden* theoretischen Term einer *beliebigen* metaphysischen Theorie empirisch signifikant machen, sofern man sich zu der geschilderten Modifikation jener Theorie entschließen könnte.

Diese Konsequenz zeigt, daß der Vorschlag (3) abermals unbrauchbar ist. Durch das obige Beispiel ($A$) wird dies besonders drastisch veranschaulicht. Es wäre ein ganz offenkundiger Unsinn zu behaupten, daß uns die empirisch wahren zweiten Konjunktionsglieder der Sätze ($A$) *eine Information über die Nichtung des Nichts lieferten*, oder anders ausgedrückt: daß durch die Hinzufügung weiterer und weiterer solcher zweiter Glieder der Term „die Nichtung des Nichts" *eine immer größere empirische Signifikanz* erhalte.

Das Scheitern all dieser Versuche zur Formulierung einfacher Signifikanzkriterien zeigt nur, daß sich ein früherer Verdacht bestätigt: Zuordnungs- oder Korrespondenzregeln dürfen nicht einfach *gemischte Sätze von beliebiger logischer Form* sein. Wenn ein Satz, der nur theoretische Terme enthält, konjunktiv mit einem Satz verknüpft wird, der ausschließlich Beobachtungsterme enthält, so gewinnen die Terme des ersten Satzes dadurch keine empirische Signifikanz. Dies führt zur Formulierung von

**Adäquatheitsprinzip (I):** *Wenn ein Satz S einer Theorie T eine Konjunktion* $S_1 \wedge S_2$ *bildet, wobei alle Terme von* $S_1$ *theoretische Terme sind und alle Terme von* $S_2$ *Beobachtungsterme, dann gewährleistet das Vorkommen von S in T nicht (d. h. dieses Vorkommen ist nicht hinreichend dafür), daß den theoretischen Termen von* $S_1$ *(und damit von S) empirische Signifikanz verliehen wird. Eine Konjunktion von der angegebenen Form darf daher nicht als Zuordnungsregel verwendet werden.*

Man könnte dieses Prinzip wahlweise als ein Adäquatheitsprinzip für Zuordnungsregeln oder für Signifikanzkriterien deuten. Die erste Interpretation erscheint insofern als zweckmäßiger, als (I) sowie das folgende Adäquatheitsprinzip ganz unabhängig davon Gültigkeit haben, ob man überhaupt an dem Gedanken der empirischen Signifikanz festhalten möchte. Denn bei dem dritten Versuch, welcher gegen dieses Prinzip verstößt, handelt es sich zwar um einen *Versuch zur Formulierung eines Signifikanzkriteriums*, doch beruhte seine Inadäquatheit, wie unsere Überlegungen zeigten, darauf, daß Sätze von der im Prinzip (I) ausgeschlossenen Art *als Korrespondenzregeln* zugelassen wurden.

Bevor wir zur Diskussion eines neuen Vorschlages übergehen, welcher (I) zu erfüllen scheint, soll eine vereinfachende terminologische Feststellung getroffen werden. Unter den Axiomen der in $L$ formulierten Theorie verstehen wir die Konjunktion von *drei* Sätzen: erstens der Konjunktion der rein theoretischen Axiome, zweitens der explizit angegebenen Zuordnungsregeln $Z$ (diese wieder als Konjunktion aufgefaßt) und drittens der Konjunktion der akzeptierten Sätze der Beobachtungssprache $L_B$.

Den folgenden Gedanken könnte man *einen primitiven Vorläufer von* CARNAPS *Signifikanzkriterium* nennen. Es wird darin erstmals versucht, *die Idee der Voraussagerelevanz* zur Formulierung eines empirischen Signifikanzkriteriums für theoretische Terme auszuwerten. Und zwar soll für die empirische Signifikanz eines Terms maßgebend sein, daß eine nichttheoretische Aussage, also ein Satz der Beobachtungssprache, mit Hilfe eines Axioms, in welchem dieser Term vorkommt, sowie der anderen Axiome abgeleitet werden kann, ohne daß sich diese Aussage aus den anderen Axiomen allein ableiten ließe. Genauer erhalten wir den

*Versuch* (4): „*Wenn t als theoretischer Grundterm in einer Theorie T vorkommt, so ist er signifikant, wenn T ein Axiom* $\tau_t$ *enthält, in dem t wesentlich vorkommt und welches nur theoretische Terme enthält, und wenn ferner ein Satz* $\beta$ *der Beobachtungssprache existiert, der aus* $\tau_t$ *und den übrigen Axiomen ableitbar ist, ohne daß* $\beta$ *aus diesen Axiomen allein ableitbar wäre.*“

Ein Verstoß gegen das Adäquatheitsprinzip (I) scheint jetzt nicht mehr vorzuliegen[32]. Insbesondere ist das oben geschilderte Verfahren, theoretischen Termen durch die Bildung von Konjunktionen aus theoretischen Sätzen und Beobachtungssätzen eine Signifikanz zu verleihen, jetzt nicht mehr anwendbar. Es sei nämlich $\tau$ ein Axiom oder Lehrsatz von $T$, worin nur theoretische Terme vorkommen. $\beta$ sei ein Axiom, welches nur Beobachtungsterme enthält. $\tau \wedge \beta$ wäre dann ein nach diesem Verfahren gebildeter Satz. Nun ist zwar $\beta$ daraus ableitbar; doch kann $\beta$ bereits aus dem zweiten Konjunktionsglied allein (trivial) abgeleitet werden, was der Bestimmung des Versuchs (4) widerspricht. Denselben Verstoß gegen (I) erhält man, wenn man statt $\beta$ eine Folgerung dieses Satzes verwendet.

Doch erweist sich auch (4) als inadäquat, wenn man zu (I) ein weiteres allgemein stillschweigend akzeptiertes Prinzip ausdrücklich hinzunimmt:

**Adäquatheitsprinzip (II):** *t sei ein theoretischer Grundterm. t erfülle das Definiens einer Signifikanzdefinition. Falls in diesem Definiens das Bestehen einer Ableitungsbeziehung (Folgebeziehung) gefordert wird, dann erweist sich t weiterhin als signifikant, wenn man die Prämisse der Ableitungsbeziehung (Folgebeziehung) durch einen logisch äquivalenten Satz ersetzt und die übrigen Bestimmungen im Definiens unverändert läßt*[33].

Es läßt sich nun zeigen, daß der Versuch (4) nicht beide Adäquatheitsbedingungen (I) und (II) erfüllt. Der Anschaulichkeit halber gehen wir wieder von einem *metaphysischen* Axiomensystem aus. $\tau_t$ sei eines der Axiome, das nur theoretische Terme enthalte, darunter auch den Term $t$. $\beta$ sei eine Aussage der Beobachtungssprache. Wir beachten nun, daß der Satz:

(a) $\tau_t \wedge \beta$

L-äquivalent ist mit der Aussage:

(b) $\tau_t \wedge (\tau_t \rightarrow \beta)$.

Die Fassung (b) garantiert gemäß (4) den in $\tau_t$ vorkommenden theoretischen Termen, insbesondere also auch $t$, die empirische Signifikanz. Es handelt sich ja um eine Theorie mit dem theoretischen Postulat $\tau_t$ und der Korrespondenzregel $\tau_t \rightarrow \beta$. Die interpretierte Theorie (b) hat $\beta$, also eine Beobachtungsaussage, zur Folge, die nicht aus $\tau_t$ allein abgeleitet werden kann. Also ist $t$ nach (4) empirisch signifikant. Wegen der logischen Äquivalenz von (b) mit (a) müßte nach Kriterium (II) auch die Theorie (a) dem Term $t$

[32] Dagegen kann leicht gezeigt werden, daß ACHINSTEINS Formulierung des entsprechenden Versuchs im Gegensatz zu seiner Auffassung bereits gegen das erste Prinzip verstößt.

[33] Diese zweite Bedingung weicht in der Formulierung von der ACHINSTEINS ziemlich stark ab. Dies erschien aus doppeltem Grunde als notwendig: erstens weil ACHINSTEINS Fassung in sich undeutlich ist; zweitens weil nur durch eine solche Umformulierung eine Kritik am Carnapschen Signifikanzkriterium möglich wird.

Signifikanz verleihen (die dort erwähnten möglichen „anderen Bedingungen" kommen hier überhaupt nicht vor). Gemäß (I) gewährleistet die Theorie (a) jedoch nicht die empirische Signifikanz von *t*.

Das Argument läßt sich noch etwas durchsichtiger in der Weise formulieren, daß *nur die Verletzung von Prinzip* (II) *durch* (4) zutage tritt. In einem ersten Schritt betrachten wir die Zwei-Axiomen-Theorie (a). Mit (4) läßt sich nicht zeigen, daß die deskriptiven Terme von $\tau_t$, und insbesondere *t*, signifikant sind. In der Zwei-Axiomen-Theorie (b) hingegen haben alle theoretischen Terme gemäß (4) Signifikanz. Die beiden Theorien (a) und (b) sind aber logisch äquivalent. Also ist Prinzip (II) verletzt.

## 10. Erste Kritik an Carnaps Signifikanzkriterium: Das Kriterium verstößt gegen die Adäquatheitsprinzipien für Zuordnungsregeln (Kritik von Achinstein)

Wir beginnen zunächst mit einer bereits früher angedeuteten und doch nicht den wesentlichen Kern betreffenden Kritik an CARNAPs Vorstellung vom Aufbau der interpretierten Theorie. Danach soll es möglich sein, den *uninterpretierten* theoretischen Kern, also den Kalkül *T*, von den Interpretationsregeln *Z* zu isolieren. Das ist jedoch ausgeschlossen.

Um dies einzusehen, muß man bloß beachten, daß $L_T$ und $L_B$ *Teilsprachen* einer und derselben Sprache *L* bilden und daß daher *einheitliche Formregeln* zur Verfügung stehen müssen. Diese Formregeln müssen es insbesondere gestatten, *gemischte Sätze* zu bilden, die sowohl Terme aus $V_T$ wie aus $V_B$ enthalten. *Andernfalls wäre die Bildung von Z-Regeln syntaktisch unmöglich.* Ferner bedenken wir, daß bereits in $L_B$ und daher a fortiori in $L_T$ *die gesamte Quantorenlogik* zur Verfügung steht.

Es sei nun $\tau$ ein Axiom oder Lehrsatz von *T*, worin nur theoretische Terme vorkommen. $\beta$ sei eine Beobachtungsaussage. Mit $\tau$ ist auch die logische Folgerung davon: $\beta \rightarrow \tau$, ein Lehrsatz von *T*. Darin kommen jedoch auch Beobachtungsterme vor. Analog könnte man von einem akzeptierten $L_B$-Satz $\beta$ — also von einem Axiom der Beobachtungssprache in der früher eingeführten Terminologie — ausgehen und daraus den *gemischten* Lehrsatz $\tau \rightarrow \beta$ gewinnen.

Es wäre kein Ausweg einzuwenden, daß unter *T nur die Gesamtheit der Axiome* verstanden werden solle. Denn ein und dieselbe Theorie kann in *verschiedenster* Weise axiomatisiert werden. Die Theorie ist nur durch die gesamte Klasse der in ihr vorkommenden Lehrsätze identifizierbar und darunter kommen, wie wir soeben feststellten, auch gemischte Sätze vor.

Bei den meisten übrigen Autoren finden sich überhaupt keine näheren Angaben über den Zusammenhang zwischen Beobachtungssprache und theoretischer Sprache. CARNAP macht immerhin gewisse Andeutungen.

Doch hat auch er es versäumt, das Verhältnis der beiden Teilsprachen $L_B$ und $L_T$ zueinander und zur Gesamtsprache $L$ präzise zu beschreiben, insbesondere das Verhältnis zwischen den syntaktischen *Formbestimmungen* einerseits, den *Ableitungsregeln* (syntaktischer Fall) bzw. den *semantischen Regeln* und *Folgebestimmungen* (semantischer Fall) andererseits. Dieses Versäumnis wirkte sich dahingehend aus, daß eine falsche Vorstellung über die Beziehung zwischen dem rein theoretischen Kern einer Theorie $T$ und der durch die Zuordnungsregeln $Z$ interpretierten Theorie $T \wedge Z$ entstand. Dieser Irrtum als solcher wäre nicht von großer Bedeutung. Leider aber ermöglicht es seine Aufdeckung, gegen CARNAPs Signifikanzkriterium einen analogen Einwand vorzubringen wie gegen den Versuch (4) des vorigen Abschnittes[34].

Zwecks Wahrung der Kontinuität der Darstellung bezeichnen wir CARNAPs Signifikanzkriterium von Abschn. 6 als *Versuch* (5).

**Theorem:** *Versuch (5) verstößt gegen die bisherigen Adäquatheitsprinzipien (I) und (II).*

Zum Nachweis dieser Behauptung übernehmen wir die Terminologie von 6.d. Bei der Kritik beschränken wir uns auf *die ersten Terme*, die im Sinn dieses Kriteriums als signifikant zu erweisen sind, d. h. auf jene, für welche die Klasse $\alpha$ der als signifikant vorausgesetzten Terme leer ist: $\alpha = \emptyset$. Der Satz $S_\alpha$ von $\mathbf{D}_1$(d) kann als logisch wahrer Satz, etwa als $\wedge x\,(x = x)$, gewählt werden. Ferner sei $S_t$ im Einklang mit der dortigen Terminologie ein nicht in $T$ vorkommender Satz von $L$, der erstens $t$ als einzigen deskriptiven Term enthält, und der zweitens die Bedingung erfüllt, daß $S_t \wedge T$ konsistent ist. Unter $T$ sollen in diesem Zusammenhang die rein theoretischen Axiome verstanden werden, die nur Terme aus $V_T$ enthalten. $S_B$ sei ein Satz der Beobachtungssprache, von dem wir voraussetzen, daß er weder analytisch ist noch aus $T \wedge (S_t \to S_B)$ logisch folgt (damit ist für unseren Spezialfall die Bedingung (5) von $\mathbf{D}_1$(d) erfüllt). *Korrespondenzregeln stehen zunächst noch nicht zur Verfügung.*

Wir ergänzen nun $T$ in der folgenden einfachen Weise zu einer *interpretierten* Theorie: *Wir fügen $S_t \to S_B$ als einzige Korrespondenzregel hinzu.* Die interpretierte Theorie lautet somit: $T \wedge (S_t \to S_B)$. Auf Grund von CARNAPs Kriterium ist *$t$ empirisch signifikant.* Denn $S_B$ ist keine Folgerung der interpretierten Theorie (Erfüllung von Bedingung $\mathbf{D}_1$(d)(5) für die *interpretierte* Theorie); hingegen ist $S_B$ eine Folgerung der interpretierten Theorie *und* $S_t$ (Erfüllung von Bedingung $\mathbf{D}_1$(d)(4)).

Wir können also feststellen, daß die empirische Signifikanz von $t$ außer auf einigen anderen Bedingungen darauf beruht, daß $t$ in dem Satz $S_t \wedge T \wedge$

[34] ACHINSTEIN hat bedauerlicherweise (a. a. O., S. 79) CARNAPs Kriterium so ungenau wiedergegeben, daß im Leser der Eindruck entstehen muß, dieses Kriterium sei zirkulär, was natürlich nicht der Fall ist.

$(S_t \rightarrow S_B)$ vorkommt. Dieser Satz ist L-äquivalent mit $S_t \wedge T \wedge S_B$. Gemäß Prinzip (II) müßte $t$ signifikant bleiben, wenn man diese beiden Sätze in der Signifikanzdefinition miteinander vertauscht. Damit aber verstößt man gegen das Prinzip (I); denn $S_t \wedge T$ enthält nach Voraussetzung nur theoretische Terme, $S_B$ hingegen nur Beobachtungsterme.

Wieder kann man zeigen, daß das zweite Prinzip allein verletzt wird. $t$, $S_t$, $T$ und $S_B$ sollen dasselbe bedeuten wie bisher; auch die bisherigen Voraussetzungen mögen übernommen werden. Die interpretierte Theorie lautet: $T \wedge (S_t \rightarrow S_B)$. $S_B$ ist daraus gemäß Voraussetzung nicht ableitbar, wird jedoch nach Hinzufügung von $S_t$ ableitbar. Also besitzt $t$ gemäß Versuch (5) empirische Signifikanz. Wir betrachten nun die *andere* interpretierte Theorie: $T \wedge S_B$. Der Satz $S_t \wedge S_B$ genügt (zusammen mit den anderen gleichbleibenden Bedingungen) nicht, um die empirische Signifikanz von $t$ zu gewährleisten; denn $S_B$ ist ja bereits *ohne* Hinzufügung von $S_t$, nämlich aus $T \wedge S_B$ allein, ableitbar (Verstoß gegen Bedingung $\mathbf{D}_1$(d)(5)). $S_t \wedge T \wedge S_B$ ist aber logisch äquivalent mit $S_t \wedge T \wedge (S_t \rightarrow S_B)$. Wenn $t$ durch Berufung auf diesen zweiten Satz als empirisch signifikant erkennbar ist (welche Voraussetzung ja erfüllt ist), so gemäß Prinzip (II) auch durch Berufung auf den ersten Satz. Wie wir gerade feststellten, ist dies jedoch nicht möglich.

Man könnte den Einwand gegen CARNAPS Signifikanzdefinition auch anders formulieren. Es wird ja bei CARNAP nicht verlangt, daß die theoretische Annahme über $t$ *kein* Bestandteil der Theorie selbst sein dürfe. Nehmen wir also an, sie sei bereits ein Bestandteil der Theorie. Dann besteht die erste interpretierte Theorie aus dem Satz: $S_t \wedge T \wedge (S_t \rightarrow S_B)$, wobei $T$ nur die übrigen, mit $S_t$ nicht logisch äquivalenten Sätze enthält. In dieser Theorie erweist sich $t$ als signifikant (nach demselben Beweisverfahren wie bisher). In der damit logisch äquivalenten Theorie $S_t \wedge T \wedge S_B$ ist dagegen *t nicht* empirisch signifikant. Der Einwand gegen CARNAPS Kriterium könnte dann so formuliert werden, *daß es nicht invariant ist gegenüber logisch äquivalenten Transformationen einer vorgegebenen Theorie.*

Wie immer der Einwand ausgesprochen werden mag, er zeigt jedenfalls das folgende:

*Carnaps Kriterium ist nicht vereinbar mit dem Adäquatheitsprinzip (II).*

## 11. Zweite Kritik an Carnaps Signifikanzkriterium: Carnaps Kriterium erweist sich bei definitorischen Erweiterungen einer Theorie als zu liberal (Kritik von D. Kaplan)

Wir beginnen damit, nach dem Vorschlag von D. KAPLAN ein Miniaturmodell einer Theorie zu konstruieren, an dem sich CARNAPS Verfahren illustrieren läßt. Ein derartiges Modell ist ganz unabhängig von jeder Kritik nützlich, weil es einen Einblick in das Funktionieren des Carnapschen Kriteriums gibt, welches ohne ein derartiges Modell einen mehr programmatischen Status besitzt.

Das Beobachtungsvokabular enthalte genau drei Prädikatkonstante, die wir durch lateinische *Groß*buchstaben wiedergeben: $V_B = \{J, P, D\}$. Die Logik von $L_B$ sei die Quantorenlogik mit Identität. Die Sätze von $L_B$ bestehen aus allen in der Sprache dieser Logik formulierbaren Sätzen, die als deskriptive Zeichen ausschließlich Elemente von $V_B$ enthalten.

Das theoretische Vokabular bestehe aus sechs Prädikatbuchstaben, die wir durch lateinische *Klein*buchstaben wiedergeben: $V_T = \{b, f, g, h, m, n\}$. In dem folgenden einfachen Modell benötigen wir für $L_T$ keine höhere Logik. Diese sei also ebenfalls die Quantorenlogik mit Identität. Sätze von $L_T$ sind alle jene Aussagen, die nur Zeichen aus $V_T$ als nichtlogische Zeichen enthalten.

Die Theorie bestehe aus dem folgenden Axiom sowie dessen rein theoretischen Folgerungen[35]:

$$T: \quad \bigwedge x\,(hx \to fx) \wedge \bigwedge x\,(hx \to bx \vee \neg gx) \wedge \bigwedge x\,(mx \leftrightarrow nx).$$

Die Zuordnungsregeln $Z$ werden in der folgenden Konjunktion zusammengefaßt:

$$Z: \quad \bigwedge x\,(Dx \to hx) \wedge \bigwedge x\,(fx \to Jx) \wedge \bigwedge x\,(gx \to Px).$$

Unter der interpretierten Theorie verstehen wir wieder die Konjunktion $T \wedge Z$ sowie deren logische Folgerungen.

Jetzt wenden wir CARNAPs Kriterium von 6.b an. Wir zeigen zunächst, daß $g$ ein *erster* signifikanter Term ist, also ein theoretischer Term, dessen empirische Signifikanz sich nachweisen läßt, ohne die Signifikanz anderer theoretischer Terme vorauszusetzen. $\alpha$ ist also die leere Klasse.

*1. Schritt: $g$ ist signifikant relativ zur leeren Klasse von theoretischen Termen in bezug auf $L_B$, $L_T$, $T$ und $Z$. Dasselbe gilt von $f$ und $h$.*

*Beweis:* $S_t$ sei $\bigwedge x\, gx$; $S_\alpha$ sei $\bigwedge x\,(x = x)$; $S_B$ sei $\bigwedge x\, Px$. In trivialer Weise sind die Bedingungen (a) bis (c) sowie (d) (1) bis (3) von $\mathbf{D}_1$ erfüllt. Ebenso ist wegen der Unableitbarkeit von $S_B$ aus $S_\alpha \wedge T \wedge Z$ auch die dortige Bedingung (5) erfüllt. Infolge der logischen Gültigkeit von:

$$[\bigwedge x\,(gx \to Px)] \to (\bigwedge x\, gx \to \bigwedge x\, Px)$$

wird nach Hinzufügung von $S_t$, d. h. von $\bigwedge x\, gx$, die Aussage $S_B$, also $\bigwedge x\, Px$, unter Benützung des dritten Konjunktionsgliedes von $Z$ ableitbar (zweifache Anwendung des modus ponens).

---

[35] Dieser Folgerungsbegriff bezieht sich natürlich auf die Quantorenlogik mit Identität.

Die Behauptung bezüglich $f$ ist vollkommen parallel hierzu zu beweisen (man benütze die theoretische Annahme $\wedge x\, fx$, das zweite Konjunktionsglied von $Z$ sowie den Beobachtungssatz $\wedge x\, Jx$). Ähnliches gilt von $h$ (hier benötigt man erstmals außer den Zuordnungsregeln ein rein theoretisches Axiom: aus dem ersten Konjunktionsglied von $T$ sowie dem zweiten von $Z$ gewinnt man zunächst durch quantorenlogische Umformung den Satz: $\wedge x\, (hx \rightarrow Jx)$; dann verfahre man wie vorher unter Benützung der theoretischen Annahme $\wedge x\, hx$ und der $L_B$-Aussage $\wedge x\, Jx$).

*2. Schritt: $b$ ist signifikant relativ zur Klasse $\alpha = \{g\}$ in bezug auf $L_B$, $L_T$, $T$ und $Z$.*

*Beweis:* $S_t$ sei $\wedge x\, \neg bx$; $S_\alpha$ sei $\wedge x\, gx$; $S_B$ sei $\vee x\, \neg Dx$. Aus $S_t$ und $S_\alpha$ folgt: $\vee x\, (\neg bx \wedge gx)$. Dies ist logisch äquivalent mit: $\neg \wedge x\, (bx \vee \neg gx)$. Andererseits erhält man aus dem ersten Konjunktionsglied von $Z$ sowie dem zweiten Konjunktionsglied von $T$: $\wedge x\, Dx \rightarrow \wedge x\, (bx \vee \neg gx)$. Durch Kontraposition dieses Satzes erhält man unter Benützung des eben gewonnenen Zwischenresultates die Aussage $S_B$. Damit ist (d)(4) von $\mathbf{D}_1$ verifiziert. Daß man aus $T$, $Z$ und $S_\alpha$ allein nicht $S_B$ gewinnen kann, lehrt eine kurze Betrachtung dieser drei Formeln. Also ist auch die Bedingung (5) von $\mathbf{D}_1$ (d) verifiziert. Die übrigen Bedingungen sind wieder trivial erfüllt.

Dieser zweite Schritt liefert eine interessante Illustration für CARNAPs Kriterium. Man sieht hier anschaulich, wie die empirische Signifikanz eines theoretischen Terms nachgewiesen werden kann, *der nicht in unmittelbarer Weise mit Beobachtungstermen verknüpft ist.* $b$ kommt ja in den $Z$-Regeln überhaupt nicht vor!

Noch in einer weiteren Hinsicht liefert dieses Modell eine gute Veranschaulichung. Das dritte Konjunktionsglied von $T$ bildet ein Axiom von der Art der *isolierten Postulate* im Sinn der Terminologie CARNAPs (vgl. dazu Abschn. 8). Die beiden darin vorkommenden Terme $m$ und $n$ können nicht „mit der Erfahrung verknüpft“ werden: Es läßt sich keine Folge konstruieren, die mit $V_B$-Termen beginnt und nach der in CARNAPs Kriterium geschilderten Methode nach endlich vielen Schritten zu diesen beiden Termen führt. Diese beiden Terme sind daher *empirisch nicht signifikant.* Insbesondere ist das dritte Axiom der Theorie (d. h. das dritte Konjunktionsglied von $T$) ein „metaphysisches“, empirisch nicht signifikantes Axiom; denn es erfüllt nicht die Bedingung (d) von $\mathbf{D}_1$. *Tatsächlich kann dieses Prinzip aus $T$ gestrichen werden, ohne den empirischen Gehalt dieser Theorie zu verringern.* Denn die aus der so reduzierten Theorie abzuleitenden beobachtungsmäßigen Konsequenzen sind *genau dieselben* wie die der ursprünglichen Theorie.

Wir führen jetzt eine Definition ein. $T$ sei eine beliebige vorgegebene Theorie. Eine Theorie $T'$ wird *definitorische Erweiterung* bzw. genauer:

*definitorische Erweiterungstheorie* (kurz: *D-Erweiterung* oder *D-Erweiterungstheorie*) von $T$ genannt, *wenn $T'$ aus $T$ dadurch hervorgeht, daß zu den Grundtermen von $T$ Definitionen von nichtlogischen Konstanten hinzugefügt werden.* Die Theorie $T$ soll in bezug auf $T'$ als *Stammtheorie* bezeichnet werden.

Zwischen dem Begriff der Definition einerseits, dem des Tatsachengehaltes und der Signifikanz andererseits scheint der folgende, allgemein akzeptierte und einfache intuitive Zusammenhang zu bestehen: *Die Hinzufügung korrekter Nominaldefinitionen zu einer Theorie ändert nichts am Tatsachengehalt dieser Theorie.* Auch *vermögen solche Definitionen keine Signifikanz in die Theorie zu importieren.* Gestützt auf diese Feststellung können wir ein drittes Adäquatheitsprinzip für Signifikanzkriterien aufstellen. Während sich die beiden ersten Prinzipien auf die Korrespondenzregeln bezogen, hat dieses Prinzip ausschließlich die Klasse der D-Erweiterungen von Theorien zum Gegenstand.

**Adäquatheitsprinzip (III):** *Empirisch nicht signifikante Terme einer Stammtheorie bleiben empirisch nicht signifikant in einer bloßen D-Erweiterungstheorie von $T$.*

**Theorem.** *Carnaps Signifikanzkriterium verletzt das Adäquatheitsprinzip (III).*

*Beweis:* Das obige Miniaturmodell einer Theorie bilde unsere Stammtheorie $T$. Wir gehen zu einer D-Erweiterung $T'$ von $T$ über. $V_{T'}$ sei das theoretische Vokabular von $T'$, welches außer den Termen von $V_T$ auch die durch die folgenden vier Definitionen eingeführten Terme enthält. Es soll dann bewiesen werden, daß jedes Element von $V_{T'}$ signifikant ist in bezug auf $L_B$, $L_{T'}$, $T'$ und $Z$.

*Def. 1* $\bigwedge x\,(d_1 x \leftrightarrow mx \wedge \bigvee x\, fx)$.

*Def. 2* $\bigwedge x\,(d_2 x \leftrightarrow (mx \rightarrow \bigvee x\, gx))$.

*Def. 3* $\bigwedge x\,(d_3 x \leftrightarrow nx \wedge \bigvee x\, fx)$.

*Def. 4* $\bigwedge x\,(d_4 x \leftrightarrow (nx \rightarrow \bigvee x\, gx))$.

*1. Schritt:* $d_1$ ist signifikant relativ zur leeren Klasse $\alpha = \emptyset$ in bezug auf $L_B, L_{T'}, T'$ und $Z$. $S_t$ sei der Satz $\bigwedge x\, d_1 x$; $S_\alpha$ sei $\bigwedge x\,(x = x)$; $S_B$ sei $\bigvee x\, Jx$. Da aus $S_t$ wegen *Def. 1* der Satz $\bigvee x\, fx$ folgt, erhält man daraus und aus dem zweiten Axiom von $Z$ nach einer einfachen quantorenlogischen Umformung mittels modus ponens $S_B$. Offenbar aber kann dieser Satz $\bigvee x\, Jx$ nicht aus $T'$ und $Z$ allein gewonnen werden.

*2. Schritt:* $d_2$ ist signifikant relativ zur Klasse $\alpha = \{d_1\}$ in bezug auf $L_B, L_{T'}$, $T'$, $Z$. Als $S_t$ wählen wir diesmal $\bigwedge x\, d_2 x$ und als $S_\alpha$ den Satz $\bigvee x\, d_1 x$. $S_B$ sei $\bigvee x\, Px$. Es genügt nachzuweisen, daß dieser Beobachtungssatz unter Verwendung von $S_t$ in der geforderten Weise ableitbar ist; denn daß er aus den restlichen Prämissen *nicht* ableitbar ist, ergibt sich unmittelbar durch Betrachtung der Struktur dieser Prämissen, nämlich $T'$, $Z$ und $S_\alpha$. Wegen

*Def. 1* erhält man aus $S_\alpha$ den Satz $\vee x\, mx$. Aus $S_t$ und *Def. 2* folgt quantorenlogisch: $\vee x\, mx \rightarrow \vee x\, gx$. Aus dem dritten Konjunktionsglied von $Z$ gewinnen wir: $\vee x\, gx \rightarrow \vee x\, Px$. Zweimalige Anwendung des modus ponens liefert den gewünschten Beobachtungssatz $\vee x\, Px$. Da im ersten Schritt die Signifikanz von $d_1$ bereits gezeigt wurde, ist damit der Nachweis der Signifikanz von $d_2$ erbracht.

*3. Schritt: m* ist signifikant relativ zur Klasse $\alpha = \{d_2\}$ in bezug auf $L_B$, $L_{T'}$, $T'$ und $Z$. $S_t$ sei $\wedge x\, mx$; $S_\alpha$ sei $\vee x\, d_2 x$; $S_B$ sei ebenso wie im zweiten Schritt $\vee x\, Px$. Aus $S_\alpha$ und *Def. 2* erhalten wir quantorenlogisch: $\wedge x\, mx \rightarrow \vee x\, gx$. Daraus und aus $S_t$ erhalten wir zunächst $\vee x\, gx$ und schließlich ebenso wie im zweiten Schritt mittels des dritten Axioms von $Z$ den Satz $S_B$. Wieder ist leicht einzusehen, daß diese Beobachtungsaussage ohne $S_t$ nicht zu gewinnen ist. Da $d_2$ bereits im vorigen Schritt als signifikant erkannt wurde, ist somit auch *m* signifikant.

Sieht man sich die beiden folgenden Definitionen *Def. 3* und *Def. 4* an, so erkennt man, daß sie dieselbe formale Struktur besitzen wie *Def. 1* und *Def. 2*. Daher kann man durch eine Überlegung, die zu der eben angestellten vollkommen parallel verläuft, auch die Signifikanz von *n* erweisen. (In den Zwischenschritten müssen diesmal natürlich $d_3$ und $d_4$ als signifikant erwiesen werden.)

Sowohl *m* als auch *n* sind somit signifikant in bezug auf $L_B$, $L_{T'}$, $T'$ und $Z$. Damit ist der Nachweis des Theorems beendet. Denn in der Stammtheorie $T$ waren diese beiden Terme *m* und *n nicht* signifikant. Wir haben somit eine D-Erweiterungstheorie $T'$ von $T$ gefunden, in der Terme signifikant werden, die in der Stammtheorie nicht signifikant waren. Dieses Resultat ist unverträglich mit dem Adäquatheitsprinzip (III).

Als vorläufiges Fazit aus diesen Betrachtungen müssen wir den Schluß ziehen, *daß Carnaps Kriterium zu liberal, d. h. zu weit ist.* Es gestattet den empirischen Signifikanznachweis von offenkundig nicht signifikanten Termen einer Theorie durch bloße definitorische Erweiterung dieser Theorie.

## 12. Dritte Kritik an Carnaps Signifikanzkriterium: Carnaps Kriterium erweist sich bei Ent-Ockhamisierung einer Theorie als zu eng (Kritik von D. Kaplan)

**12.a** Die Verbesserung einer vorgeschlagenen Begriffsexplikation ist besonders in dem Fall schwierig, wo gezeigt werden kann, daß der Vorschlag in einer Hinsicht zu weit, in einer anderen Hinsicht aber zu eng ist. Denn dann muß eine Verschärfung des Begriffs in der einen Hinsicht gleichzeitig mit einer geeigneten Liberalisierung in der anderen Richtung verknüpft werden. Daß diese Situation bezüglich CARNAPs Signifikanzkriterium vorliegt, soll jetzt gezeigt werden. Die bisherigen Betrachtungen würden lediglich die Vermutung nahelegen, daß CARNAPs Vorschlag verschärft werden müsse, um einerseits den Einklang mit den Adäquatheitsprinzipien für Korrespondenzregeln herzustellen, andererseits den Einwendungen des vorigen Abschnittes zu begegnen. Tatsächlich aber scheint das Kriterium in gewisser Weise bereits zu scharf zu sein.

$T \wedge Z$ sei eine interpretierte Theorie mit dem theoretischen Vokabular $V_T$. Unter einer *Ent-Ockhamisierung* $T' \wedge Z'$ von $T \wedge Z$ soll eine interpretierte Theorie verstanden werden, die aus $T \wedge Z$ dadurch hervorgeht, daß man mindestens eine der folgenden beiden Änderungen vornimmt, nämlich:

entweder (a) alle Vorkommnisse gewisser Elemente aus $V_T$ werden durch die *Konjunktion* von zwei neuen Grundkonstanten ersetzt;

oder (b) alle Vorkommnisse gewisser Elemente aus $V_T$ werden durch die *Adjunktion* von zwei neuen Grundkonstanten ersetzt.

Sollte die zugrundeliegende Logik eine Typenlogik sein, so müssen die ersetzenden Terme in (a) und (b) mit den ersetzten typengleich sein.

Das Ersetzungsverfahren berührt auch die theoretische Grundsprache $L_T$ wie das theoretische Vokabular $V_T$. $L_{T'}$ und $V_{T'}$ seien die neue Sprache und das neue Vokabular.

Der Grundgedanke des Verfahrens ist höchst einfach. Theoretische Terme werden in zwei aufgesplittert bzw. — wenn das Verfahren iteriert wird — in eine Potenz von zwei. Sollte in der ursprünglichen Sprache das einstellige Prädikat $f$ vorkommen und darauf das Verfahren (a) angewendet werden, so würde z. B. $f$ in Anwendung auf die Individuenkonstante $a$ durch $f_1 a \wedge f_2 a$ ersetzt werden.

Nun wird zwar ein Nominalist eine derartige Ent-Ockhamisierung mit scheelem Blick betrachten, weil hier gerade das getan wird, wogegen sich sein Kampf richtet: Es wird eine multiplicatio von Entitäten praeter necessitatem vorgenommen. *Doch wäre es zweifellos eine viel zu weitgehende Behauptung zu sagen, daß eine empirisch gehaltvolle Theorie nach Vornahme einer Ent-Ockhamisierung ihres empirischen Gehaltes beraubt sei.* Die Gründe, welche sich gegen ein derartiges Verfahren vorbringen lassen, müssen auf ganz anderer Ebene liegen. Ebenso scheint es klar zu sein, *daß eine Ent-Ockhamisierung nicht Signifikanz aus einer Theorie zu entfernen vermag.*

Die soeben aufgestellte These läßt sich durch eine inhaltliche Überlegung von der folgenden Art stützen: *Jede deduktive Systematisierung von Beobachtungssätzen, die durch eine interpretierte Theorie $T \wedge Z$ bewerkstelligt wird, kann auch durch eine beliebige Ent-Ockhamisierung von $T \wedge Z$ hergestellt werden.* Es seien nämlich $B_1$ und $B_2$ zwei Beobachtungssätze, welche die beiden folgenden Bedingungen erfüllen:

(1) non-$\Vdash (B_1 \rightarrow B_2)$ .

(2) $T \wedge Z \Vdash B_1 \rightarrow B_2$ .

In einem solchen Fall sagen wir, daß $T \wedge Z$ *eine streng nomologische Verknüpfung zwischen* $B_1$ *und* $B_2$ bewirkt. Es sei nun $T' \wedge Z'$ eine Ent-Ockhamisierung von $T \wedge Z$. Es ist ein rein logisches Theorem, daß $T' \wedge Z'$ eine zulässige Substitutionsinstanz von $T \wedge Z$ bildet. Daher erhält man aus (2), da in $B_1$ und $B_2$ keine theoretischen Terme vorkommen, durch Substitution:

(3) $T' \wedge Z' \Vdash B_1 \rightarrow B_2$.

(1) und (3) zusammen ergeben, daß auch $T' \wedge Z'$ eine streng nomologische Verknüpfung zwischen $B_1$ und $B_2$ erzeugt.

Wir halten unsere These in einer weiteren Adäquatheitsbedingung fest. Die der Ent-Ockhamisierung zugrundeliegende ursprüngliche Theorie nennen wir die *Basistheorie*.

**Adäquatheitsprinzip (IV):** *Wenn alle theoretischen Terme der Basistheorie signifikant sind, so sind auch die theoretischen Terme einer n-fach iterierten Ent-Ockhamisierung signifikant.*

**Theorem:** *Carnaps Signifikanzkriterium verletzt das Adäquatheitsprinzip (IV).*

*Beweis:* Wir gehen wieder zurück zur Miniaturtheorie $T \wedge Z$ des vorigen Abschnittes. An dieser Theorie wird eine einfach iterierte Ent-Ockhamisierung vorgenommen, d. h. eine Ent-Ockhamisierung einer Ent-Ockhamisierung von $T \wedge Z$.

1. *Schritt. Beschreibung der Ent-Ockhamisierung von* $T \wedge Z$.

$$V_{T'} = \{b, f_1, f_2, g_1, g_2, h_1, h_2, m, n\}.$$

Für die Sprache $L_{T'}$ gelte vollkommen Analoges wie für $L_T$ (es besteht also nur ein Unterschied in bezug auf Zahl und Art der deskriptiven Konstanten).

$$T': \quad \bigwedge x\,[(h_1 x \vee h_2 x) \rightarrow (f_1 x \vee f_2 x)] \wedge \bigwedge x\,[(h_1 x \vee h_2 x) \rightarrow (bx \vee \neg(g_1 x \wedge g_2 x))] \wedge \bigwedge x\,(mx \leftrightarrow nx),$$

$$Z': \quad \bigwedge x\,[Dx \rightarrow (h_1 x \vee h_2 x)] \wedge \bigwedge x\,[(f_1 x \vee f_2 x) \rightarrow Jx] \wedge \bigwedge x\,[(g_1 x \wedge g_2 x) \rightarrow Px].$$

2. *Schritt. Beschreibung der Ent-Ockhamisierung von* $T' \wedge Z'$.

$$V_{T''} = \{b, f_{11}, f_{12}, f_{21}, f_{22}, g_1, g_2, h_{11}, h_{12}, h_{21}, h_{22}, m, n\}$$

Für $L_{T''}$ gilt wieder Analoges wie für $L_T$.

$$T'': \quad \bigwedge x\,\{[(h_{11} x \wedge h_{12} x) \vee (h_{21} x \wedge h_{22} x)] \rightarrow [(f_{11} x \wedge f_{12} x) \vee (f_{21} x \wedge f_{22} x)]\}$$
$$\wedge \bigwedge x\,\{[(h_{11} x \wedge h_{12} x) \vee (h_{21} x \wedge h_{22} x)] \rightarrow (bx \vee \neg(g_1 x \vee g_2 x))\}$$
$$\wedge \bigwedge x\,(mx \leftrightarrow nx),$$

$$Z'': \quad \wedge x\,[Dx \to ((h_{11}x \wedge h_{12}x) \vee (h_{21}x \wedge h_{22}x))]$$
$$\wedge \wedge x\,\{[(f_{11}x \wedge f_{12}x) \vee (f_{21}x \wedge f_{22}x)] \to Jx\}$$
$$\wedge \wedge x\,[(g_1 x \wedge g_2 x) \to Px]^{36}.$$

Wegen der Tatsache, daß $\wedge x\,[(f_1 x \vee f_2 x) \to Jx]$ quantorenlogisch L-äquivalent ist mit $\wedge x\,(f_1 x \to Jx) \wedge \wedge x\,(f_2 x \to Jx)$, kann nach der ersten Ent-Ockhamisierung analog zum früheren Vorgehen die empirische Signifikanz von $f_1$ und $f_2$ gezeigt werden (etwa durch Wahl von $\wedge x\, f_1 x$ bzw. $\wedge x\, f_2 x$ als $S_t$, $\wedge x\,(x = x)$ als $S_\alpha$ und $\wedge x\, Jx$ als $S_B$). Dasselbe gilt für $h_1$ und $h_2$. Hingegen sind weder $g_1$ noch $g_2$ als signifikant erweisbar, da man jeweils die Signifikanz des anderen Terms benötigt. Das liegt daran, daß einerseits verlangt wird, daß $S_t$ nur eine, nämlich die als signifikant zu erweisende Konstante enthält, andererseits aber nach dem dritten Konjunktionsglied von $Z'$ eine Aussage über $Px$ nur aus der Konjunktion $g_1 x \wedge g_2 x$ gewonnen werden kann. Mit $g_1$ und $g_2$ ist auch $h$ nicht signifikant. (Man erinnere sich daran, daß im ursprünglichen Beweis die Signifikanz von $h$ relativ auf $g$ gezeigt werden mußte!) *Bereits dieser erste Schritt genügt somit, um den Verstoß gegen das Prinzip (IV) zu zeigen:* Die um das dritte theoretische Axiom (d. h. das isolierte Postulat) verringerte und damit von den beiden nicht signifikanten Termen $m$ und $n$ befreite Basistheorie enthält ja nachweislich nur signifikante Terme, während dies für die Ent-Ockhamisierung nicht mehr gilt. (Dies zeigt außerdem, daß für den Nachweis die Aufsplitterung von $f$ und $h$ unnötig ist.)

Die zweite Ent-Ockhamisierung dient lediglich der *Verschärfung* dieser Behauptung: *Es ist überhaupt kein Element von $V_{T''}$ signifikant relativ zu $L_B$*, $L_{T''}$, $T''$ und $Z''$. Der entscheidende Trick bei der obigen Konstruktion ist dabei der folgende: Die Aufsplitterung der theoretischen Terme, die *ursprünglich* als signifikant relativ zur leeren Klasse erwiesen werden konnten, erfolgte auf solche Weise, daß jetzt nur mehr jede Teilkomponente als signifikant *relativ zur anderen Teilkomponente* erwiesen werden kann. Es bleibt also überhaupt kein erster Term mehr übrig, d. h. kein Term, der sich als signifikant relativ zur leeren Klasse der Terme erweisen läßt. An einem Beispiel sei dies kurz erläutert. Angenommen etwa, man wollte analog zu dem im vorigen Absatz beschriebenen Verfahren die Signifikanz von $f_{11}$ erweisen. Dann kann man zwar durch eine ähnliche Aufspaltung des zweiten Axioms von $Z''$ die Teilaussage gewinnen: $\wedge x\,(f_{11}x \wedge f_{12}x \to Jx)$. Daraus könnte man auf die Signifikanz von $f_{11}$ nur schließen, *wenn man bereits wüßte, daß $f_{12}$ signifikant ist.* (Man wähle $\wedge x\, f_{12}x$ als $S_\alpha$, $\wedge x\, f_{11}x$ *als* $S_t$, $\wedge x\, Jx$ als $S_B$ und beachte, daß die erwähnte Teilaussage L-äquivalent ist mit: $\wedge x\,[f_{12}x \to (f_{11}x \to Jx)]$.)

---

[36] Unsere Schilderung des Ent-Ockhamisierungsverfahrens weicht von derjenigen KAPLANS ab.

**12.b** Wir beschließen diesen Abschnitt mit dem früher angekündigten Kommentar zu einer Überlegung, die CARNAP innerhalb seines Versuchs, die Adäquatheit seines Kriteriums nachzuweisen, anstellt. CARNAP bemerkt dort[37], daß — auf Grund des von ihm versuchten Nachweises — das Kriterium nicht zu weit ist, falls die gegebene axiomatische Theorie $L$-äquivalent ist mit einer Theorie $T'$, die sich so in zwei Teile zerlegen läßt[38], daß der eine Teil nur signifikante Terme und der andere nur nicht signifikante Terme enthält. Im nächsten Satz fügt CARNAP jedoch sofort die Bemerkung hinzu, daß die Situation verschieden wäre für eine Theorie $T$, die sich nicht so zerlegen läßt. Diese Theorie müsse ein Postulat $A$ von der Art enthalten, daß in $A$ zwar sowohl signifikante wie nicht signifikante Terme vorkommen, $A$ jedoch nicht L-äquivalent ist mit einer Konjunktion $A_1 \wedge A_2$, wobei $A_1$ nur signifikante und $A_2$ nur nicht signifikante Terme enthält. Ein derartiges Postulat $A$ würde nach CARNAP „eine echte Verbindung" zwischen den beiden Arten von Termen herstellen, und die Voraussetzung, daß die Terme der einen Klasse nicht signifikant sind, wäre damit widerlegt.

*Diese Überlegung* CARNAPs *beruht auf einem Irrtum.* Der Nachweis läßt sich folgendermaßen erbringen: Angenommen, wir nehmen in der zweiten obigen Ent-Ockhamisierung nur eine Aufsplitterung der $f$-Terme, nicht hingegen eine solche der $h$-Terme vor. Die entstehende Theorie heiße $T^*$. Das erste Axiom dieser Theorie würde dann so lauten:

$$\wedge x \, [h_1 x \vee h_2 x \rightarrow ((f_{11} x \wedge f_{12} x) \vee (f_{21} x \wedge f_{22} x))] \, .^{39}$$

Die empirische Signifikanz von $h_1$ und $h_2$ läßt sich genauso beweisen wie in der ersten Ent-Ockhamisierung. *Dagegen sind die $f$-Terme nicht signifikant* (aus demselben Grund wie in der oben geschilderten zweiten Ent-Ockhamisierung). Wie leicht zu sehen ist, kann $T^*$ nicht in der von CARNAP beschriebenen Weise in eine Konjunktion aufgesplittert werden, so daß die $h$-Terme nur in einem Konjunktionsglied, die $f$-Terme hingegen im anderen vorkommen. Also müßte man nach CARNAP so weiterschließen können: „Da diese konjunktive Aufsplitterung nicht möglich ist, stellt das eben angeschriebene Axiom eine echte Verbindung zwischen den bereits als signifikant erwiesenen $h$-Termen und den $f$-Termen her. Also sind die $f$-Terme *signifikant.*" Dies widerspricht jedoch dem erhaltenen Resultat, wonach die Terme $f_{ij}$ $(i, j = 1, 2)$ nicht signifikant sind. Also ist CARNAPs Schluß falsch.

Ein einfacheres und von der obigen Konstruktion unabhängiges Beispiel zur Widerlegung von CARNAPs Auffassung ist das folgende: Das theoretische Vokabular enthält die drei einstelligen Prädikate $f$, $g$ und $h$;

---

[37] [Theoretical Concepts], S. 56.

[38] Mit der Zerlegung ist offenbar eine *konjunktive* Aufsplitterung von $T'$ in $T'_1 \wedge T'_2$ gemeint.

[39] Wir hätten statt dessen auch das zweite Axiom von $T'$ wählen können. Doch läßt sich der Sachverhalt am vorliegenden Beispiel besser verdeutlichen.

das Beobachtungsvokabular enthält nur das eine einstellige Prädikat $K$. Die Theorie $T$ bestehe nur aus dem einen Postulat:

$$\bigwedge x\,(hx \rightarrow fx \wedge gx)$$

und die Regel $Z$ bestehe aus dem einzigen Satz:

$$\bigwedge x\,(fx \wedge gx \rightarrow Kx)\,.$$

Da $\bigwedge x\,(hx \rightarrow Kx)$ aus $T \wedge Z$ folgt, ist $h$ signifikant im Sinn von $\mathbf{D_2}$ (man wähle für $S_t$: $\bigwedge x\, hx$, für $S_\alpha$: $\bigwedge x\,(x = x)$ und für $S_B$: $\bigwedge x\, Kx$). Dagegen ist weder $f$ noch $g$ signifikant im Sinn von $\mathbf{D_2}$. Sie müßten jedoch signifikant sein, wenn CARNAPs geschilderte Überlegung zuträfe. Denn $T$ ist nicht logisch äquivalent mit einer Konjunktion $T_1 \wedge T_2$, so daß $T_1$ nur $h$, $T_2$ hingegen nur $f$ und $g$ enthält. Also müßte man schließen können, daß $T$ „eine echte Verknüpfung" zwischen dem Term $h$ einerseits, den Termen $f$ und $g$ andererseits erzeugt, so daß der signifikante Term $h$ auch den Termen $f$ und $g$ Signifikanz verleihen müßte, womit ein Widerspruch erzeugt ist.

Die psychologische Wurzel für CARNAPs Irrtum liegt in einer fehlerhaften Gleichsetzung zweier Signifikanzbegriffe: Wenn er behauptet, daß das nicht in der geschilderten Weise zerlegbare Postulat $A$ eine echte Verbindung zwischen den beiden Arten von Termen herstelle und daß deshalb die Terme beider Klassen empirisch signifikant seien, *so operiert er an dieser Stelle mit einem nicht präzisierten intuitiven Begriff der empirischen Signifikanz*. Um die Richtigkeit seiner Behauptung zu überprüfen, muß aber selbstverständlich *der von ihm formal präzisierte Begriff der empirischen Signifikanz* zugrunde gelegt werden. Und in bezug auf diesen haben wir soeben die Unrichtigkeit von CARNAPs Annahme festgestellt. Der Nachweis erfolgte in der Weise, daß wir zeigten: Eine vorgegebene Theorie $T^\star$ enthält einen Satz von der Gestalt: $\bigwedge x(\Phi \rightarrow \Psi)$, der folgende Bedingungen erfüllt: (1) in $\Phi$ kommen bestimmte theoretische Terme vor und in $\Psi$ davon verschiedene theoretische Terme; (2) es ist nachweislich unmöglich, die Theorie $T^\star$ in eine logisch äquivalente Theorie $T_1' \wedge T_2'$ umzuformen, so daß alle theoretischen Terme von $\Phi$ in $T_1'$ und alle theoretischen Terme von $\Psi$ in $T_2'$ vorkommen; (3) alle theoretischen Terme von $\Phi$ sind im Sinn des Signifikanzkriteriums von $\mathbf{D_2}$ nachweislich empirisch signifikant, alle theoretischen Terme von $\Psi$ hingegen im Sinn dieses Kriteriums nachweislich nicht empirisch signifikant.

Man kann dieses Resultat auch so ausdrücken: CARNAPs *intuitive Vorstellung von empirischer Signifikanz deckt sich nicht mit dem von ihm formal präzisierten Signifikanzbegriff*. Er schwankt, wie wir bereits früher ohne genaueren Nachweis andeuteten, zwischen zwei Signifikanzvorstellungen. Nach der mehr *intuitiven Vorstellung* ist ein theoretischer Term bereits dann empirisch signifikant, wenn er in der interpretierten Theorie zusammen mit signifikanten Termen vorkommt und die Theorie nicht in der geschilderten Weise zerlegbar ist. Nach der *streng formalen Vorstellung* hingegen ist ein

Term genau dann signifikant, wenn er das explizit formulierte Signifikanzkriterium erfüllt. CARNAP *setzt stillschweigend voraus, daß beides auf dasselbe hinausläuft*. Die eben gebrachten Gegenbeispiele widerlegen diese Voraussetzung.

Offenbar beeinträchtigt dieses Resultat zusätzlich CARNAPs Versuch, die Adäquatheit seines Kriteriums zu beweisen. Denn die eben widerlegte stillschweigende Voraussetzung bildete ja einen wesentlichen Bestandteil seines Adäquatheitsnachweises.

## 13. Einige skeptische Schlußbetrachtungen: Der Zusammenbruch der Signifikanzidee

**13.a** Die bisherigen Argumente gegen CARNAPs Kriterium ließen die Frage offen, ob dieses Kriterium so verbessert oder durch ein anderes ersetzt werden könne, daß die Einwendungen hinfällig werden.

Verschiedene Gegenvorschläge zu den Argumenten KAPLANs sind denkbar. Was die früher geschilderte D-Erweiterung der Miniaturtheorie $T$ betrifft, welche für den Nachweis benützt wurde, daß CARNAPs Kriterium gegen (III) verstößt, so könnte man etwa versuchen, folgendermaßen zu argumentieren: Das Signifikanzkriterium ist nur für *Grundterme* gedacht und darf nur auf solche angewendet werden. Für Terme, welche durch Definition eingeführt werden, ist eine eigene Regelung zu treffen. Falls $d$ z. B. ein durch Definition eingeführtes einstelliges Prädikat ist, so soll $d$ nur dann signifikant heißen, wenn es eine Aussageform $\Phi(x)$ mit genau einer freien Variablen $x$ gibt, so daß gilt: (*a*) $\Phi(x)$ enthält nur Grundprädikate, welche im Sinn von CARNAPs Definition signifikant sind; (b) der Satz $\wedge x\,(dx \leftrightarrow \Phi(x))$ ist in der Logik von $T$ beweisbar.

Gegen das Ent-Ockhamisierungsbeispiel könnte man CARNAP so zu verteidigen versuchen, daß man die ursprüngliche scharfe Bestimmung, wonach der Satz $S_t$ *nur* den einen theoretischen Term $t$ enthalten dürfe, in geeigneter Weise liberalisiert, so daß auch die *simultane* Signifikanz zweier oder mehrerer Terme gezeigt werden kann (im früheren Beispiel etwa die Signifikanz der Klasse $\{g_1, g_2\}$ von Termen). Durch eine geeignete Zusatzbestimmung müßte gewährleistet werden, daß jeweils nur eine Minimalklasse von Termen zum Zuge kommt (ansonsten könnte man z. B. im obigen Modell $m$ in die Klasse „hineinschmuggeln" bzw. diese zu $\{g_1, g_2, m\}$ erweitern). Auf diese Weise könnte man versuchen, dem Kaplanschen *Ent-Ockhamisierungstrick* zu entgehen, nämlich jenem Trick, durch den ein ursprünglich signifikanter Anfangsterm auf solche Weise konjunktiv oder adjunktiv aufgesplittert wird, daß beide an seine Stelle tretenden neuen Terme nur jeweils relativ auf den anderen Term als signifikant erweisbar sind, *keiner* also einen Anfangsterm bildet.

Zweierlei ließe sich gegen derartige Verbesserungsvorschläge einwenden. Erstens sind sie zu sehr als ad-hoc-Bestimmungen gekennzeichnet, um nicht dem Bedenken ausgesetzt zu sein, daß sich auf höherer Stufe neue und analoge Schwierigkeiten ergeben werden. Zweitens führen solche Vorschläge unweigerlich zu äußerst diffizilen logischen Fragen. Dies sei am Beispiel des ersten Verbesserungsvorschlages angedeutet: Das Vokabular $V_{T'}$ der durch die D-Erweiterung entstehenden Theorie war dadurch gekennzeichnet, daß es durch Hinzufügung von $d_1$, $d_2$, $d_3$ und $d_4$ zu $V_T$ entstand, d. h. $V_{T'} = V_T \cup \{d_1, d_2, d_3, d_4\}$. Aus der Gestalt der vier neuen, für diese Terme geltenden Regeln konnte man unmittelbar entnehmen, daß es sich um *definitorische* Äquivalenzen handelt, auch wenn diese nicht als Definitionen gekennzeichnet gewesen wären. Nicht immer stehen wir vor einer so einfachen Situation. *Ob gewisse in einer Theorie eingeführte Terme mittels der restlichen definierbar sind oder nicht, ist im allgemeinen Fall eine ebenso schwer zu entscheidende Frage wie die der Unabhängigkeit eines Axioms von den übrigen Postulaten.* Solange diese Frage nicht entschieden ist, wüßte man aber nicht, auf welche Terme CARNAPs Signifikanzkriterium überhaupt angewendet werden darf. Außerdem ergibt sich eine Komplikation auf Grund folgender Tatsache: Analog wie man eine Theorie in verschiedener Weise axiomatisieren kann, lassen sich die in einer Theorie vorkommenden Terme in *verschiedener Weise* in Grundterme und definierte Terme aufsplittern. Es ist keineswegs selbstverständlich, daß man für jede derartige Aufsplitterung hinsichtlich der Frage der Signifikanz zu demselben Resultat gelangen wird.

Es fragt sich, ob es zweckmäßig ist, derart komplizierte Probleme weiter zu verfolgen. Es sollen jetzt einige Betrachtungen angestellt werden, die eine *negative* Antwort auf diese Frage nahelegen.

**13.b** Unter der Annahme, daß an dem intuitiven Grundgedanken CARNAPs: Benützung der Idee der prognostischen Relevanz, festgehalten werden soll, kann man die begründete Vermutung aufstellen, *daß dem Projekt kein Erfolg beschieden sein wird; und zwar deshalb nicht, weil sich alle derartigen Kriterien als zu liberal erweisen werden.* Zwei Arten von Beispielen sollen dies plausibel machen. Dazu wollen wir von vornherein CARNAP soviel zugestehen, daß es gelingen werde, durch ein geeignetes Kriterium Pseudo-Zuordnungsregeln von der absurden Art, wie sie von ACHINSTEIN konstruiert worden sind, zu beseitigen. Wir setzen also voraus, daß nur solche Regeln $Z$ zugelassen werden, die eine auch im intuitiven Sinn befriedigende *echte Verknüpfung* zwischen den theoretischen Termen und Beobachtungstermen erzeugen.

Im ersten Beispiel machen wir zwei Voraussetzungen: Erstens, daß bestimmte „metaphysische" Terme, die nach CARNAPs Auffassung sinnlos sind, im Leser oder Hörer bestimmte seelische Reaktionen hervorzurufen geeignet sind; und zweitens, daß diese psychischen Reaktionen in einer psychologischen Beobachtungssprache oder in einer theoretischen psychologischen

Sprache beschrieben werden können. Man kann annehmen, daß CARNAP diese beiden Voraussetzungen akzeptieren würde. Gehen wir nun davon aus, daß ein philosophierender Literaturhistoriker einen komparativen Begriff der *Seinsmächtigkeit* verwendet und mit Nachdruck die These verficht, daß RILKES Gedichte denen anderer Poeten (aller anderen oder gewisser anderer) überlegen seien, *weil seine Sprache seinsmächtiger sei als die Sprache jener anderen Dichter*. CARNAP wird diesen Term „seinsmächtiger als" verwerfen, da er nicht signifikant ist[40]. Diese Position läßt sich aber nicht mehr halten, wenn jener RILKE-Interpret den von ihm geprägten Ausdruck für einen theoretischen Term erklärt und ihn durch die folgende Zuordnungsregel $Z$ mit der psychologischen Sprache verknüpft: „Wenn immer ein Text seinsmächtiger ist als ein anderer, dann wird der Leser von diesem Text seelisch ergriffen". Die im Dann-Satz verwendeten Terme können wir als signifikant voraussetzen, wobei es keine Rolle spielt, ob sie zur theoretischen Sprache der Psychologie oder zur Beobachtungssprache gerechnet werden. (Wer bezüglich der Signifikanz des Begriffs der seelischen Ergriffenheit im Zweifel sein sollte, kann dafür einen weniger suspekten Term einsetzen, z. B.: „beginnt zu weinen".) Aus der Annahme: „Es gibt Leser von solchen Texten, die seinsmächtiger sind als andere" läßt sich mittels $Z$ die ohne Zuhilfenahme von $Z$ nicht deduzierbare Prognose ableiten: „Es gibt Leute, die von Texten seelisch ergriffen werden". Es wäre keine adäquate Verteidigung von CARNAPS Position, darauf hinzuweisen, daß die Regel $Z$ *falsch* sei: Nicht jeder Leser werde von RILKES Gedichten ergriffen! Darauf könnte man sofort zweierlei erwidern: Erstens ließe sich $Z$ so abschwächen, daß darin nur mehr das Ergriffensein *einiger* Leser verlangt wird, wodurch die Zuordnungsregel in eine vermutlich richtige Aussage überginge. Entscheidender ist jedoch ein zweiter Einwand: Wie CARNAP selbst ausdrücklich betont, ist die Frage der Signifikanz von der der Wahrheit scharf zu trennen. *Eine interpretierte Theorie kann vollkommen falsch und trotzdem empirisch signifikant sein.* Wir brauchen uns daher überhaupt nicht den Kopf darüber zu zerbrechen, ob die obige Zuordnungsregel richtig ist oder nicht.

Der Leser möge diese Bemerkungen nicht mißverstehen: Es geht hier nicht um die Verteidigung der Seinsmächtigkeit, sondern um eine Kritik an CARNAPS Intention. Selbstverständlich ist „seinsmächtiger als" kein signifikanter Term (falls nicht die in (1) angedeuteten speziellen Bedingungen erfüllt sind). Beinahe ebenso selbstverständlich muß es aber auf Grund der angestellten Betrachtungen erscheinen, daß die Elimination *nicht* auf dem von CARNAP erstrebten Wege des Nachweises der prognostischen Irrelevanz erreichbar ist.

---

[40] Es sei denn, der Fall sei besonders gelagert: Etwa der Literaturhistoriker liefere hinreichend klare Kriterien dafür, daß ein Text als seinsmächtiger zu betrachten sei denn ein anderer etc. Wir nehmen an, daß solche besonderen Verhältnisse *nicht* vorliegen.

Als zweites Beispiel wählen wir einen Ausdruck, welcher in der sogenannten rationalen Theologie vorkommt, etwa den Term „Gott". Auch einen solchen Term betrachtet Carnap als empirisch nicht signifikant[41]. Nun verhält es sich jedoch praktisch niemals so, daß Metaphysiker nur Verknüpfungen solcher metaphysischen Terme *untereinander* aufstellen. Vielmehr ist es für alle derartigen Theorien charakteristisch, daß sie metaphysische Begriffe mit empirischen verknüpfen. Man denke etwa an die These von Leibniz: „Cum deus calculat et cogitationem exercet fit mundus". Wer den Verdacht hegt, daß auch solche Ausdrücke wie „Welt" in keiner Beobachtungssprache Platz haben, kann detailliertere Zusammenhänge wählen, etwa zwischen Gottes Willen, seinem Wissen usw. einerseits, bestimmten Vorgängen auf unserem Planeten andererseits, etwa: „Wenn Gott will, so erhöht sich im kommenden Jahr die durchschnittliche Tagestemperatur um + 3° C"; „alles, was in der Tiefe des Atlantischen Ozeans vorgeht, weiß Gott" etc.

Man braucht wohl nicht an rationale Theologie zu denken, um derartige Zusammenhänge zu erzeugen. Gerade für mythische Theorien auf primitiverer Stufe ist es ja charakteristisch, daß sie noch viel engere und unmittelbarere Zusammenhänge zwischen dem „Jenseitigen" und dem „Diesseitigen" herstellen.

**13.c** Folgender Einwand liegt nahe: Keinem Metaphysiker ist es jemals geglückt, mit Hilfe seiner Theorie *zutreffende* Prognosen zu gewinnen. Erst mit der Entstehung der modernen Naturwissenschaften begann sich eine Lösung dieser vielleicht ältesten menschlichen Konfliktsituation anzubahnen: des Konfliktes zwischen dem Drang, um Künftiges zu wissen, und dem faktischen Nichtwissen um dieses Geschehen. Die Lösung bestand darin, daß es jetzt erstmals in der Menschheitsgeschichte gelang, Voraussagen zu machen, die zum Unterschied von denen der Wahrsager, Hellseher und Zauberer nicht nur kontrollierbar, sondern *richtig* waren.

Wollte man sich auf einen Einwand von dieser Art stützen, so hätte das für Carnaps Intention eine fatale Konsequenz. Wie bereits in 8.a ausdrücklich hervorgehoben wurde, konnte Carnap für die Signifikanz theoretischer Terme *nicht* verlangen, daß mit ihrer Hilfe zutreffende Prognosen gewonnen werden können, die sich ohne sie nicht ableiten lassen. Hätte er nämlich eine Verschärfung seines Signifikanzkriteriums in dieser Richtung vorgenommen, so hätte es sich überhaupt nicht mehr um ein Kriterium der Signifikanz, sondern um ein *Bestätigungskriterium* für Theorien gehandelt (und zwar, wie man hinzufügen könnte, um ein solches, das viel besser in den Rahmen einer Bestätigungstheorie von „der Popperschen Art" als in eine Theorie „der Carnapschen Art", die sich auf eine induktive Logik stützt, hineinpaßt). Carnap mußte sich daher darauf beschränken, die Ableitbarkeit *irgendwelcher* Aussagen der Beobachtungssprache, die ohne Verwendung

[41] Vgl. dazu etwa seinen Aufsatz [Überwindung der Metaphysik].

eines theoretischen Terms nicht besteht, als hinreichend für die Signifikanz dieses Terms anzusehen. Damit aber wird, wie wir eben feststellten, das Kriterium im Sinn CARNAPs zu liberal. *Denn dann kann man nicht umhin, fast alle von* CARNAP *verabscheuten metaphysischen Theorien als empirisch signifikant erklären zu müssen.*

**13.d** Nehmen wir die Ergebnisse von 8.a zu den soeben angestellten Betrachtungen hinzu, so ergibt sich folgendes Problem: CARNAP beabsichtigt mit seinem Kriterium nicht, *unfruchtbare* und *empirisch wertlose* Theorien auszumerzen; auch nicht, Theorien zu beseitigen, die zwar zu Voraussagen, aber stets zu *falschen* Voraussagen führen; auch nicht einmal dies: *überflüssige Teile* einer sinnvollen Theorie oder einen ganzen *aufgepropften überflüssigen Aufbau* zu einer vorgegebenen Theorie zu eliminieren (vgl. 8a, (3)). Die Frage läßt sich nicht abwehren: *Was um alles in der Welt ist es dann noch, was* CARNAP *mit seinem Kriterium eliminieren will?* Diese Frage kann ohne weiteres in die Terminologie CARNAPs übersetzt werden. Der Begriff der empirischen Signifikanz soll nicht durch Willkürdefinition eingeführt werden — in diesem Fall wäre er gänzlich uninteressant —; vielmehr soll er das Explikat für einen vorexplikativen intuitiven Begriff bilden, das sogenannte *Explikandum.* Unsere Grundfrage ist: *Wie lautet das Explikandum des Begriffs der empirischen Signifikanz?* Nach den soeben getroffenen zahlreichen negativen Feststellungen dürfte es außerordentlich schwierig sein, auf diese Frage eine einigermaßen vernünftige Antwort zu geben. Und selbst wenn — was sehr zu bezweifeln ist—dies gelänge: Die Antwort hätte kaum mehr eine Ähnlichkeit mit der, welche Empiristen vor 30 Jahren auf diese Frage gegeben haben. Denn damals glaubte man, die Frage durch die brutale Feststellung beantworten zu können, daß es um eine *Überwindung* und *Elimination* der „sinnlosen Metaphysik" gehe oder doch zumindest um eine *Abgrenzung* des empirisch Zulässigen vom rein Spekulativen.

Die angestellten Betrachtungen legen den Gedanken nahe, *daß das Dilemma des Empiristen,* wie man es nennen könnte, *unlösbar ist:* Ein präzise formuliertes empiristisches Kriterium wird sich entweder als viel *zu liberal* erweisen[42], oder es wird sich herausstellen, daß es gar kein Signifikanzkriterium, sondern ein *Bestätigungskriterium* ist. Unter einem Empiristen verstehen wir dabei einen Philosophen, der nicht nur der Überzeugung ist, daß allein die empirische Realforschung zum Erfolg führt, sondern der darüber hinaus glaubt, zeigen zu können, daß nichtempirische Realforschung nicht bloß zu falschen Behauptungen, sondern nur zu Unsinn führt.

**13.e** Eine weitere, bisher wenig beachtete Schwierigkeit ist die folgende: Man könnte sie *das Dilemma des synthetischen Apriorismus* nennen. Auch dieses Dilemma besteht wohlgemerkt *nur für den Empiristen.* Der synthetische Apriorismus ist dadurch charakterisiert, daß gewisse naturgesetzliche

[42] Das „viel zu liberal" ist natürlich so zu verstehen, daß es auf die *Intention* des Empiristen Bezug nimmt.

Aussagen, oder allgemeiner: gewisse generalisierte synthetische Behauptungen, zu Wahrheiten a priori erklärt werden, für die ein empirischer Test überflüssig sei, da sie ohne jede Berufung auf die Erfahrung begründet werden könnten. Dem Kausalprinzip in der einen oder anderen Fassung ist dieses Schicksal mehrfach widerfahren. Wir wollen voraussetzen, daß bezüglich der in einem solchen Prinzip enthaltenen Terme insofern keine Meinungsverschiedenheit besteht, als ihr empirischer Charakter (ihre „empirische Signifikanz") unbestritten ist. Trotzdem müßte der Empirist eine derartige Aussage wegen der Art des mit ihr verbundenen Begründungsanspruchs *als metaphysisch* bezeichnen. Darin stimmen ja alle Empiristen miteinander überein, daß eine synthetische Aussage, für die ein nicht-empirisches Begründungsverfahren in Anspruch genommen wird, eine metaphysische Behauptung ist. Der Empirist würde in diesem Punkt sogar mit KANT übereinstimmen, für den metaphysische Aussagen per definitionem alle nicht mathematischen synthetischen Aussagen a priori sind. Das Sinnkriterium müßte so formuliert sein, daß eine derartige Aussage als sinnlos ausgeschieden wird; denn ein Kriterium, welches *nicht alle* metaphysischen Sätze als sinnlos eliminiert, wäre auf der Grundlage der empiristischen Intention als zu weit zu bezeichnen. Wenn nun aber bezüglich der fraglichen Aussage der apriorische Begründungsanspruch fallengelassen wird, so müßte sie sich *in eine empirisch-hypothetische und damit signifikante Aussage* verwandeln. Dies ist aber unmöglich, da sie bereits als sinnlos eliminiert worden ist. Man kann den Weg auch in der umgekehrten Richtung beschreiten und sagen: damit, daß man ein empirisch-hypothetisches Gesetz zu einer Wahrheit a priori *und damit zu einem metaphysischen Prinzip* erklärt, wird dieses Gesetz doch nicht plötzlich sinnlos! Da prinzipiell mit *jeder* empirischen Aussage dieses Spiel zu spielen ist — nämlich Abstreifung des empirischen Gewandes durch Erhebung des Anspruchs auf Apriori-Geltung —, bildet dies eine generelle Schwierigkeit für sämtliche möglichen empiristischen Programme: Jede empirische Behauptung ist ein potentieller Kandidat für den Nachweis, daß das Kriterium zu eng ist (wenn das Kriterium sie ausschließt), und zugleich ein potentieller Kandidat für den Nachweis, daß es zu weit ist (wenn das Kriterium sie zuläßt).

**13.f** Wir fügen noch eine ganz andersartige kritische Bemerkung ein. Bisher haben wir CARNAPs Terminologie beibehalten, wonach für das Signifikanzkriterium vom intuitiven Begriff der *prognostischen Relevanz* Gebrauch gemacht wird. Wie wir eben erkannten, ist die zu große Liberalität von CARNAPs Kriterium darauf zurückzuführen, daß er — um nicht statt des Signifikanzkriteriums ein nicht intendiertes Bestätigungskriterium zu gewinnen — in seinem Kriterium nicht von zutreffenden, sondern nur von *irgendwelchen* Prognosen Gebrauch machen muß. Aber selbst diese Feststellung war im Grunde noch ein zu großes Zugeständnis an CARNAP. Auch in bezug auf den Prognosenbegriff klafft eine nicht hinwegzuleugnende

Kluft zwischen der *intuitiven Idee* und ihrer *formalen Präzisierung*. Der Prognosenbegriff ist nämlich ein *pragmatischer* Begriff, für den das Zeitverhältnis zwischen Prognosenformulierung und vorausgesagtem Ereignis wesentlich ist[43]. Von dieser Tatsache wird jedoch an keiner Stelle Gebrauch gemacht: Nicht nur wird die Ableitbarkeit von *richtigen* Prognosen in CARNAPs Kriterium nicht verlangt, *es wird überhaupt keine Gewinnung von Prognosen, wahren oder falschen, gefordert.* Das, worum es allein geht, ist die Ableitbarkeit bzw. die Nichtableitbarkeit von *beliebigen* Sätzen der Beobachtungssprache. Diese Sätze können bei inhaltlicher Deutung Sätze über die Zukunft *oder über die Gegenwart oder über die Vergangenheit sein oder überhaupt keine Sätze über konkrete Ereignisse, sondern Existenz- oder Allbehauptungen, die sich in der Beobachtungssprache formulieren lassen.* Das letztere wären in der Sprechweise CARNAPs *empirische Gesetze*.

**13.g** In 13.b wurde angedeutet, wie man vorzugehen hätte, um ein vorgegebenes metaphysisches Lehrgebäude so im Schema der Zweistufentheorie der Wissenschaftssprache wiederzugeben, daß es dem Carnapschen Signifikanzkriterium genügt: Man hätte in einem ersten Schritt die „unmittelbar verständlichen" Teile auszusondern und *als Sätze der Beobachtungssprache* $L_B$ zu konstruieren. In einem zweiten Schritt wären dann jene Sätze als $L_T$-Aussagen auszuzeichnen, die nur metaphysische und logisch-mathematische Terme enthalten (z. B. „*Gott* ist eine *causa sui*", „keine *Monade* gleicht einer anderen", „jede *Substanz* ist eine *Seele*"; die kursiv gedruckten Ausdrücke seien die theoretischen Terme). Dies wären *die metaphysischen Postulate*. In einem dritten Schritt hätte man die Regeln $Z$ anzugeben, welche Verbindungen zwischen den Termen beider Sprachen herstellen. Fast alle metaphysischen Systeme werden nicht nur einige, sondern zahlreiche derartige Verbindungen enthalten, und zwar nicht nur solche, die bloß „absurde Kombinationen" darstellen, sondern durchaus solche, in denen *echte Verknüpfungen* im Sinn CARNAPs erzeugt werden. In der Leibnizschen Metaphysik z. B. würde man unbegrenzt viele derartige Aussagen gewinnen können; denn für *jede* in der Beobachtungssprache beschreibbare Tatsache $F$ etwa würde gelten: „ein beliebiger Zustand einer beliebigen Monade spiegelt $F$"[44]. Eine geeignete Formulierung dieser Regel vorausgesetzt, werden die Terme des metaphysischen Systems das Carnapsche Kriterium erfüllen.

Nun gibt es natürlich im Bereich dessen, was „Metaphysik" genannt wird, Gradabstufungen. Bei der Andeutung von Rekonstruktionsmöglichkeiten metaphysischer Systeme, die das Carnapsche Kriterium erfüllen,

[43] Für die verschiedenen Präzisierungsmöglichkeiten des Prognosenbegriffs vgl. STEGMÜLLER [Erklärung und Begründung], Kap. II.

[44] Der dabei benützte Spiegelungsbegriff läßt sich als eine abstrakte Variante eines geeignet eingeführten Begriffs der gesetzmäßigen funktionalen Abhängigkeit präzisieren. Die angedeuteten Zuordnungsregeln würden sich aus einer These folgern lassen, für die LEIBNIZ die Kurzformel gegeben hat: „Jede Monade spiegelt das gesamte Universum."

haben wir uns hauptsächlich am Beispiel der heute etwas aus der Mode gekommenen *rationalen Metaphysik* (in der Terminologie KANTs) orientiert. Man kann CARNAP zugestehen, daß es sowohl Einzeläußerungen wie ganze Bücher gibt, die kaum mehr als eine *amorphe Masse* darstellen, so daß jeder einigermaßen rationale Interpretationsversuch scheitern muß (Beispiele wären etwa *gewisse* Äußerungen von Mystikern, die Hegelsche *Naturphilosophie*[45], verschiedene *Orakelsprüche* HEIDEGGERs seit 1945). In solchen Fällen aber braucht man kein Signifikanzkriterium, weil *andere Methoden der Analyse* zur Verfügung stehen, um das Gesagte oder Geschriebene als Unsinn zu entlarven, natürlich nur für jene, die durch rationale Argumente ansprechbar sind.

Andere Arbeiten werden so beschaffen sein, daß man zu einer differenzierteren Beurteilung gelangt: bezüglich gewisser Teile wird man zu demselben Ergebnis kommen wie im ersteren Fall, bezüglich einiger anderer Teile zu dem eben angedeuteten (Beispiel: HEGELs *Logik*). Schließlich wird es viele geben, die sich zur Gänze oder vorwiegend in einer Wissenschaftssprache mit zwei Teilsprachen $L_B$ und $L_T$ ausdrücken lassen (Beispiele: Die *Monadologie* von LEIBNIZ (zur Gänze), HEGELs *Phänomenologie des Geistes* (teilweise)). In solchen Fällen wird man, evtl. nach Aussonderung amorpher Teile, nicht anders vorgehen können, als eine *Detailanalyse* vorzunehmen, anstatt, gestützt auf ein Signifikanzkriterium, zu einer *Pauschalbeurteilung* zu gelangen. Diese Detailanalyse kann — insbesondere auf Grund der uns heute zur Verfügung stehenden sprachanalytischen Methoden, an deren Entwicklung CARNAP einen beträchlichen Anteil hat — *auf rein philosophischer Ebene* ausgetragen werden[46].

So wird man etwa, um ein historisches Beispiel zu nennen, bei einer genaueren Analyse der *Lehre von den primären und sekundären Qualitäten* von J. LOCKE und der sogenannten *Repräsentationstheorie der Erkenntnis* sowie der *Theorie der Subjektivität der Sinneswahrnehmung* auf eine Fülle von sprachlichen Konfusionen, logischen und faktischen Irrtümern, fehlerhaften Umdeu-

[45] „Die Elektricität ist der reine Zweck der Gestalt, der sich von ihr befreit: die Gestalt, die ihre Gleichgültigkeit aufzuheben anfängt; denn die Elektricität ist das unmittelbare Hervortreten, oder das noch von der Gestalt herkommende, noch durch sie bedingte Daseyn, — oder noch nicht die Auflösung der Gestalt selbst, sondern der oberflächliche Prozeß, worin die Differenzen die Gestalt verlassen, aber sie zu ihrer Bedingung haben, und noch nicht an ihnen selbständig sind," HEGEL, System der Philosophie, II. Teil: Die Naturphilosophie, § 323. J. HABERMAS fordert, daß die „Strategie des Achselzuckens" zwischen den philosophischen Richtungen aufhören müsse. Ich würde gern wissen, was für eine *andere* sinnvolle Reaktion als die des Achselzuckens gegenüber dieser Hegelschen Definition möglich ist.

[46] CARNAP selbst gibt für eine solche Detailanalyse ein gutes Beispiel durch die von ihm vorgetragenen Überlegungen zur Stützung der Humeschen Ablehnung des Begriffs der kausalen Notwendigkeit; vgl. dazu [Physics], S. 199/200.

tungen von Nominaldefinitionen in Tatsachenfeststellungen, und nicht zuletzt: unleugbare, weil vollkommen triviale Wahrheiten stoßen. Absichtlich wurde hier dieses Beispiel gewählt und nicht ein solches aus der Hegelschen Philosophie. Gewiß, in einer solchen Detailanalyse würde z. B. die Hegelsche Dialektik nicht gut wegkommen. Es wäre aber ein Irrtum zu meinen, der Lehre von den primären und sekundären Qualitäten würde es wesentlich besser ergehen. Allgemein wird man sagen können, daß an dieser Stelle *die Philosophie der natürlichen Sprache* mit Hilfe von Einzelanalysen zu wesentlich subtileren Beurteilungen gelangen wird als eine mit einem abstrakt formulierten Signifikanzprinzip operierende Theorie.

**13.h** Von zahlreichen traditionellen philosophischen Teiltheorien wird man jedoch sagen müssen, daß sie *überhaupt nicht mittels philosophischer Methoden allein* kritisiert werden können. Hier wird man allerdings ganz anders reagieren müssen, als CARNAP und die anderen Empiristen reagieren wollten. Man wird die fraglichen metaphysischen Theorien nicht als *sinnlos* abtun können, sondern wird Qualifikationen benützen müssen, die der Semantik und der Theorie der Überprüfung und Bestätigung entnommen sind. Es wird sich etwa zeigen lassen, daß einige dieser Theorien *inkonsistent* sind[47], daß gewisse Deduktionen *logisch fehlerhaft* sind[48], daß bestimmte Behauptungen *nachweislich falsch*, daß einige Annahmen *gänzlich unfundiert*, weil nicht zu überprüfen und in diesem Sinn „rein spekulativ" sind, daß andere wiederum auf Grund des verfügbaren Tatsachenwissens als *in starkem Maße erschüttert* angesehen werden müssen u. dgl. Sehr häufig, vielleicht in den meisten Fällen, wird es sich darum handeln, klarzulegen, daß *eine Kompetenzüberschreitung des Philosophen* vorliegt, da der Anspruch erhoben wird,

---

[47] Ein historisches Beispiel hierfür bilden etwa die Reflexionen von D. HUME zum sogenannten Problem der Theodizee. Dieses Problem ist nach HUME deshalb unlösbar, *weil es auf logisch inkonsistenten theoretischen Annahmen beruht*. Der Widerspruch besteht zwischen den Annahmen, daß es einen Gott gibt, daß dieser Gott eine zugleich allwissende sowie allmächtige und sittlich vollkommenste Persönlichkeit darstellt. Wenn nämlich — so die Quintessenz des Humeschen Argumentes — Gott allmächtig ist, so ist er auch für alle Übel dieser Welt verantwortlich, sofern er um diese Übel weiß. Und wenn er für die Übel verantwortlich ist, so ist er nicht sittlich vollkommen. Es ergibt sich daher eine viergliedrige logische Alternative: entweder *es gibt überhaupt kein Übel in der Welt* oder *Gott weiß nichts von diesem Übel* oder *Gott ist nicht allmächtig* oder *Gott ist nicht sittlich vollkommen*. Da die Existenz von Übeln in der Welt nicht zu bestreiten ist, bildet unter der Voraussetzung, daß Gott existiert, die Klasse der drei positiven Prädikationen von Gott: Allwissenheit, Allmacht, sittliche Vollkommenheit eine widerspruchsvolle Satzklasse.

Dieses Beispiel sollte selbstverständlich nur zur Illustration und nicht zur Verteidigung von HUMEs Auffassung dienen.

[48] Ein historisches Beispiel hierfür bilden etwa die bereits von Scholastikern geübten Kritiken am sogenannten ontologischen Gottesbeweis oder KANTs Kritik der Unsterblichkeitsbeweise der menschlichen Seele, in denen er eine *quaternio terminorum* nachweisen zu können glaubt.

*durch Apriori-Analysen und -Deduktionen Thesen über die Struktur der Wirklichkeit zu begründen, die nur mittels empirischer Einzeluntersuchungen zu erhärten oder zu erschüttern sind*[49].

**13.i** Jener Aspekt des „Problems der Metaphysik“, der seit jeher das Mißfallen der Empiristen erregte und diese auch mutmaßlich dazu veranlaßte, durch Aufstellung eines geeigneten Sinnkriteriums metaphysische Erörterungen aus dem einzelwissenschaftlichen Gespräch auszuschließen, betrifft hingegen überhaupt keine *theoretische*, sondern eine *praktische* Frage. Was hier *als „Übel“* empfunden wird, ist nicht die Absurdität oder die Unsinnigkeit bestimmter Annahmen, sondern *eine bestimmte Geisteshaltung*, die man bei Vertretern metaphysischer Lehren ebenso häufig antrifft wie bei Verfechtern politischer und religiöser Weltanschauungen. Es ist der Geist oder besser: der Ungeist der *Intoleranz*, der zum Versuch der *Dogmatisierung* und *Immunisierung* bestimmter Auffassungen gegenüber rational-kritischen Einwänden führt. Wer behauptet, ein Erleuchteter zu sein, der über die alleinige Wahrheit verfügt, kann nur mehr gläubige Jünger um sich scharen wollen, hingegen kein echtes, sondern höchstens ein vorgetäuschtes Interesse an rationalen Diskussionspartnern haben. Diese Geisteshaltung kann nicht *durch theoretische Argumente* überwunden werden, sondern nur *durch eine Aktivität*, die das kritische Denken zu verbreiten versucht und die von der Hoffnung beseelt ist, daß jener Ungeist einmal in Zukunft wenn schon nicht von unserem Planeten verschwunden, so doch zu praktischer Bedeutungslosigkeit verurteilt sein wird. Eine solche Aktivität würde dem „*existentiellen*“ Entschluß zugunsten einer *Lebensweise* entspringen, für die der unerschütterliche Glaube, an dem rationale Argumente abprallen, keine Tugend, sondern ein Laster ist[50].

**13.j** In *theoretischer* Hinsicht hingegen sind wir zu einem Resultat gelangt, welches HEMPELs Skepsis gegenüber der Möglichkeit eines Signifikanzkriteriums für *isolierte* theoretische Terme nicht nur bestätigt, sondern sogar noch übertrifft. Denn auch HEMPEL scheint zumindest die Auffassung zu vertreten, daß die Signifikanzfrage *in bezug auf ganze Theorien* aufgeworfen werden kann. Selbst dies dürfte jedoch nicht möglich sein, da man auch da wieder unweigerlich entweder eine zu liberale Variante des Kriteriums formulieren wird oder sich zu der bereits kritisierten Auffassung bekennen muß, eine empirisch erschütterte Theorie, welche zu *falschen* Prognosen führt, als nicht signifikant zu bezeichnen. Dabei spielt es keine Rolle, ob das Kriterium als *Sinnkriterium* oder als bloßes *Abgrenzungskriterium* gedeutet wird.

Dieses negative Resultat darf nun seinerseits nicht zu einem Pauschalurteil über die Sinnlosigkeit der Diskussionen über empirische Signifikanz

---

[49] Als Beispiel könnte man Äußerungen von MARX oder der sogenannten Frankfurter Schule über die Gesellschaft anführen.

[50] Vgl. dazu auch H. ALBERT [Traktat], S. 79, sowie die dort angegebene Literatur.

verleiten. Der Wert dieser Diskussionen liegt zwar nicht in der Erreichung des ursprünglich gesteckten Zieles, aber doch *in einer Reihe von sehr wichtigen Nebeneffekten*. Vor allem gewährten sie erstens einen durch die rein abstrakten Sprachbeschreibungen nicht vermittelten tieferen Einblick in das Funktionieren der nur partiell deutbaren theoretischen Sprache und in deren Verhältnis zur vorher interpretierten Beobachtungssprache. Zweitens lenkten sie die Aufmerksamkeit auf verschiedene wissenschaftstheoretische Probleme, die auch dann einer Lösung harren, wenn man zu der Überzeugung gelangt ist, daß das Problem der empirischen Signifikanz unlösbar ist oder besser: daß dieses Problem durch zahlreiche andere Fragen ersetzt werden muß.

**13.k** Mit der Behauptung, daß es für ein Signifikanzkriterium weder ein Explikandum noch ein Explikat gibt, sollte keineswegs eine dogmatische Verbotstafel für den Philosophen aufgestellt werden, wonach das Wort „sinnlos" aus der philosophischen Diskussion verbannt werden müßte. Es kann sich auf Grund philosophischer Analysen ergeben, daß gewisse Untersuchungen oder sogar ganze Klassen von solchen als *„sinnlos" in der Bedeutung von „gegenstandslos"* zu charakterisieren sind.

Der Sachverhalt sei zunächst in abstracto geschildert und dann an einem konkreten Beispiel illustriert: Es kann der Fall sein, daß eine Art von Problemstellung nachweislich nur dann möglich wird, wenn eine bestimmte Theorie richtig ist. *Hat sich die Theorie als falsch herausgestellt, so wird die betreffende Art von Problemstellung gegenstandslos. Damit werden alle Theorien „sinnlos", in denen versucht wird, auf Probleme dieser Art eine Antwort zu geben.* Zu beachten ist hierbei zweierlei: Erstens daß die Sinnlosigkeitsbehauptung nur in der Weise gerechtfertigt werden kann, *daß vorher eine Theorie widerlegt worden ist*. Und zweitens daß sich die Sinnlosigkeit primär *nicht gegen Theorien, sondern gegen Problemstellungen* richtet und erst sekundär gegen die Theorien, in welchen auf diese Probleme eine Antwort zu geben versucht wird. Wegen der Abhängigkeit von einer fälschlich als richtig angenommenen Theorie ist der Ausdruck „gegenstandslos" dem Prädikat „sinnlos" vorzuziehen.

Zur Illustration sei die — von uns bewußt radikalisierte — Kritik J. LOCKEs an einer Lehre angeführt, die in der Scholastik allgemein vertreten wurde und die bis auf PLATO und ARISTOTELES zurückgeht. Danach gibt es so etwas wie *die wahre Bedeutung von Wörtern*, die vollkommen unabhängig ist von den *Konventionen*, die den Gebrauch dieser Wörter regeln. In den Platonischen Dialogen wird versucht, das *Wesen* der Gerechtigkeit, das *Wesen* der Tugend, das *Wesen* der Schönheit, das *Wesen* des Guten zu ergründen. Jedesmal werden dabei gewisse Ausdrücke *aus der Sprache des Alltags*: „gerecht" bzw. „Gerechtigkeit", „gut" usw. zum Ausgangspunkt der Reflexion genommen. PLATO versucht, für jeden dieser Ausdrücke einen einheitlichen und eindeutig bestimmten *Bedeutungskern* zu entdecken, *der unempfindlich ist gegen alle Verschiedenheiten des Sprachgebrauches.* LOCKE bemerkt dazu, daß von einem solchen Bedeutungskern oder von den wahren Bedeutungen von Wörtern keine Rede sein kann und *daß es daher keinen Sinn habe, nach dem Wesen der Gerechtigkeit, nach dem Wesen des Guten etc. zu fragen.* Der Grund dafür ist höchst einfach: Alle diese Ausdrücke werden in verschiedenen Kontexten verschieden verwendet und sind außerdem vage und mehrdeutig. Den wahren Bedeutungskern dieser Ausdrücke suchen heißt nichts anderes, als sich der falschen Hoffnung hingeben, daß in ihnen eine Präzision zu finden sei, die nicht darin steckt. Selbstverständlich können *wir* den Gebrauch dieser Ausdrücke *präzisieren*, indem wir die verschiedenen Arten der Verwendung auseinanderhalten und für jede Verwendungsart eine klare Definition geben. Diese Definitionen liefern dann aber keine Entdeckungen oder Wesenserkenntnisse, sondern sind nichts weiter als sprachliche *Festsetzungen.* Wir stehen also vor der Alternative, uns entweder mit der Ungenauigkeit dieser Ausdrücke zu begnügen oder sie durch Festsetzung zu beheben. *In beiden Fällen ist das Streben nach der wahren Bedeutung das Streben nach etwas Fiktivem.* Im ersten Fall liegt *überhaupt keine feste Wortbedeutung* vor, die man entdecken könnte. Im zweiten Fall kann man zwar eine solche Bedeutung angeben; doch wurde sie nicht durch Einsicht, sondern *durch eine willkürliche Konvention* gewonnen.

Daß dies von den Philosophen so lange Zeit hindurch nicht erkannt wurde, beruht zum Teil darauf, daß PLATOS Irrtum mit einem anderen, auf ARISTOTELES zurückgehenden verschmolz und dadurch zementiert wurde. Es handelt sich um die Auffassung, wonach die Dinge dieser Welt ganz bestimmte und unveränderliche *Wesensnaturen* besitzen. Der Wissenschaftler habe die Aufgabe, diese *Wesensnaturen zu entdecken* und in den sog. *Wesensdefinitionen* festzuhalten. Insbesondere ist nach dieser Theorie jede Naturspecies von jeder anderen durch scharfe Grenzlinien getrennt. LOCKE weist darauf hin, daß es derartige scharfe Grenzlinien nicht gibt, daß wir vielmehr immer wieder auf allmähliche Übergänge, unklare Grenzfälle, Mißgeburten und Monsterwesen stoßen, bei denen wir zögern, sie der einen oder anderen Species zuzurechnen. Zur Stützung der Lockeschen Polemik gegen ARISTOTELES würde man heute selbstverständlich auch die Entwicklung höherer Lebensformen aus niedrigeren anführen. Tatsache jedenfalls ist, daß die Theorie der unveränderlichen Wesensnaturen den Irrtum in der Annahme wahrer Wortbedeutungen verdecken half, *da man bei Annahme dieser Theorie die konventionelle Komponente der Wortbedeutungen vollkommen übersieht.*

Hat man sich einmal von der Unrichtigkeit beider Theorien überzeugt, so ist es einem auch klar geworden, daß die Suche nach der wahren Wortbedeutung ein *gegenstandsloses* Unterfangen ist.

Nicht immer brauchen die Dinge relativ so verwickelt zu sein. Bisweilen ist der Sachverhalt prinzipiell wesentlich einfacher, obwohl er auch dann häufig nicht durchschaut wird. Für ein relativ einfaches Beispiel sei nur nochmals an die Betrachtungen in I, 5.b erinnert: Solange die Regeln für die Bestimmung der Zeiteinheit sowie der zeitlichen Gleichheit nicht formuliert sind, verfügen wir über kein Mittel, um verschiedene zeitliche Vorgänge in bezug auf ihre Länge miteinander zu vergleichen. Daher erweist es sich als *sinnlos*, den Unterschied zwischen schwach periodischen und stark periodischen Vorgängen zur Grundlage der Zeitmetrik zu machen.

**13.1** Das Ergebnis unserer skeptischen Betrachtungen hinsichtlich eines Kriteriums der empirischen Signifikanz läßt sich in einem Schlagwort folgendermaßen ausdrücken: Die eindimensionale Alternative „empirisch signifikant — empirisch nicht signifikant" ist durch eine *differenziertere Betrachtungsweise* oder, wie man auch sagen könnte, durch ein *System von Fragen, die in mehreren Dimensionen verlaufen*, zu ersetzen, wobei diese Alternativen sich außerdem stets auf eine vorgelegte *Theorie als ganze* zu beziehen haben. Zu den dabei anzuwendenden Beurteilungsmaßstäben gehören u. a. die folgenden[51]:

(1) Mit welchem *Grad an Klarheit und Präzision* ist die Theorie formuliert? Genauer etwa: Sind die Grundbegriffe scharf ausgezeichnet? Sind die Definitionen explizit angeschrieben und logisch einwandfrei? Sind die Grundvoraussetzungen der Theorie klar angegeben? Wurde die verwendete logisch-mathematische Apparatur deutlich beschrieben? Sind die logischen Deduktionen korrekt?

(2) Ist das System *logisch widerspruchsfrei*?

(3) In welchem Maße eignet sich das System für wissenschaftliche Systematisierungen, insbesondere für exakte *Prognosen* und *Erklärungen*?

(4) Welchen *Grad an Einfachheit* besitzt das System, und zwar: sowohl (a) Einfachheit in bezug auf das *Begriffssystem* als auch (b) Einfachheit in bezug auf das System der daraus ableitbaren *Naturgesetze*?

(5) Erfüllt die interpretierte Theorie gewisse minimale *Adäquatheitsbedingungen*, z. B. solche, die an die Zuordnungsregeln zu stellen sind?

(6) Welche *organisatorische Kraft* kommt dem System zu; d. h. inwieweit leistet es eine Vereinheitlichung und systematische Zusammenfassung bisher isolierter Gesetze und Spezialtheorien?

(7) Ist die Theorie einer *intersubjektiven Nachprüfung* zugänglich und in welchem Grade wurde sie bei solcher Nachprüfung *empirisch bestätigt*?

(8) Welchen *Grad der Kühnheit* besitzt die Theorie?

(9) Zeichnet sich die Theorie vor anderen durch *Schönheit und Eleganz* aus?

Hinzuzufügen wäre noch, daß sich zwischen diesen und evtl. weiteren Maßstäben *keine* ein für alle Male geltende Rangordnung aufstellen läßt,

---

[51] Einige dieser Merkmale wurden von HEMPEL in [Reconsideration] angeführt.

sondern daß diese von den jeweiligen praktischen Zielsetzungen, also von pragmatischen Gesichtspunkten, abhängen wird[52].

Möglicherweise wird sich auch bei der Frage der Prüfung und Bestätigung, also hinsichtlich Punkt (7), herausstellen, daß dort abermals eine differenziertere Betrachtungsweise Platz greifen sollte. Vielleicht ist es der *gemeinsame* Fehler der *Anti-Induktivisten* (wie z. B. POPPER), die nur einen *nicht* auf einem induktiven Bestätigungsbegriff beruhenden Begriff der empirischen Prüfbarkeit für sinnvoll halten, als auch der *Induktivisten* (wie z. B. CARNAP), welche die Beurteilung von Theorien auf einen *induktiven Bestätigungsbegriff* gründen wollen, daß sie nur die eindimensionale Alternative „empirisch gut bestätigt (sei es induktiv, sei es nicht induktiv) oder nicht?" aufstellen, statt diese Frage in ein mehrdimensionales System von Alternativen aufzusplittern.

Zum Abschluß sei noch erwähnt, daß wir *trotz* all dieser skeptischen Überlegungen im letzten Kapitel zu so etwas wie einem letzten Residuum des Signifikanzbegriffs, angewendet auf ganze Theorien, gelangen werden. Und zwar wird sich mittels des sog. Ramsey-Satzes einer Theorie ein Begriff der *empirischen Trivialität* (man könnte auch sagen: der empirischen Gehaltlosigkeit) *einer Theorie* sowie der *Immunität einer Theorie gegenüber empirischer Prüfbarkeit* präzisieren lassen. Überraschenderweise wird sich dabei eine Reihe von Beispielen, die in wissenschaftstheoretischen Diskussionen verwendet worden sind, als inadäquat erweisen. Obzwar es sich um prima facie empirisch gehaltvolle Aussagen handelt, sind sie trivial und empirisch nicht überprüfbar.

---

[52] Als Beispiel sei Punkt (8) herausgegriffen. Wenn es z. B. darum geht, eine neue Weltraumrakete zu konstruieren, die Menschen befördern soll, wird die „Kühnheit" einer Theorie eher ein *negativer* Gesichtspunkt sein; denn hier geht es vor allem um größtmögliche Sicherheit. Wenn es hingegen um eine Berufung auf einen wissenschaftlichen Lehrstuhl an einem Forschungsinstitut geht, sollte man vielleicht die „Kühnheit von Theorien" insofern *positiv* beurteilen, als man den Schöpfer einer kühnen und neuartigen Theorie einem anderen Kandidaten vorziehen sollte, der es nicht wagt, sich „von den Tatsachen" zu weit zu entfernen.

# Kapitel VI

# Funktionelle Ersetzung theoretischer Terme: Das Theorem von Craig

## 1. Das Programm

Bisher haben wir, grob gesprochen, zwei Klassen von wissenschaftstheoretischen Deutungsversuchen empirischer Theorien, in denen theoretische Terme vorkommen, behandelt. Nach der einen Klasse von Versuchen sollten die theoretischen Begriffe auf Terme der für sich verständlichen Beobachtungssprache zurückgeführt werden. Die *gesamte* Wissenschaftssprache wäre demnach auf die einfache Beobachtungssprache $L_B$ oder auf eine etwas erweiterte Beobachtungssprache $L_{B'}$ zu reduzieren. Alle diese Versuche scheinen zum Scheitern verurteilt zu sein.

Nach der zweiten Deutung wurde neben der Beobachtungssprache $L_B$ eine theoretische Sprache $L_T$ konstruiert. Für die deskriptiven Konstanten von $L_T$, die das theoretische Vokabular $V_T$ ausmachen, wurde nicht verlangt, daß sie auf das Beobachtungsvokabular definitorisch oder auch nur durch Reduktionssätze zurückführbar seien. Vielmehr sollte die partielle Deutung über geeignete Zuordnungsregeln $Z$ genügen. Von CARNAP wurden dabei die einzelnen theoretischen Terme *isoliert* behandelt. Es sollte ja mittels seines Signifikanzkriteriums *für jeden speziellen Term aus* $V_T$ entschieden werden, ob er empirisch signifikant ist oder nicht.

CRAIGs Behandlung theoretischer Terme ist demgegenüber vollkommen verschieden. Das Signifikanzproblem wird überhaupt nicht angeschnitten. Dagegen konnte CRAIG unter Benützung eines von ihm entdeckten Theorems der mathematischen Logik nachweisen, daß eine Theorie $T$, welche theoretische Terme $\tau_1, \ldots, \tau_n$ enthält, *zur Gänze ersetzbar* ist durch eine Theorie $T^*$, die überhaupt keine theoretischen Terme enthält, jedoch *dieselbe empirische Leistungsfähigkeit* besitzt wie $T$ bzw., wie man auch sagen könnte, *denselben empirischen Gehalt* aufweist wie die Theorie $T$. Diese beiden letzten Wendungen sind in dem folgenden Sinn zu präzisieren: Alle und nur die nicht L-wahren logischen Folgerungen von $T$, die keine theoretischen Terme enthalten (kurz also: genau die beobachtungsmäßigen Folgerungen von $T$), sind auch Folgerungen von $T^*$. Hier von gleicher empirischer Leistungsfähigkeit zu sprechen, ist gerechtfertigt, wenn der Ausdruck „empirisch“ auf die in der Beobachtungssprache beschreibbaren und damit erklärbaren und voraussagbaren Phänomene und Ereignisse beschränkt wird. Da naturwissenschaftliche Theorien dazu verwendet werden, um beobachtbare Phänomene vorauszusagen oder zu erklären, leistet $T^*$ in allen diesen Anwendungsfällen genau dasselbe wie $T$. Es wird sich zeigen, daß es dabei überhaupt keine Rolle spielt, *wie* die Grenze zwischen theoretischen Termen und Beobachtungstermen gezogen wird. Vorausgesetzt werden muß lediglich, *daß* eine scharfe Grenze gezogen wurde.

Den recht einfachen intuitiven Grundgedanken der Craigschen Methode kann man folgendermaßen wiedergeben[1]: Es sei $T$ eine in der Sprache $L_T$ formulierte Theorie mit dem theoretischen Vokabular $V_T$. Unter $V_B$ verstehen wir wieder das Beobachtungsvokabular, also die Klasse der deskriptiven Konstanten der Beobachtungssprache $L_B$. Die Zuordnungsregeln bezeichnen wir wieder mit $Z$. Sowohl $T$ als auch $Z$ fassen wir als einen einzigen Satz auf. Die interpretierte Theorie ist $T \wedge Z$. $B_1$ bilde eine Gesamtheit von Beobachtungsdaten, abermals als Konjunktion von Sätzen der Sprache $L_B$ interpretiert. $B_2$ bilde eine — z. B. im Rahmen eines Erklärungs- oder Voraussageargumentes — aus der Theorie und den gegebenen Beobachtungsdaten erschlossene Beobachtungsaussage. Der durch die interpretierte Theorie zwischen $B_1$ und $B_2$ hergestellte deduktive Zusammenhang kann so wiedergegeben werden:

(1) $$T \wedge Z \wedge B_1 \Vdash B_2 \,,$$

woraus sich die weitere Folgebeziehung gewinnen läßt (im syntaktischen Fall durch Anwendung des Deduktionstheorems):

(2) $$T \wedge Z \Vdash B_1 \rightarrow B_2 \,.$$

Wahlweise hätte man statt dessen die L-wahren Konditionalsätze benützen können:

(1') $$\Vdash (T \wedge Z \wedge B_1) \rightarrow B_2$$

und:

(2') $$\Vdash (T \wedge Z) \rightarrow (B_1 \rightarrow B_2) \,,$$

von denen der zweite aus dem ersten durch Exportation gewonnen wird. Doch empfiehlt sich für das Folgende die Anknüpfung an (1) und (2).

Die interpretierte Theorie bezeichnen wir im folgenden mit $T'$. Dies ist also die konjunktive Zusammenfassung $T \wedge Z$ der rein theoretischen Postulate und der Zuordnungsregeln. Das Vokabular $V_{T'}$ der interpretierten Theorie enthält $V_T$ und außerdem eine echte oder unechte Teilklasse von $V_B$. Der Übergang von (1) zu (2) kann jetzt nochmals vereinfacht werden zu der Feststellung: Wenn $T'$ einen deduktiven Zusammenhang zwischen $B_1$ und $B_2$ stiftet, d. h. wenn gilt:

(3) $$T' \wedge B_1 \Vdash B_2 \,,$$

[1] Vgl. dazu auch HEMPEL, [Dilemma], Abschn. 9, in: [Aspects], S. 210 ff.

so gilt auch:

(4) $$T' \Vdash B_1 \rightarrow B_2$$

und umgekehrt (die Umkehrung ergibt sich auf Grund der Gültigkeit des modus ponens in Anwendung auf $B_1 \rightarrow B_2$ und die weitere Prämisse $B_1$).

Die Klasse der Theoreme von $T'$, welche als außerlogische Konstante nur Beobachtungsterme enthalten, soll die Klasse der *$V_B$-Theoreme* von $T'$ genannt werden. Als Symbol für diese Klasse verwenden wir $\mathbb{B}_{T'}$. In unserem Beispiel ist wegen (4) der Satz $B_1 \rightarrow B_2$ ein Element dieser Klasse. $\mathbb{B}_{T'}$ enthält nach Definition keinen einzigen theoretischen Term. Es gilt nun der leicht zu beweisende

**Satz:** *Eine interpretierte Theorie $T'$ erzeugt genau diejenigen deduktiven Zusammenhänge zwischen Sätzen von $L_B$, die auch durch die Sätze von $\mathbb{B}_{T'}$ gestiftet werden.*

Die Behauptung ist in dem durch (3) illustrierten Sinn zu verstehen. Mit HEMPEL kann man den Inhalt dieses Satzes auch so aussprechen: Für alle Zwecke deduktiver Systematisierungen von Beobachtungsaussagen ist die Klasse $\mathbb{B}_{T'}$ *funktionell äquivalent mit* der interpretierten Theorie $T'$ [2].

*Beweis:* $T'$ möge einen deduktiven Zusammenhang zwischen $B_1$ und $B_2$ im Sinn von (3) herstellen. Von (3) gehen wir über zu (4). Das Konditional $B_1 \rightarrow B_2$, welches danach eine logische Folgerung von $T'$ ist, enthält nur Terme aus $V_B$, so daß gilt: $B_1 \rightarrow B_2 \in \mathbb{B}_{T'}$. Wenn wir in (3) $T'$ durch dieses Konditional ersetzen, so erhalten wir die triviale Folgebeziehung:

(5) $$B_1 \rightarrow B_2, B_1 \Vdash B_2 .$$

Damit ist die erste Hälfte bewiesen, nämlich daß die Sätze aus $\mathbb{B}_{T'}$ hinreichen, um dieselben deduktiven Zusammenhänge zwischen Beobachtungssätzen herzustellen, wie dies durch $T'$ geschah. Es ist noch zu zeigen, daß die Klasse $\mathbb{B}_{T'}$ auch *nicht mehr* deduktive Zusammenhänge zwischen Beobachtungssätzen herstellt als die interpretierte Theorie. Es möge also gelten:

(6) $$\mathbb{B}_{T'} \cup \{B_1\} \Vdash B_2 .$$

Zum Unterschied von (3) können wir diesmal die Prämissenklasse nicht als eine Konjunktion darstellen, da $\mathbb{B}_{T'}$ eine *unendliche* Satzklasse ist. Dagegen ergibt sich aus (6) in Analogie zum früheren die Folgebeziehung:

(7) $$\mathbb{B}_{T'} \Vdash B_1 \rightarrow B_2 .$$

[2] Obwohl die Bedeutung des eben verwendeten Begriffs aus dem Zusammenhang eindeutig hervorgeht, möge doch der Vollständigkeit halber eine präzise Definition gegeben werden. Zwei Satzklassen $K_1$ und $K_2$ der Wissenschaftssprache $L$ sollen *funktionell äquivalent* heißen, wenn für zwei beliebige Sätze $\Phi_1$ und $\Phi_2$ aus $L_B$ gilt: $\Phi_1, K_1 \Vdash \Phi_2$ genau dann wenn $\Phi_1, K_2 \Vdash \Phi_2$. Diese Relation ist offenbar symmetrisch und transitiv. Von diesen formalen Eigenschaften wird an späterer Stelle Gebrauch gemacht werden.

Dies bedeutet: $\mathbb{B}_{T'}$ kann die gewünschten Zusammenhänge *nur dann* herstellen, wenn $B_1 \rightarrow B_2$ aus $\mathbb{B}_{T'}$ logisch folgt. Nun enthält aber nach Definition die Klasse $\mathbb{B}_{T'}$ gerade die $V_B$-Theoreme von $T'$ und ist daher in (7) durch die deduktionsstärkere Aussage $T'$ ersetzbar, wodurch wir erhalten:

(8) $$T' \Vdash B_1 \rightarrow B_2 .$$

Dies kann umgeformt werden in:

(9) $$T' \wedge B_1 \Vdash B_2 ,$$

was nichts anderes besagt, als daß $T'$ ebenfalls den deduktiven Zusammenhang zwischen $B_1$ und $B_2$ herzustellen gestattet.

Nun ist aber zu beachten, daß $\mathbb{B}_{T'}$ *eine sehr unhandliche und vollkommen unübersichtliche Satzmenge* darstellt. CRAIG konnte zeigen, *daß* unter gewissen noch zu präzisierenden Voraussetzungen *diese Satzmenge durch ein streng axiomatisch aufgebautes System ersetzt werden kann, in welchem ebenfalls die theoretischen Terme nicht mehr vorkommen.*

Auf dem von CRAIG beschrittenen Weg kann man allerdings das, was CARNAP intendierte, *nicht* erreichen, nämlich die Elimination gewisser als „metaphysisch" empfundener Terme aus dem deskriptiven Vokabular einer vorgegebenen Theorie. Denn es wird ja diesmal nur die *ganze* Theorie global ersetzt durch eine funktionell gleichwertige, wobei es offen bleiben muß, ob die ursprüngliche Theorie Terme enthielt, die vom empiristischen Standpunkt als überflüssig oder als nicht signifikant erscheinen. Immerhin ist das von CRAIG erzielte Resultat recht merkwürdig; denn es zeigt, *daß in einem bestimmten Sinn der gesamte „theoretische Überbau" eines wissenschaftlichen Systems überflüssig ist*, daß man also — um den Fall der Physik herauszugreifen — zu einer axiomatisch aufgebauten physikalischen Theorie mit zahlreichen Mikrobegriffen eine im geschilderten Sinn gleichwertige Theorie angeben kann, in der diese Mikrobegriffe nicht mehr vorkommen. Daneben ist *der psychologische Effekt* des Theorems von CRAIG nicht zu unterschätzen: Es dürfte ein brauchbares Hilfsmittel sein, um sich von realistischen Vorstellungen, die wir mit theoretischen Termen wie „Elektron", „Positron" etc. verbinden, zu befreien.

## 2. Die Formulierung des Theorems[3]

Das Theorem von CRAIG läßt sich ungefähr so formulieren: *Zu jeder axiomatisch aufgebauten empirischen Theorie $T$, die gewisse formale Bedingungen erfüllt und welche die theoretischen Terme $\tau_1, \ldots, \tau_n$ enthält, kann eine andere axiomatisch aufgebaute Theorie $T^\star$ effektiv angegeben werden, die im wesentlichen denselben empirischen Gehalt besitzt wie $T$, jedoch keine theoretischen Terme enthält.* Daß zwei Theorien *im wesentlichen denselben empirischen Gehalt* besitzen, soll

[3] Vgl. W. CRAIG, [Replacement] und [Axiomatizability].

dabei besagen, daß man aus beiden genau dieselben Beobachtungssätze folgern kann.

Für eine exakte Formulierung des Theorems müssen zunächst einige Begriffe eingeführt werden. Der erste wichtige Begriff ist der der *effektiven Entscheidbarkeit*. Da wir es im folgenden ausschließlich mit sprachlichen Gebilden, Klassen von solchen sowie Relationen zwischen solchen zu tun haben werden, genügt es, den Entscheidbarkeitsbegriff nur in bezug auf linguistische Entitäten zu präzisieren.

Jede Wissenschaftssprache $L$ stützt sich auf ein endliches oder unendliches *Alphabet* $\mathfrak{A}$, bestehend aus gewissen Buchstaben oder Zeichen (Symbolen). Die Elemente von $\mathfrak{A}$ kann man zu endlichen linearen Folgen zusammenfügen, genannt *Zeichenreihen* oder *Wörter* über $\mathfrak{A}$. Wir betrachten weiter Klassen von Wörtern über einem festen Alphabet $\mathfrak{A}$. Da wir es nur mit Wortklassen zu tun haben werden, soll in diesem Kapitel „Klasse" stets dasselbe bedeuten wie „Klasse von Wörtern über dem gegebenen Alphabet".

$K_1$ und $K_2$ seien zwei Klassen, wobei $K_1$ eine echte oder unechte Teilklasse von $K_2$ bildet. Wir sagen, daß die Klasse $K_1$ *effektiv entscheidbar* (oder kurz: *entscheidbar*) ist *relativ zur Klasse* $K_2$, wenn es ein allgemeines *mechanisches* Verfahren gibt, mit dem man nach endlich vielen Schritten feststellen kann, ob ein vorgelegtes Element aus $K_2$ auch ein Element aus $K_1$ ist. Daß das Verfahren mechanisch ist, soll bedeuten, daß man die Entscheidung im Prinzip einer Maschine überlassen könnte. Logiker und Mathematiker sprechen bei Vorliegen eines derartigen allgemeinen mechanischen Verfahrens auch von einem *Algorithmus*. Notwendig und hinreichend für die Entscheidbarkeit von $K_1$ relativ zu $K_2$ ist also die Existenz eines abbrechenden Algorithmus, mit dessen Hilfe sich für jedes Wort aus $K_2$ effektiv feststellen läßt, ob es auch ein Wort aus $K_1$ ist[4].

Neben diesem relativen Entscheidbarkeitsbegriff kann man auch einen absoluten durch Zurückführung auf diesen ersten einführen. $K_1$ wird (*effektiv*) *entscheidbar* schlechthin genannt, wenn $K_1$ entscheidbar ist relativ zur Klasse *aller* Wörter über dem Alphabet $\mathfrak{A}$. Als Übungsaufgabe mache sich der Leser folgendes klar: Wenn für drei Klassen $K_1$, $K_2$ und $K_3$ gilt, daß $K_1 \subseteq K_2$ und $K_2 \subseteq K_3$, und wenn ferner $K_1$ entscheidbar ist relativ zu $K_2$ und $K_2$ entscheidbar relativ zu $K_3$, so ist auch $K_1$ entscheidbar relativ zu $K_3$ (Transitivität der relativen Entscheidbarkeit).

Im folgenden werden wir wieder davon ausgehen, daß $L$ eine Wissenschaftssprache mit zugrundeliegendem Alphabet $\mathfrak{A}$ ist. Durch die *Formregeln* von $L$ wird aus der Klasse aller Wörter über $\mathfrak{A}$ *die Klasse der zulässigen Ausdrücke von* $L$ ausgesondert. Zum Begriff der Wissenschaftssprache gehört

[4] In der Theorie der rekursiven Funktionen wird der Begriff der effektiven Entscheidbarkeit präzisiert durch den Begriff der Rekursivität. Vgl. dazu z. B. H. HERMES, [Berechenbarkeit].

die Voraussetzung, daß die Klasse der zulässigen Ausdrücke entscheidbar ist, daß man also für eine beliebige Zeichenfolge nach endlich vielen Schritten feststellen kann, ob es sich dabei um einen zulässigen Ausdruck der Sprache handelt oder nicht. Weiter wird vorausgesetzt, daß auch diejenigen zulässigen Ausdrücke, welche *Sätze* sind, zusammen eine entscheidbare Klasse bilden, also eine Klasse, die entscheidbar ist relativ zur Klasse aller Wörter über $\mathfrak{A}$.

Als weiteren Begriff benötigen wir den der *Regelanwendung*. Ableitungsregeln eines formalen Systems geben wir durch einen Doppelpfeil wieder. Eine solche Regel hat also die Gestalt: $\Phi_1, \ldots, \Phi_n \Rightarrow \Psi$. Wir sagen, daß eine Folge von Wörtern $A_1, \ldots, A_n, B$ *eine Anwendung dieser Ableitungsregel* bildet, wenn $A_1, \ldots, A_n \Rightarrow B$ aus $\Phi_1, \ldots, \Phi_n \Rightarrow \Psi$ dadurch entsteht, daß die in $\Phi_1, \ldots, \Phi_n, \Psi$ vorkommenden Variablen durch geeignete Wörter ersetzt werden.

Wenn wir sagen, daß *die Klasse der Anwendungen einer Ableitungsregel mit n Prämissen entscheidbar* ist, so soll damit gemeint sein, daß diese Klasse entscheidbar ist relativ zur Klasse aller $(n+1)$-gliedrigen Folgen von Wörtern über $\mathfrak{A}$.

Daß eine in der Wissenschaftssprache $L$ mit dem Alphabet $\mathfrak{A}$ formulierte Theorie $T$ in $L$ *axiomatisch aufgebaut* ist, besagt zunächst nichts anderes, als daß aus der Klasse der zulässigen Ausdrücke der Wissenschaftssprache eine Teilklasse, nämlich die Klasse der Axiome, ausgesondert wurde, und daß ferner gewisse Ableitungsregeln rein syntaktisch ausgezeichnet worden sind. Im folgenden wird es nicht genügen, daß *überhaupt* eine axiomatische Theorie vorliegt, sondern daß wir es mit einer *formalen* axiomatischen Theorie in der Wissenschaftssprache $L$ zu tun haben. Dies ist eine solche axiomatische Theorie, für welche *die Klasse der Axiome entscheidbar* ist (relativ zur Klasse aller Wörter über $\mathfrak{A}$[5]) und für welche außerdem *die Klasse der Anwendungen sämtlicher Ableitungsregeln* (kurz: *die Klasse der Regelanwendungen*) *entscheidbar* ist (relativ zu den Klassen der entsprechenden $n$-Tupel von Wörtern über $\mathfrak{A}$).

Die folgende Darstellung wird weiter vereinfacht dadurch, daß wir den Begriff der *effektiven Dichotomie* einführen. $K_1$ und $K_2$ seien Teilklassen von $M$. Daß eine effektive Dichotomie zwischen der Klasse $K_1$ und der Klasse $K_2$ relativ zur Klasse $M$ besteht, soll heißen, daß die folgenden drei Bedingungen erfüllt sind: (1) Jedes Element von $M$ ist entweder Element von $K_1$ oder von $K_2$; (2) kein Element von $M$ ist zugleich ein Element von $K_1$ wie von $K_2$; (3) $K_1$ ist entscheidbar relativ zu $M$ (und daher ist auch $K_2$ entscheidbar relativ zu $M$; denn wegen der beiden vorangehenden Bestimmungen ist $K_2$ gerade das Komplement von $K_1$ in bezug auf $M$).

---

[5] Statt dessen würde es genügen, die Entscheidbarkeit der Axiome relativ zur Klasse aller zulässigen Ausdrücke zu verlangen. Vgl. dazu die obige Übungsaufgabe.

Jeder Theorie liegt eine Logik zugrunde. Auch von dieser Logik wird angenommen, daß sie axiomatisch aufgebaut sei. Sie ist dann eindeutig festgelegt durch die *logischen Axiome* sowie durch alle *Ableitungsregeln*. Die Axiome der Theorie, welche keine logischen Axiome sind, heißen *außerlogische Axiome*. Dagegen gibt es keine außerlogischen Ableitungsregeln. Unter der zugrundeliegenden Logik kann die Klasse der Theoreme verstanden werden, die allein unter Benützung der logischen Axiome mit Hilfe der Ableitungsregeln beweisbar sind. Diese Logik ist also selbst eine formale axiomatische Theorie und die Klasse ihrer Sätze ist eine Teilklasse der Klasse der Sätze der Gesamttheorie.

$T$ sei wieder die in der Sprache $L$ formulierte Theorie. Daß $T$ eine *formale axiomatische Theorie mit effektiver Axiomenunterscheidung* ist, soll besagen, daß $T$ eine formale axiomatische Theorie ist und daß eine effektive Dichotomie zwischen der Klasse der logischen und der Klasse der außerlogischen Axiome relativ zur Klasse aller Axiome besteht.

Wir gehen jetzt dazu über, die Voraussetzungen exakt zu formulieren, die eine Theorie erfüllen muß, damit das Craigsche Theorem auf sie anwendbar wird. $L$ sei die zugrundeliegende Wissenschaftssprache über dem Alphabet $\mathfrak{A}$; $T$ sei die fragliche Theorie. Für die Zeichen von $\mathfrak{A}$ setzen wir voraus, daß erstens eine effektive Dichotomie zwischen der Klasse der *logischen* und der Klasse der *deskriptiven* (= außerlogischen) *Zeichen* (relativ zu $\mathfrak{A}$) besteht und daß zweitens eine effektive Dichotomie zwischen der Klasse der *Beobachtungsterme* und der Klasse der *theoretischen Terme* relativ zur Klasse der deskriptiven Zeichen vorliegt. Letzteres besagt nichts anderes als daß sowohl die Klasse der Beobachtungsterme $V_B$ als auch die Klasse der theoretischen Terme $V_T$ entscheidbar ist relativ zur Klasse aller außerlogischen Terme $V_B \cup V_T$. Der Leser beachte, daß es sich hierbei nur um die explizite Formulierung einer Voraussetzung handelt, die man gewöhnlich als eine triviale Selbstverständlichkeit betrachtet: daß man nämlich erstens rein mechanisch entscheiden kann, ob ein vorgelegtes Zeichen ein logisches Zeichen ist oder nicht, und wenn nicht, ob es dann ein Beobachtungsterm oder ein theoretischer Term ist.

Die Theorie besteht zunächst aus einer Klasse von Sätzen über ein bestimmtes Sachgebiet, von denen der diese Theorie akzeptierende Wissenschaftler annimmt, daß sie *wahr* sind. Wir machen nun die Voraussetzung, daß es geglückt sei, diese Theorie in bestimmter Weise zu formalisieren. Genauer machen wir die folgende Annahme:

($A$) *$T$ ist eine formale axiomatische Theorie in $L$ mit effektiver Axiomenunterscheidung.*

Wenn man die Definitionen der in ($A$) benützten Begriffe durchläuft, so beweist man unmittelbar die logische Äquivalenz von ($A$) mit der folgenden expliziteren Formulierung (*B*) (der Leser führe diesen Nachweis als Übungsaufgabe durch):

(*B*) (I) *T* ist eine axiomatische Theorie in *L*;

(II) die Klasse der Anwendungen der Ableitungsregeln von *T* ist effektiv entscheidbar (relativ zur Klasse der *n*-gliedrigen Folgen von Wörtern über dem Alphabet);

(III) die Klasse der logischen Axiome ist entscheidbar (relativ zur Klasse aller Wörter);

(IV) die Klasse der außerlogischen Axiome ist entscheidbar (relativ zur Klasse aller Wörter);

(V) die Klasse der Sätze ist entscheidbar (relativ zur Klasse aller Wörter);

(VI) jedes Axiom von *T* ist entweder ein logisches oder ein außerlogisches Axiom;

(VII) kein Axiom von *T* ist zugleich ein logisches sowie ein außerlogisches Axiom;

(VIII) jedes Theorem von *T* ist ein Satz von *L*.

Das Motiv dafür, auch die scheinbar selbstverständliche Aussage (VIII) in die Bestimmungen mit aufzunehmen, wird erst später deutlich werden. (*A*) liefert eine präzise und bündige Formulierung unserer Voraussetzungen. Für den Beweis des Theorems wird es sich aber als zweckmäßig erweisen, an die Formulierung (*B*) mit den acht Teilbestimmungen anzuknüpfen.

Den Begriff des Theorems verwenden wir im üblichen Sinn. Da im gegenwärtigen Zusammenhang eine sehr präzise Begriffsbestimmung vorausgesetzt wird, sei dazu noch eine Erläuterung hinzugefügt. Unter einem Beweis eines Satzes $\Phi$ aus *L* in *T* verstehen wir eine endliche lineare Folge $\Psi_1, \ldots, \Psi_n$ von Sätzen aus *L*, so daß $\Phi$ identisch ist mit $\Psi_n$ und für jedes Glied $\Psi_i$ ($1 \leqq i \leqq n$) der Folge gilt: $\Psi_i$ ist ein Axiom von *T* oder $\Psi_i$ ist mit Hilfe einer Ableitungsregel von *T* aus vorangehenden Gliedern der Folge gewonnen worden. Ein Satz $\Phi$ wird ein *beweisbarer Satz* oder ein *Theorem* von *T* genannt, wenn ein Beweis des Satzes $\Phi$ in *T* existiert. Sofern ein Glied $\Psi_i$ eines Beweises kein Axiom ist, muß der Beweis eine Teilfolge enthalten, welche mit $\Psi_i$ endet, wobei $\Psi_i$ das letzte Glied der Anwendung einer Ableitungsregel bildet. Eine derartige Regelanwendung, welche Teilfolge eines Beweises ist, nennen wir auch *Beweisanwendung* der Regel. (Man beachte: eine Regelanwendung braucht keine Beweisanwendung dieser Regel zu sein. Warum nicht?)

Der Begriff der *Ableitung* eines Satzes $\Phi$ *aus den Prämissen* $\Gamma_1, \ldots, \Gamma_m$ ist eine Verallgemeinerung des eben charakterisierten Beweisbegriffs. Außer den Axiomen werden hier auch noch die Sätze $\Gamma_j$ ($1 \leq j \leq m$) als Ausgangspunkte für die Regelanwendungen zugelassen. Um den Ableitungsbegriff zu erhalten, ist im obigen Definiens des Beweisbegriffs lediglich die Bestimmung „$\Psi_i$ ist ein Axiom" durch „$\Psi_i$ ist ein Axiom oder ein Satz $\Gamma_j$" zu ersetzen. Das Endziel einer Ableitung aus den Prämissen $\Gamma_1, \ldots, \Gamma_m$ wird ein aus diesen *ableitbarer* Satz genannt. Die Begriffe der Ableitung sowie der Ableitbarkeit wurden nur der Vollständigkeit halber angeführt; sie werden im folgenden nicht benötigt.

Einige weitere Begriffe erleichtern die Formulierung sowie den Beweis des Theorems von CRAIG. Zunächst führen wir den Begriff der *zulässigen Regel* ein. Wieder symbolisieren wir eine Schlußregel durch einen Doppelpfeil. Eine Regel $\Phi_1, \ldots, \Phi_r \Rightarrow \Sigma$ wird *zulässig in* $T$ genannt, wenn die Beweisbarkeit von $\Sigma$ in $T$ aus der Beweisbarkeit der $r$ Prämissen $\Phi_i$ gefolgert werden kann[6]. Man kann also aus der Beweisbarkeit der Prämissen einer Anwendung dieser Regel auf die Beweisbarkeit der Conclusio dieser Regelanwendung mittels der für $T$ explizit angegebenen Regeln allein schließen. Wenn $R$ eine zulässige Regel in $T$ ist, so sagt man auch, daß die Hinzunahme von $R$ zu den Ableitungsregeln von $T$ die Theorie $T$ *nicht echt erweitert*.

Als nächstes präzisieren wir den bereits an früherer Stelle benützten Gedanken, daß zwei Theorien $T$ und $T^*$ *in bezug auf den empirischen Gehalt*, d. h. in bezug auf den in der Beobachtungssprache allein ausdrückbaren Gehalt, *miteinander übereinstimmen*. Am zweckmäßigsten geht man dabei so vor, daß man diesen zu explizierenden Begriff aus zwei Teilbegriffen aufbaut (das Symbol „$E$" steht für „empirisch"):

(a) $T^*$ ist *E-konsistent relativ zu T* genau dann wenn für jedes $\Phi$ gilt: wenn $\Phi$ ein Theorem von $T^*$ ist, welches keine theoretischen Terme enthält, dann ist $\Phi$ ein Theorem von $T$.

(b) $T^*$ *ist E-vollständig relativ zu T* genau dann wenn $T$ $E$-konsistent relativ zu $T^*$ ist (d. h. also wenn für jedes $\Phi$ gilt: falls $\Phi$ ein Theorem von $T$ ist, das keine theoretischen Terme enthält, so ist $\Phi$ ein Theorem von $T^*$).

(c) $T^*$ ist *E-äquivalent mit* $T$ genau dann wenn $T^*$ sowohl $E$-konsistent als auch $E$-vollständig relativ zu $T$ ist.

*Mit dem Begriff der E-Äquivalenz haben wir eine exakte Fassung des Begriffs der Übereinstimmung in bezug auf den empirischen Gehalt gewonnen.*

Von einer Schlußregel sagen wir, daß sie *in ihren Beweisanwendungen E-beschränkt* ist, wenn keine Anwendung dieser Regel, die Teilfolge eines Beweises ist, theoretische Ausdrücke enthält.

[6] Der eben benützte Folgerungsbegriff ist ein *inhaltlicher* Begriff der *Metametatheorie*! Denn es wird ja aus einer metatheoretischen Beweisbarkeitsbehauptung *auf eine andere* metatheoretische Beweisbarkeitsbehauptung geschlossen.

Schließlich soll $\overset{n}{\wedge}\,\Phi$ die Formel $\Phi \wedge \ldots \wedge \Phi$ abkürzen, sofern die zuletzt angedeutete Konjunktion genau $n$ Vorkommnisse von $\Phi$ enthält.

Jetzt gehen wir zur Formulierung des Theorems über[7].

**Theorem von Craig.** *L sei eine Sprache. Dann gilt für jedes T: Wenn*

(1) *T eine in L formulierte formale axiomatische Theorie mit effektiver Axiomenunterscheidung ist,*

(2) *eine effektive Dichotomie zwischen den theoretischen und nichttheoretischen Termen von L besteht,*

(3) *für jedes n die Regeln* $\Phi \Rightarrow \overset{n}{\wedge}\,\Phi$ *und* $\overset{n}{\wedge}\,\Phi \Rightarrow \Phi$ *(Vereinfachungsregel) zulässige Ableitungsregeln in T sind,*

*dann gibt es eine Sprache $L^*$ und eine Theorie $T^*$, wobei $L^*$ sowie $T^*$ effektiv konstruierbar sind, so daß gilt:*

(1′) *$T^*$ ist eine formale axiomatische Theorie in $L^*$ mit effektiver Axiomenunterscheidung,*

(2′) *kein Theorem von $T^*$ enthält einen theoretischen Term von L,*

(3′) *$T^*$ ist E-äquivalent mit T,*

(4′) *die $T^*$ zugrunde liegende Logik ist E-äquivalent mit der T zugrunde liegenden Logik,*

(5′) *jede Ableitungsregel von $T^*$ ist zulässig in T,*

(6′) *jede in ihren Beweisanwendungen E-beschränkte Ableitungsregel von T ist zulässig in $T^*$.*

Wir nennen $T$ die *Originaltheorie* und $T^*$ die *Ersatztheorie* oder auch die *Craigsche Bildtheorie von T*. Im nächsten Abschnitt soll dieses Theorem bewiesen werden. Wir führen diesen Beweis in allen Einzelheiten durch, da er in der vorhandenen Literatur über das Craigsche Theorem stets übersprungen und auch von CRAIG selbst in seiner Originalarbeit nur knapp skizziert worden ist.

Der Leser, welcher sich nur für das Resultat, nicht aber für die technischen Details des Beweises interessiert, kann den folgenden Abschnitt überspringen, ohne daß dadurch das Verständnis der folgenden Teile beeinträchtigt würde.

## 3. Beweis des Theorems von Craig

Für den Beweis des Theorems benötigen wir zusätzlich zu den bisherigen Hilfsmitteln den in metamathematischen Untersuchungen so außer-

---

[7] Strenggenommen handelt es sich um eine für unsere Zwecke wichtige *Spezialisierung* des Theorems. Das Theorem von CRAIG als solches ist in allgemeinerer und abstrakterer Weise formuliert worden. Für andere derartige Spezialisierungen vgl. CRAIG, [Replacement], S. 47ff.

ordentlich wichtigen Begriff der *Arithmetisierung* oder *Gödelisierung*[8]. Es sei 𝔄 ein Alphabet. Unter einer *Gödelisierung* (oder *Gödelfunktion*) $g$ bezüglich 𝔄 versteht man eine Funktion, die erstens jedem Symbol aus 𝔄, zweitens jedem Wort über 𝔄 (also jeder Folge von Symbolen aus 𝔄) und schließlich auch jeder Folge von Wörtern über 𝔄 eine natürliche Zahl, die sogenannte *Gödelzahl*, zuordnet. Diese Funktion $g$ muß die folgenden drei Bedingungen erfüllen:

(1) $g$ ist *umkehrbar eindeutig*. Dies bedeutet: Nicht nur muß $g$ jedem Symbol, jedem Wort und jeder Wortfolge genau *eine* natürliche Zahl zuordnen (was bereits durch die Funktionseigenschaft von $g$ garantiert wird); sondern es muß auch umgekehrt gelten: wenn $\alpha_1$ und $\alpha_2$ zwei *verschiedene* Symbole oder zwei *verschiedene* Wörter oder zwei *verschiedene* Wortfolgen sind, so ist $g(\alpha_1) \neq g(\alpha_2)$ (d. h. die Gödelzahl von $\alpha_1$ ist verschieden von der Gödelzahl von $\alpha_2$).

(2) $g$ ist eine *berechenbare* Funktion. Dies bedeutet: Wenn $\alpha$ ein Symbol, ein Wort oder eine Wortfolge über 𝔄 ist, dann kann der Wert $g(\alpha)$ der Funktion $g$ für das Argument $\alpha$ in endlich vielen Schritten effektiv berechnet werden oder, wie man auch sagt, mit Hilfe eines abbrechenden Algorithmus gewonnen werden.

(3) Auch die Umkehrfunktion von $g$ ist berechenbar. Dies bedeutet: Wenn eine natürliche Zahl $n$ zur Klasse der Werte der Funktion $g$ gehört, dann kann man in endlich vielen Schritten das Symbol, das Wort oder die Wortfolge effektiv erzeugen, dessen (deren) Gödelzahl $n$ ist.

(4) Der Wertbereich der Funktion $g$ bildet eine entscheidbare Klasse relativ zur Klasse der natürlichen Zahlen (oder der positiven ganzen Zahlen).

Die *metamathematische Bedeutung* der Gödelisierung liegt darin, daß mit ihrer Hilfe metatheoretische Sätze über Ausdrücke, Eigenschaften von Ausdrücken, Relationen zwischen Ausdrücken sowie analoge Sätze über Ausdrucksfolgen *durch Übersetzung in Aussagen über natürliche Zahlen, Eigenschaften von solchen, Relationen zwischen solchen etc. „mathematisiert" werden können und dadurch der rein mathematischen Behandlung zugänglich gemacht werden.* So wird dadurch z. B. die Frage, ob eine bestimmte Menge von Wörtern (z. B. die Klasse der Lehrsätze eines Kalküls) *entscheidbar* ist, transformierbar in die Frage, ob eine bestimmte Zahlenklasse, nämlich die Klasse der Gödelzahlen der zu jener Menge gehörenden Wörter, entscheidbar ist.

Diese metamathematische Bedeutung der Gödelisierung wird im folgenden für uns keine Rolle spielen. Außerdem werden wir zum Unterschied von metamathematischen Untersuchungen auch keine Gödelisierung für

---

[8] Diese Bezeichnung geht auf den bedeutenden Metamathematiker K. GÖDEL zurück, der dieses Verfahren erstmals für seinen berühmten Beweis der Unvollständigkeit der formalen Zahlentheorie verwendete.

eine bestimmte Sprache effektiv konstruieren, *sondern nur die Existenz einer solchen voraussetzen.*

Damit das Gödelisierungsverfahren für den Leser kein zu abstrakter und unverständlicher Begriff bleibt, seien die drei wichtigsten Gödelisierungstypen kurz angeführt.

Die am häufigsten angewendete Arithmetisierung ist die *Primzahlgödelisierung.* Hier wird in einem ersten Schritt eine Ordnung der Symbole des Alphabetes vorgenommen, so daß man vom 1., 2., 3. usw. Element von $\mathfrak{A}$ sprechen kann. Diesen Symbolen werden die ungeraden Zahlen, von 3 aufwärts, zugeordnet; allgemein erhält also das $n$-te Element von $\mathfrak{A}$ die Zahl $2n+1$ zugeordnet. In einem zweiten Schritt erfolgt die Zuordnung von Zahlen zu Wörtern. Dazu sei $p_\nu$ die $\nu$-te Primzahl in der aufsteigenden Folge der Primzahlen $p_1 = 2$, $p_2 = 3$ usw.[9] Falls $\Delta$ eine Symbolfolge $\alpha_1 \alpha_2 \ldots \alpha_n$ ist und $g(\alpha_i)$ die Nummern dieser Symbole darstellen, so wird als Gödelzahl von $\Delta$ die Zahl festgelegt: $g(\Delta) = p_1^{g(\alpha_1)} \times p_2^{g(\alpha_2)} \times \ldots \times p_n^{g(\alpha_n)} = \prod_{\nu=1}^{n} p_\nu^{g(\alpha_\nu)}$.

Man hat also nichts anderes zu tun als die durch den ersten Schritt bestimmten Nummern dieser $n$ Symbole in der gegebenen Reihenfolge als Exponenten der ersten $n$ Primzahlen zu wählen und die so erhaltenen Primzahlpotenzen miteinander zu multiplizieren. Dasselbe Verfahren wird iteriert, wenn man die Gödelzahl $g(\Gamma)$ einer Wortfolge $\Gamma$, z. B. eines Beweises, zu bestimmen hat. Die Iterierung führt nicht zu einem Verstoß gegen die Forderung (1). Denn wenn eine vorgegebene Zahl überhaupt Gödelzahl eines Wortes oder einer Wortfolge ist, so liegt der erste Fall vor, wenn der Exponent der ersten Primzahl 2 eine ungerade Zahl ist; der zweite Fall hingegen, wenn dieser Exponent eine gerade Zahl ist (Aufgabe: Warum? Weitere Aufgabe: Warum kann auch durch die Numerierung der Zeichen kein Konflikt mit den Gödelisierungen von Worten und Wortfolgen bezüglich der Bestimmung (1) entstehen?). Dem Vorteil der Iterierbarkeit steht hier der Nachteil gegenüber, daß die Gödelzahlen von Ausdrücken und Ausdrucksfolgen unheimlich rasch anwachsen und für praktische Berechnungen nicht in Frage kommen.

Eine zweite Art von Gödelisierung ist die sog. *lexikographische Gödelisierung.* Hier werden die Wörter über $\mathfrak{A}$ in einer lexikographischen Folge angeordnet, analog der Anordnung von Ausdrücken in einem Nachschlagewerk. Als Gödelzahl wählt man einfach die Position in dieser Ordnung. Der Vorteil dieser Gödelisierung liegt darin, daß *alle* positiven ganzen Zahlen Gödelzahlen von Ausdrücken sind. Man braucht also nicht mühsam Untersuchungen darüber anzustellen, ob vorgegebene Zahlen überhaupt Gödelzahlen von Ausdrücken darstellen. Ein zweiter Vorteil liegt darin, daß man es durch einen sehr einfachen Trick (Wahl eines geeigneten Zahlsystems) erreichen kann, *daß jeder Ausdruck seine eigene Gödelzahl bezeichnet.* Dagegen ist diese Gödelisierung zum Unterschied von der Primzahlgödelisierung nicht ohne weiteres iterierbar, d. h. die Iteration würde gegen das obige Prinzip (1) verstoßen. Man muß daher zu jeder Zahl ausdrücklich die Feststellung hinzufügen, ob es sich um die Gödelzahl eines Ausdrucks oder einer Ausdrucks*folge* handeln soll.

Eine dritte Art von Gödelisierung ist die *dyadische Gödelisierung.* Sie operiert nur mit den Ziffern „1" und „2" im dyadischen Zahlsystem. Falls die Elemente von $\mathfrak{A}$ die Symbole $\alpha_1, \ldots, \alpha_n$ sind, so wählt man als deren dyadische Gödelzahlen

[9] $p_\nu$ kann selbst als berechenbare Funktion des unteren Index $\nu$, und zwar sogar als sogenannte primitiv rekursive Funktion konstruiert werden.

in einem ersten Schritt: $12, 122, \ldots, \overbrace{12\ldots 2}^{n}$ (jeder dieser Ausdrücke ist als ein dyadischer Zahlausdruck zu lesen! Die erste Ziffer dieser Folge z. B. bezeichnet die Zahl vier). Die dyadischen Gödelzahlen von Ausdrücken werden einfach dadurch gewonnen, daß man die entsprechenden Gödelzahlen der Zeichen, aus denen der Ausdruck besteht, hintereinander schreibt. Die Gödelzahl von $\alpha_4\alpha_2$ z. B. würde lauten: 12222122 (das Ganze als ein dyadischer Zahlausdruck gelesen). Ebenso wie im ersten Fall und zum Unterschied vom zweiten Fall ist hier *nicht jede* positive ganze Zahl Gödelzahl eines Ausdrucks. Zum Unterschied vom ersten Fall besteht auch diesmal keine unmittelbare Iterierungsmöglichkeit. Dagegen hat die dyadische Gödelisierung einen anderen großen Vorteil: *Sie ist isomorph in bezug auf Verkettung*[10]. Dies bedeutet folgendes: Wenn $x$ die Gödelzahl des Ausdrucks $X$ und $y$ die Gödelzahl des Ausdrucks $Y$ ist, so hat der Ausdruck $XY$ — also der Ausdruck, der aus den beiden Teilausdrücken in dieser Reihenfolge besteht — die Gödelzahl $xy$ (dies ist *nicht* das Produkt der Zahlen $xy$, sondern der dyadische Zahlausdruck, der dadurch entsteht, daß man $x$ und $y$ hintereinander schreibt und das Ganze wieder als dyadischen Zahlausdruck liest).

Der einfachen Iterierbarkeit wegen möge der Leser im folgenden annehmen, daß wir es stets mit einer Primzahlgödelisierung zu tun haben.

Nach dieser Abschweifung gehen wir zum Beweis des Theorems über. Es sei $L$ eine Wissenschaftssprache und $T$ eine in $L$ formulierte Theorie, welche die drei Voraussetzungen (1), (2) und (3) des Theorems von CRAIG erfüllt. Weiterhin nehmen wir nur an, daß $g$ eine Gödelisierung bezüglich des Alphabetes von $L$ ist.

Unser Vorgehen wird darin bestehen, eine Menge von Ausdrücken $T^*$ über dem Alphabet von $L$ konstruktiv zu definieren, von der dann gezeigt wird, daß die Behauptungen (1′) bis (6′) des Theorems auf sie zutreffen. Das Verständnis der Konstruktion und der darauf folgende Beweis werden wesentlich erleichtert, wenn man zwei Hilfssätze voranstellt. Darin verwenden wir das Wort „*Beweis*" als einen gemeinsamen Namen für logische Beweise wie für Ableitungen, in denen auch außerlogische Axiome benützt werden. Die ersteren nennen wir *logische Beweise*, die letzteren *Beweise, die keine logischen Beweise sind.*

*Hilfssatz* 1. Gegeben sei eine $n$-gliedrige Konjunktion $\overset{n}{\wedge}\Phi$, wobei $\Phi$ ein Satz in $L$ ist. Die Voraussetzungen des Craigschen Theorems seien erfüllt. Dann kann man in endlich vielen Schritten *effektiv entscheiden*, ob die drei folgenden Bedingungen erfüllt sind oder nicht:

(a) Die Zahl $n$ der Vorkommnisse von $\Phi$ in $\overset{n}{\wedge}\Phi$ ist bezüglich $g$ die Gödelzahl eines logischen Beweises von $T$;

(b) dieser Beweis ist ein Beweis von $\Phi$ in $T$[11];

(c) $\Phi$ enthält keinen theoretischen Ausdruck.

---

[10] Von diesem Vorteil hat erstmals R. M. SMULLYAN in [Formal Systems] systematisch Gebrauch gemacht.

[11] Es möge beachtet werden, daß hier von einem logischen Beweis in der *vorgegebenen* Theorie $T$, welche theoretische Terme enthält, die Rede ist. Analoges gilt von dem im nächsten Hilfssatz erwähnten nichtlogischen Beweis.

*Beweis:* Es sei $\overset{n}{\wedge}\Phi$ gegeben. Wir zählen die Anzahl $n$ der Vorkommnisse von $\Phi$ in dieser Konjunktion[12]. Dann bestimmen wir, ob $n$ bezüglich $g$ eine Gödelzahl ist. Wenn nicht, so sind wir bereits am Ende und unsere Entscheidung ist negativ. Sofern $n$ eine Gödelzahl ist, können wir bestimmen, ob es sich dabei um die Gödelzahl eines Ausdrucks oder einer Ausdrucksfolge handelt. Im ersten Fall sind wir wieder am Ende. Im zweiten Fall können wir die Ausdrucksfolge, deren Gödelzahl $n$ ist, rekonstruieren (all dies ergibt sich aus unseren Annahmen über die Struktur der Gödelisierung $g$).

Nun bedenken wir folgendes: $T$ muß die Voraussetzung (1) des Theorems erfüllen. Diese ist jedoch identisch mit der Bedingung (A) von Abschn. 2, von der wir uns dort überzeugten, daß sie mit (B) (I) bis (VIII) identisch ist (auch im folgenden werden wir von der L-Äquivalenz von (A) und (B) ständig Gebrauch machen). Da $T$ insbesondere die Bedingungen (II) und (III) von (B) erfüllt, können wir in einer endlichen Anzahl von Schritten effektiv bestimmen, ob diese Folge ein logischer Beweis ist oder nicht. Damit ist der Punkt (a) des Hilfssatzes bereits entschieden[13].

Falls (a) gilt, können wir feststellen, ob auch (b), d. h. ob $\Phi$ das letzte Glied dieses logischen Beweises ist oder nicht.

Falls auch (b) gilt, so können wir bestimmen, ob $\Phi$ theoretische Terme enthält oder nicht. Wegen der Voraussetzung (2) des zu beweisenden Theorems von Craig können wir diese Entscheidung in einer endlichen Anzahl von Schritten vornehmen. Also können wir feststellen, ob auch (c) gilt.

Damit ist dieser Hilfssatz bewiesen.

Der folgende Hilfssatz hat genau denselben Wortlaut wie der Hilfssatz 1, mit der einen Ausnahme, daß die Bestimmung (a) durch eine andere zu ersetzen ist. Wir schreiben nur diese geänderte Bestimmung explizit an und setzen an die Stelle des vorangehenden und folgenden Textes, der wörtlich zu übernehmen ist, einfach Punkte.

*Hilfssatz* 2. . . .

(a) Die Zahl $n$ der Vorkommnisse von $\Phi$ in $\overset{n}{\wedge}\Phi$ ist bezüglich $g$ die Gödelzahl eines Beweises von $T$, der kein logischer Beweis ist; . . .

[12] Der Leser möge bedenken, daß der symbolische Ausdruck „$\overset{n}{\wedge}\Phi$" nur eine Abkürzung *zur Vereinfachung unserer Darstellung* ist. Die Konjunktion selbst wird effektiv dagegen nicht in dieser Form vorgegeben, sondern in der Gestalt: $\Phi \wedge \ldots \wedge \Phi$, so daß wir die Anzahl der Vorkommnisse von $\Phi$ erst durch Zählung bestimmen müssen.

[13] Ein sorgfältiger Leser wird feststellen, daß wir für den vorliegenden Beweis (und ebenso für den Beweis des folgenden Hilfssatzes) auch die Bedingungen (B) (V), (VII) und (VIII) benötigen.

Der Beweis ist vollkommen analog zum vorigen, nur daß an einer Stelle zusätzlich die Bedingungen $(B)$ (IV) und $(B)$ (VI) benötigt werden. Denn jetzt handelt es sich ja darum zu entscheiden, daß *kein* logischer Beweis vorliegt, was voraussetzt, daß wir die außerlogischen Axiome bestimmen können und daß kein Axiom „doppeldeutig" sich zugleich als logisches wie als außerlogisches ergibt.

Wir beschreiben nun das effektive Verfahren zum Aufbau von $T^*$ und der $T^*$ zugundeliegenden Logik. Dazu muß vor allem die Sprache $L^*$ dieser Theorie angegeben werden. Vorläufig treffen wir nur die Festsetzung, daß das Alphabet von $L^*$ mit dem von $L$ identisch sein soll. Die Vervollständigung der Definition von $L^*$ erfolgt im vierten Konstruktionsschritt durch Angabe des Satzbegriffs.

1. *Konstruktionsschritt:* Als Klasse der *logischen Axiome* von $T^*$ wählen wir die Klasse der $n$-gliedrigen Konjunktionen $\overset{n}{\wedge}\Phi$, wobei $\Phi$ ein Satz in $L$ ist, so daß die Bedingungen (a) bis (c) von Hilfssatz 1 erfüllt sind. $\Phi$ darf also keinen theoretischen Term enthalten, und $n$, d. h. die Anzahl der Vorkommnisse von $\Phi$ in dieser Konjunktion, muß die Gödelzahl eines logischen Beweises von $\Phi$ in $T$ sein.

2. *Konstruktionsschritt:* Als *Ableitungsregeln* von $T^*$ wählen wir:

(1) die Vereinfachungsregel, d. h. die Regel $\overset{n}{\wedge}\Phi \Rightarrow \Phi$ für beliebiges $n$;

(2) die in ihren Beweisanwendungen $E$-beschränkten Ableitungsregeln von $T$ (d. h. also die Regeln von $T$ mit Beschränkung ihrer Anwendungen auf Sätze, die keine theoretischen Terme enthalten).

Mit diesen ersten beiden Konstruktionsschritten ist *die Logik von* $T^*$ *eindeutig festgelegt.*

3. *Konstruktionsschritt:* Als Klasse der *außerlogischen Axiome* von $T^*$ wählen wir die Klasse der $n$-gliedrigen Konjunktionen $\overset{n}{\wedge}\Phi$, wobei $\Phi$ ein Satz von $L$ ist, so daß die Bedingungen (a) bis (c) von Hilfssatz 2 erfüllt sind. $\Phi$ darf also keinen theoretischen Term enthalten, und $n$, d. h. die Anzahl der Vorkommnisse von $\Phi$ in dieser Konjunktion, muß die Gödelzahl eines Beweises sein, der kein logischer Beweis ist.

Als Klasse der *Axiome* von $T^*$ wählen wir die Vereinigung der Klasse der logischen und der außerlogischen Axiome.

4. *Konstruktionsschritt:* Als Sätze von $L^*$ wählen wir die Sätze von $L$, die keine theoretischen Terme enthalten.

Damit ist die Konstruktion von $T^*$ beendet. Wir nennen $T^*$ auch das *Ersatzsystem* für $T$. Wir haben noch zu zeigen, daß dieses Ersatzsystem die Bedingungen (1') bis (6') erfüllt.

*Ad* (1'): Wegen der Gleichwertigkeit von ($A$) und ($B$) genügt es zu zeigen, daß die Bedingungen ($B$) (I) bis (VIII) von $T^\star$ erfüllt werden:

(I) $T^\star$ ist eine axiomatische Theorie in $L$; denn durch den ersten und dritten Konstruktionsschritt sind die Axiome und durch den zweiten Konstruktionsschritt die Ableitungsregeln von $T^\star$ festgelegt worden.

(II) Die Vereinfachungsregel ist offenbar entscheidbar. Nach Voraussetzung ist die Klasse der Anwendungen der Ableitungsregeln von $T$ entscheidbar. In der Bestimmung (2) des zweiten Konstruktionsschrittes sind die dort angeführten Ableitungsregeln von $T^\star$ so gewählt worden, daß ihre Beweisanwendungen eine Teilklasse der Beweisanwendungen der Ableitungsregeln von $T$ bilden. Also ist auch die Klasse der Anwendungen der Ableitungsregeln von $T^\star$ entscheidbar (relativ zur Klasse der $n$-gliedrigen ($n = 1, 2, \ldots$) Folgen von Wörtern über dem Alphabet von $L$). Denn wenn die Klasse der Anwendungen der Ableitungsregeln von $T$ entscheidbar ist, so auch *jede* Teilklasse von Anwendungen dieser Ableitungsregeln.

(III) Die Klasse der logischen Axiome wurde im ersten Konstruktionsschritt festgelegt. Daß diese Klasse effektiv entscheidbar ist, haben wir bereits im Hilfssatz 1 bewiesen.

(IV) Die Klasse der außerlogischen Axiome wurde im dritten Konstruktionsschritt festgelegt. Daß diese Klasse effektiv entscheidbar ist, haben wir bereits im Hilfssatz 2 bewiesen[14].

(V) Wegen des vierten Konstruktionsschrittes und der Voraussetzung (2) ist diese Bedingung erfüllt. Da nämlich $T$ nach Annahme die Bedingung ($B$) (V) erfüllt, können wir für einen vorgelegten Ausdruck $\Psi$ entscheiden, ob er ein Satz von $T$ ist oder nicht. Wenn nicht, so kann er erst recht kein Satz von $T^\star$ sein. Wenn $\Psi$ ein Satz von $T$ ist, so können wir wegen der Voraussetzung (2) des Theorems effektiv entscheiden, ob $\Psi$ einen theoretischen Term enthält oder nicht. Nur im letzteren Fall ist er ein Satz von $T^\star$.

(VI) Dies gilt trivial, da die Klasse der Axiome von $T^\star$ gerade als Vereinigungsklasse der beiden Klassen der logischen und außerlogischen Axiome gewählt wurde.

(VII) Nach Voraussetzung gilt diese Bedingung für $T$. Daraus folgt aber unmittelbar, daß kein Beweis in $T$ zugleich ein logischer Beweis wie ein Beweis sein kann, der kein logischer Beweis ist (letzterer müßte ja ein außerlogisches Axiom enthalten, ersterer dürfte dies nicht). Wir nehmen jetzt noch die Tatsache hinzu, daß die Gödelisierung umkehrbar eindeutig ist. Keine Zahl kann daher gleichzeitig sowohl die Gödelzahl eines Beweises

[14] Tatsächlich wurden die beiden Hilfssätze 1 und 2 vom Beweis des Theorems von CRAIG nur deshalb abgesplittert, um die Erfüllung von (III) und (IV) durch $T^\star$ unmittelbar behaupten zu können. Wir hätten wahlweise auf die Formulierung und den Beweis dieser beiden Hilfssätze verzichten und die dortigen Beweise an der jetzigen Stelle einfügen können.

sein, der ein logischer Beweis in $T$ ist, als auch die Gödelzahl eines Beweises, der kein logischer Beweis in $T$ ist. Auf Grund der Konstruktionsschritte 1 und 3 ergibt sich daher, daß die im ersten Schritt angeführten Zahlen von den im dritten Schritt angeführten verschieden sind.

Wir machen den Leser ausdrücklich darauf aufmerksam, daß die Verifikation von (VII) für $T^*$ *nicht* trivial ist. Unser Nachweis bestand im wesentlichen aus zwei Schritten: Zunächst mußte die nach Voraussetzung für die Axiome von $T$ geltende Bedingung (VII) *von den Axiomen auf die Beweise verallgemeinert* werden. In einem zweiten Schritt mußte davon Gebrauch gemacht werden, daß die Gödelisierungsfunktion *umkehrbar eindeutig* ist.

(VIII) Diese Bedingung verifizieren wir in drei Schritten (für die logischen sowie für die außerlogischen Axiome und für die übrigen Theoreme):

*1. Schritt:* $\Psi$ sei ein logisches Axiom von $T^*$. Dann ist $\Psi$ identisch mit einer Konjunktion $\overset{n}{\wedge}\Phi$, welche die Bedingungen von Hilfssatz 1 erfüllt. $\Phi$ ist also ein in $T$ logisch beweisbarer Satz ohne theoretische Terme. Auf Grund der Voraussetzung (3) des Theorems ist auch $\overset{n}{\wedge}\Phi$ ein in $T$ logisch beweisbarer Satz ohne theoretische Terme. Da $T$ selbst die Bedingung (VIII) erfüllt, ist $\Psi$ ein Satz in $L$, also nach dem vierten Konstruktionsschritt auch ein Satz in der neuen Sprache $L^*$ der Theorie $T^*$.

*2. Schritt:* $\Psi$ ist ein außerlogisches Axiom von $T^*$. Der Nachweis verläuft analog wie im ersten Schritt, diesmal unter Verwendung von Hilfssatz 2.

*3. Schritt:* $\Psi$ ist ein Theorem von $T^*$, welches kein Axiom von $T^*$ ist. Nach dem bisherigen Resultat sind alle Axiome von $T^*$ Sätze ohne theoretische Terme. Wegen des zweiten Konstruktionsschrittes können aus den Axiomen von $T^*$ durch die für $T^*$ geltenden Ableitungsregeln keine Ausdrücke gewonnen werden, die theoretische Terme enthalten (vgl. dazu die frühere Definition der $E$-Beschränktheit). $\Psi$ enthält also sicherlich keine theoretischen Terme. Ferner sind alle Ableitungsregeln von $T^*$ zulässig in $T$ (wegen Voraussetzung (3) des Theorems und Konstruktionsschritt 2). Also ist $\Psi$ auch ein Theorem von $T$ und damit ein Satz von $L$. $\Psi$ ist also ein Satz von $L$, in dem keine theoretischen Terme vorkommen. Dies war zu beweisen.

Dem Leser mag es vielleicht befremdlich erscheinen, daß die scheinbar völlig triviale Aussage ($B$)(VIII) so umständlich bewiesen worden ist. Der Grund dafür liegt in folgendem: Das Ersatzsystem ist nicht in der üblichen Weise, sondern durch ein sehr „abnormes" Verfahren konstruiert worden. Es wurden nämlich nicht zunächst durch geeignete Formregeln die Sätze des neuen Systems festgelegt und erst in einem zweiten Schritt die Axiome und Theoreme durch geeignete Bestimmungen gewonnen. Vielmehr wurden in einem Rückgriff auf das ursprüngliche System $T$ die Axiome, Ableitungsregeln und Theoreme von $T^*$ durch das geschilderte Abbildungsverfahren festgelegt, und es wurde ganz unabhängig davon gesagt, was unter einem Satz des neuen Systems zu verstehen sei.

*Ad* (2'): Daß dies gilt, wurde soeben gezeigt.

*Ad* (3'): (a) $T^*$ ist $E$-konsistent relativ zu $T$. Wir haben auch dies bereits bei der Verifikation von (VIII) gezeigt: jedes Theorem von $T^*$ ist ein Theorem von $T$.

(b) $T^*$ ist $E$-vollständig relativ zu $T$. $\Psi$ sei ein Theorem von $T$, welches keinen theoretischen Term enthält. Nach Annahme gibt es dann in $T$ einen Beweis für $\Psi$. Dieser Beweis besitzt bezüglich $g$ eine Gödelzahl $n$. Die Konjunktion $\overset{n}{\wedge}\Psi$ ist dann wegen des ersten und dritten Konstruktionsschrittes von $T^*$ entweder ein logisches oder ein außerlogisches Axiom von $T^*$. Da nach dem zweiten Konstruktionsschritt die Vereinfachungsregel eine Ableitungsregel von $T^*$ ist, kann mit ihrer Hilfe $\Psi$ als Theorem von $T^*$ gewonnen werden.

Die in (a) und (b) vollzogene Verifikation von (3') liefert zugleich eine etwas paradox anmutende Einsicht: *Jedes Theorem von $T^*$ kommt bereits als Konjunktionsglied in einem Axiom von $T^*$ vor!*

*Ad* (4'): Der Beweis verläuft vollkommen parallel zu dem für (3').

*Ad* (5'): Dies ergibt sich unmittelbar aus der Voraussetzung und dem Konstruktionsschritt 2: Die Regel $\overset{n}{\wedge}\Phi \Rightarrow \Phi$ ist nach Voraussetzung zulässig in $T$; und die in ihren Beweisanwendungen $E$-beschränkten Ableitungsregeln von $T$ sind selbstverständlich zulässig in $T$.

*Ad* (6'): Dies ist trivial, da die $E$-beschränkten Ableitungsregeln von $T$ sogar selbst Ableitungsregeln von $T^*$ und daher natürlich erst recht zulässig in $T^*$ sind.

## 4. Wissenschaftstheoretische Diskussion des Theorems von Craig

**4.a** Kehren wir für den Augenblick wieder zu den Überlegungen von Abschn. 1 und dem dort bewiesenen Satz zurück. Die interpretierte Theorie $T'$ hatten wir entsprechend dem Carnapschen Vorgehen als Konjunktion $T \wedge Z$, gebildet aus den theoretischen Axiomen und den Zuordnungsregeln, konstruiert. Wir konnten zeigen, daß die durch $T'$ bewerkstelligte deduktive Systematisierung unter den Beobachtungssätzen ebenso durch die Klasse $\mathbb{B}_{T'}$ der $L_B$-Folgerungen von $T'$ erzeugt wird, also durch eine Menge von Sätzen, in denen keine theoretischen Terme vorkommen. Das Theorem von Craig liefert die zusätzliche Einsicht, daß diese unsystematische und unhandliche Menge $\mathbb{B}_{T'}$ durch eine streng axiomatische Theorie ersetzt werden kann. Voraussetzung dafür ist allerdings, daß die im Craigschen Theorem formulierten scharfen Voraussetzungen erfüllt sind.

Um den Zusammenhang zwischen den jetzigen und den dortigen Betrachtungen deutlicher zu sehen, müssen wir nur beachten, daß im Craigschen Theorem die Aufsplitterung in den uninterpretierten Kalkül und die

Interpretationsregeln *nicht* vorausgesetzt wird. Diese Aufsplitterung wäre auch ganz überflüssig, da es hier nicht mehr darum geht, das Verfahren der empirischen Bedeutungszuordnung im einzelnen zu verfolgen, sondern darum, die *gesamte* Theorie, welche theoretische Terme enthält und empirisch nur partiell gedeutet wird, durch eine funktionell gleichwertige zu ersetzen. Was bei der Formulierung des Theorems von CRAIG als Theorie $T$ bezeichnet wird, entspricht also nicht dem rein theoretischen Kern $T$ des ersten Abschnittes, sondern der dortigen interpretierten Theorie $T'$, d. h. $T \wedge Z$. Übernehmen wir den Symbolismus des Craigschen Theorems, so ist die Klasse der beobachtungsmäßigen Folgerungen der Theorie mit $\mathbb{B}_T$ zu bezeichnen. Die funktionelle Äquivalenz von $T$ und $\mathbb{B}_T$ war dort gezeigt worden. Jetzt ist außerdem die funktionelle Äquivalenz von $T$ und $T^*$ und damit auch die von $\mathbb{B}_T$ und $T^*$ bewiesen worden. $\mathbb{B}_T$ und $T^*$ stimmen darin überein, daß beide keine theoretischen Terme enthalten — für $\mathbb{B}_T$ ergibt sich dies aus der Definition, für $T^*$ aus Punkt (2') des Theorems — und daß sie weiter in bezug auf die beobachtungsmäßigen Folgerungen der ursprünglichen Theorie $T$ an Leistungsfähigkeit nicht nachstehen. Das letztere wurde bezüglich $\mathbb{B}_T$ bereits in Abschn. 1 bewiesen; Für $T^*$ ergibt es sich aus der Teilbehauptung (3') des Theorems von CRAIG. $T^*$ ist also tatsächlich in einem gewissen Sinn nur eine scharf definierte axiomatische Variante der diffusen Satzmenge $\mathbb{B}_T$.

Denkt man an praktische Anwendungen, so ist das „nur" des letzten Satzes besser wegzulassen. *Es wird doch z. B. einen Atomphysiker außerordentlich überraschen, daß man seine Theorie* — vorausgesetzt, daß sie in der beschriebenen streng axiomatischen Weise aufgebaut wurde — *durch eine ebenfalls streng axiomatische Theorie ersetzen kann, die überhaupt keine spezifisch atomtheoretischen Begriffe (diese als theoretische Begriffe aufgefaßt) enthält, jedoch für die Zwecke von Erklärungen und Voraussagen von Phänomenen in unserer beobachtbaren Welt genau dasselbe leistet wie seine Theorie.* Denn in dieser Feststellung ist ja nicht weniger enthalten als die Einsicht, *daß alle theoretischen Begriffe überflüssig sind* — „überflüssig" natürlich in dem ganz bestimmten Sinn, der durch das Craigsche Theorem selbst präzisiert wird[15].

**4.b** Der Nachweis der *prinzipiellen Überflüssigkeit* theoretischer Terme ist *kein* Nachweis für die Entbehrlichkeit dieser Terme im praktischen Wissenschaftsbetrieb. Dies ersieht man unmittelbar aus der Art des Beweises des Theorems von CRAIG. Es wird darin ja nicht ein Verfahren beschrieben, wie man *unabhängig von der ursprünglichen Theorie T* zu der keine theoretischen

[15] Betrachtet man rückblickend CARNAPs Signifikanzkriterium im Licht des Theorems von CRAIG und nimmt man weiter an, daß CARNAPs *Intention* darin bestand, jene Terme als „metaphysisch" und daher „sinnlos" zu eliminieren, die für den Aufbau der Theorie *überflüssig* sind, so ergibt sich ein etwas absurdes Resultat. *Sämtliche* Terme, deren Signifikanz CARNAP mühsam nachweisen möchte, sind *nicht signifikant, da überflüssig!*

Terme enthaltenden Theorie $T^*$ gelangen kann, sondern nur, wie sich *bei vorgegebenem* $T$ und effektiver Auszeichnung der in $T$ vorkommenden theoretischen Terme *im nachhinein* die Theorie $T^*$ konstruieren läßt. Der Rückgriff auf die ursprüngliche Theorie, welche theoretische Terme enthält, ist also unvermeidlich. Dabei ist freilich wieder zu bedenken, daß für ein Hantieren mit der Ersatztheorie $T^*$ ein inhaltliches Verständnis der Originaltheorie $T$ *nicht* vorausgesetzt wird, da nur der formal-syntaktische Aspekt der Originaltheorie in die Konstruktion von $T^*$ eingeht. Dies ergibt sich unmittelbar aus dem Beweis des Theorems.

So könnte man sich z. B. denken, daß ein Computer direkt auf $T^*$ angesetzt wird (was bloß voraussetzt, daß keine Gödelisierungsfunktion benützt wird, die rasch zu praktisch unerreichbar hohen Zahlen führt). Die Merkmale von $T$ würden in die Operationen des Computers nur als formale Rechenbestandteile eingehen.

**4.c** Noch aus einem ganz anderen Grunde können trotz des Theorems die theoretischen Terme im Wissenschaftsbetrieb vermutlich nicht vermieden werden, *auch dann nicht, wenn bereits die Ersatztheorie konstruiert worden ist.* Dazu muß man nur folgendes bedenken: Selbst dann, wenn die ursprüngliche Theorie $T$ *endlich* axiomatisiert war, also auf einem endlichen System von Axiomen basierte, *ist die Menge der Axiome der Ersatztheorie im Normalfall unendlich.* Denn die Anzahl der (logischen oder nichtlogischen) Theoreme von $T$, welche keine theoretischen Terme enthalten, wird im Normalfall unendlich sein. Aus dem Beweis des Theorems von CRAIG geht aber unmittelbar hervor, daß in jedem solchen Fall $T^*$ unendlich viele Axiome enthält: *Jedem Beweis eines Satzes ohne theoretische Terme in T entspricht ja genau ein Axiom von* $T^*$.

Bedenkt man noch, was für außerordentlich große Zahlen die fraglichen Gödelzahlen sind und welche ungeheuren Längen damit die Axiome von $T^*$ haben, so erkennt man, *daß dem Theorem von Craig im Hinblick auf die theoretischen Begriffe vermutlich nur eine theoretische, hingegen keine praktische Bedeutung zukommt.*

Das „vermutlich" fügen wir auch diesmal vorsichtshalber ein, weil wir immerhin zweierlei zu beachten haben: erstens ist die Axiomenmenge trotz ihrer Unendlichkeit *entscheidbar;* zweitens ist in der heutigen Zeit der Gedanke nicht mehr als absurd abzulehnen, daß ein Wissenschaftler eine Theorie für Erklärung- und Voraussagezwecke nur in der Weise benützen kann, daß ihm ein geeignetes Arsenal von zuverlässigen *Computern* zur Seite steht.

In wissenschaftstheoretischer Hinsicht ist dieser Nachteil jedenfalls ohne Belang. *Denn das Resultat von Craig liefert uns die Gewißheit, daß der philosophisch suspekte theoretische Überbau, welcher in der auch im besten Fall nur teilweise verständlichen theoretischen Sprache formuliert wurde, vollständig eliminierbar ist und daß dieser Überbau auf die Beobachtungsebene herabgezogen werden kann, wenn* *auch nur in der Gestalt einer funktionellen Ersetzung.* Vom Standpunkt des Empirismus ist dies immerhin ein *intellektueller Gewinn.* Die praktische Unhandlichkeit des Systems $T^*$ beeinträchtigt diesen Gewinn in keiner Weise.

**4.d** Dieser intellektuelle Gewinn ist allerdings geringer als der, den sich die Empiristen ursprünglich erhofften, wie CRAIG selbst betont. Um dies zu verdeutlichen, stellen wir zwei Fälle einander gegenüber:

*1. Fall:* Es sei eine bestimmte Theorie $T$ vorgegeben[16], welche *eine verdächtige theoretische Superstruktur* besitzt, bei welcher man im Zweifel darüber sein kann, ob und in welchem Ausmaße sie einen empirischen Gehalt hat oder vom Charakter eines spekulativen metaphysischen Systems ist. CRAIGs Resultat zeigt, wie man diese Theorie durch eine andere ohne diese problematische Superstruktur ersetzen kann, welche dieselben beobachtbaren Konsequenzen enthält wie $T$. Dies ist ein wesentlich schwächeres Resultat als jenes, welches im zweiten Fall erzielt wird.

*2. Fall*: Wieder sei eine Theorie $T$ mit einem suspekten theoretischen Überbau gegeben. Es gelinge zu zeigen, daß man $T$ durch eine andere Theorie ersetzen kann, welche *denselben theoretischen Überbau* besitzt wie $T$, bei der jedoch dieser Überbau *aufhört, verdächtig zu sein.* Ein Gelingen dieser zweiten Art von Ersetzung kann man sich in verschiedener Weise vorstellen. Das zweifellos schärfste und vom empiristischen Standpunkt aus befriedigendste Resultat würde man erhalten, sobald es geglückt wäre, die theoretischen Terme durch Definitionen auf Beobachtungsterme zurückzuführen. Die theoretische Sprache wäre in einem solchen Fall zum Verschwinden gebracht bzw. gänzlich auf die Beobachtungssprache reduziert worden. Eine andere Möglichkeit wäre die, daß man die theoretischen Begriffe zwar nicht definitorisch eliminiert, aber in geeigneter Weise ihre Signifikanz nachweist. So etwas schwebte CARNAP vor.

*Demgegenüber liefert Craigs Methode keinen Beitrag zur Bedeutungsanalyse theoretischer Terme und beansprucht dies auch gar nicht.* Wenn wir annehmen könnten, daß CARNAPs Projekt im Endeffekt doch ein Erfolg beschieden sein sollte, so würde sich das Auseinanderklaffen der beiden Resultate vor allem bei solchen Theorien zeigen, die z. T. empirisch gehaltvolle, z. T. jedoch metaphysische Terme enthalten. (Vgl. dazu das Miniaturmodell einer Theorie von D. KAPLAN in V, 11 mit den beiden „metaphysischen" Termen $m$ und $n$). Das Verfahren von CRAIG würde es gestatten, eine derartige Theorie durch eine funktionell gleichwertige zu ersetzen. *Dagegen könnten wir auf diesem Weg prinzipiell niemals entscheiden, ob diese Originaltheorie spekulative Elemente enthält, die eliminiert werden sollten. Ein Kriterium von der Art, wie es Carnap vorschwebt, würde es dagegen gestatten, diese Elimination zu bewerkstelligen.*

[16] Wir setzen im folgenden generell voraus, daß die Theorie die Voraussetzungen des Craigschen Theorems erfüllt.

Bei allen Bermerkungen dieses Unterabschnittes haben wir allerdings den *advocatus diaboli* (für „diabolus" lies: „Empirist") gespielt. Denn wenn die in V, 13 angestellten Überlegungen stimmen, so liegt dem Begriffspaar „empirisch gehaltvoll — spekulativ" kein klar angebbarer Unterschied zugrunde.

**4.e** Die Ersatztheorie $T^*$ hat überdies einen kleinen technischen Schönheitsfehler, wie ebenfalls CRAIG selbst hervorhebt. Man kann den Mangel so formulieren: *$T^*$ erfüllt die Bedingung (B) nur dem Buchstaben nach, nicht jedoch dem Geist nach.* Die Begründung dafür ist die folgende: Es sei etwa $\overset{r}{\wedge}\Gamma$ ein *außerlogisches* Axiom von $T^*$. Auf Grund der Konstruktion von $T^*$ setzt dies voraus, daß es in der Originaltheorie $T$ einen Beweis von $\Gamma$ mit der Gödelzahl $r$ gibt, der kein logischer Beweis in $L$ ist. Dies schließt nicht aus, *daß es in $L$ einen anderen Beweis von $\Gamma$ gibt, der ein logischer Beweis ist.* Dieser Beweis hat natürlich eine andere Gödelzahl, etwa $s$. In diesem Fall ist die Konjunktion $\overset{s}{\wedge}\Gamma$ nach Konstruktion von $T^*$ ein *logisches* Axiom. Die Ersatztheorie kann also zwei Axiome enthalten, von denen das eine ein logisches, das andere ein außerlogisches Axiom ist, so daß *beide* Axiome Konjunktionen *eines und desselben Satzes* $\Gamma$ sind. Eine Verletzung der Bestimmung (B) (VII) wird nur durch den äußerlichen Umstand vermieden, daß die Anzahl der Konjunktionsglieder in beiden Fällen verschieden ist. Daß dies gegen die Intentionen der Bestimmung (VII) verstößt, ist jetzt unmittelbar zu erkennen. Denn diese Bestimmung sollte ja eigentlich dazu dienen, eine klare Grenzlinie zu ziehen zwischen der zugrunde liegenden Logik und den außerlogischen Postulaten einer Theorie.

**4.f** Wenn wir unsere Aufmerksamkeit darauf richten, daß es uns nur um die Verwertung des Craigschen Theorems für *erfahrungswissenschaftliche* Theorien geht, so ergibt sich ein von HEMPEL hervorgehobener möglicher Nachteil. Bei dem Nachweis der funktionellen Äquivalenz der Ersatztheorie mit der Originaltheorie wurden ausschließlich *die deduktiven Zusammenhänge* berücksichtigt. Nun werden aber bei der Anwendung wissenschaftlicher Theorien für Erklärungs- und Voraussagezwecke nicht nur *deduktive* Schritte vollzogen. Sehr häufig müssen wir uns statt dessen mit *induktiven Verfahren* begnügen. Der Sachverhalt sei an einem einfachen, von HEMPEL gebrachten Beispiele erläutert[17]. In unserer Sprache mögen die folgenden Prädikate vorkommen: Das einstellige Prädikat „$Sx$" besage:

[17] Vgl. HEPMEL, [CARNAP's Work]. Für eine genauere Erörterung induktiver Verfahren für Erklärungszwecke vgl. auch STEGMÜLLER, [Erklärung und Begründung], Kap. II und Kap. IX. Statt des obigen Beispiels könnte auch das in jenem Buch auf S. 166ff. in einem anderen Zusammenhang diskutierte verwendet werden. Tatsächlich wurde das dort geschilderte Beispiel von HEMPEL so benützt. Wir kommen darauf im nächsten Kapitel zurück. Das gegenwärtige Beispiel wird auch bei I. SCHEFFLER, [Anatomy], auf S. 197ff. und nochmals auf S. 215ff. diskutiert.

„$x$ ist stabförmig"; das zweistellige Prädikat „$Exy$" besage: „$y$ ist ein kleines Eisenstück, welches mit $x$ in Berührung gebracht wird"; das zweistellige Prädikat „$Hxy$" besage: „$y$ bleibt an $x$ haften"; das dreistellige Prädikat „$Bxyz$" besage: „$y$ und $z$ werden dadurch gewonnen, daß $x$ in zwei Stücke zerbrochen wird." Alle diese Prädikate seien *Beobachtungsprädikate*. Als einziges *theoretisches Prädikat* wird „$Mx$" für „$x$ ist ein Magnet" eingeführt.

Die folgenden Sätze, in denen zusätzlich drei Individuenkonstante vorkommen, mögen als hinreichend gesichert gelten, so daß sie akzeptiert worden sind:

(1) $Ma \wedge Sa \wedge Babc$ ($a$ ist ein stabförmiger Magnet, aus dem die beiden Objekte $b$ und $c$ dadurch gewonnen werden, daß man $a$ in zwei Teile zerbricht).

(2) $\bigwedge x \bigwedge y \bigwedge z\, [(Mx \wedge Sx \wedge Bxyz) \rightarrow (My \wedge Mz)]$ (die beiden Teile, die man erhält, wenn man einen stabförmigen Magneten in zwei Teile zerteilt, sind wieder Magneten).

(3) $\bigwedge x\, [Mx \rightarrow \bigwedge y\, (Exy \rightarrow Hxy)]$ (für einen beliebigen Magneten gilt: wenn ein kleines Eisenstück mit ihm in Kontakt gebracht wird, so bleibt es an ihm haften).

Da man aus (1) und (2) den Satz „$Mb$" erhält und daher aus (3) den Satz:

$\bigwedge y\, (Eby \rightarrow Hby)$,

so erhält man durch Spezialisierung:

(4) $Ebd \rightarrow Hbd$.

Wir machen jetzt die folgende *fiktive* Annahme: Die Theorie bestehe aus der Konjunktion von (2) und (3); (1) und (4) hingegen seien Beobachtungssätze. Dann könnten wir sagen, daß unsere Theorie eine deduktive Verknüpfung zwischen den Beobachtungssätzen (1) und (4) herstelle.

Der Grund, warum diese Annahme fiktiv ist, liegt darin, *daß* (1) *kein Beobachtungssatz ist*, da er die atomare Komponente $Ma$ mit dem theoretischen Term $M$ enthält. Solange nicht geklärt ist, wie die Aussage $Ma$ gewonnen wurde, dürfen wir nicht behaupten, daß die Theorie es gestatte, den Beobachtungssatz (4) *aus anderen Beobachtungssätzen* herzuleiten.

Tatsächlich kann man sich, sofern bestimmte andere günstige Umstände vorliegen, eine Gewinnung von $Ma$ vorstellen, die jedoch nicht auf deduktivem Wege, sondern *in induktiver Weise* zustande kommt. Im folgenden wollen wir annehmen, daß diese „anderen Umstände" tatsächlich günstig gelagert sind. Es seien etwa $e_1, \ldots, e_n$ $n$ kleine Eisenobjekte, deren jedes mit $a$ in Berührung gebracht worden ist. Wir haben also die $n$ wahren Aussagen: $Eae_1, \ldots, Eae_n$. In *keinem* Fall habe sich ergeben, daß dieses Objekt nicht an *a* haften blieb; also sei *keiner* der folgenden Sätze wahr: $\neg Hae_1, \ldots, \neg Hae_n$. Zusammen erhalten wir: $\neg(Eae_i \wedge \neg Hae_i)$ $(i = 1, \ldots, n)$, was nichts anderes besagt als:

(5) $\overset{i}{\wedge} (Eae_i \rightarrow Hae_i)$ $(i = 1, \ldots, n)$.

Unter den vorausgesetzten „günstigen Umständen" läßt sich daraus mittels eines ersten *induktiven Schrittes* die Allaussage:

(6) $\wedge y\ (Eay \rightarrow Hay)$

gewinnen, und von da *mittels eines weiteren induktiven Schrittes* unter Benützung der Allspezialisierung von (3) zu *a* das Antecedens des letzteren Satzes, d. h. der Satz:

(7) $Ma$.

Akzeptieren wir diese beiden induktiven Schritte, so können wir behaupten, daß die Theorie (2) ∧ (3) Beobachtungssätze mit anderen Beobachtungssätzen verknüpfe, nämlich (5) (bzw. die *n*-gliedrige Konjunktion der Sätze von der innerhalb von (5) angeschriebenen Form) mit (4). *Aber diese Verknüpfung ist nur eine partiell deduktive, z. T. hingegen eine induktive.*

Für unser gegenwärtiges Problem ist nun das folgende Faktum von Interesse: Wenn wir das Craigsche Theorem auf unsere Miniaturtheorie anwenden, *so können wir in ihrer Craigschen Bildtheorie im allgemeinen nur die deduktiven Zusammenhänge reproduzieren.* Induktive Schritte hingegen lassen sich in der Ersatztheorie nur so weit nachzeichnen, als sie zu *empirischen Generalisierungen* oder allgemeiner: zu mehr oder weniger komplexen Aussagen führen, *die selbst zur Gänze in der Beobachtungssprache formuliert sind.* Gerade dieser Fall ist hier aber *nicht* gegeben: „*Ma*" ist keine durch empirische Generalisation gewonnene Aussage; denn dieser Satz gehört überhaupt nicht zur Beobachtungssprache und hat somit in der Ersatztheorie kein Äquivalent. *Nur auf dem Wege über diesen Satz konnte jedoch in der Originaltheorie der geschilderte Zusammenhang zwischen den Beobachtungssätzen* (5) *und* (4) *erzeugt werden. Also wird sich dieser Zusammenhang in der Ersatztheorie nicht reproduzieren lassen, sondern verloren gehen.* Dies sieht man noch deutlicher, wenn man bedenkt, daß man für den Übergang zu (4) ja außer *Ma* und den beiden anderen konjunktiven Komponenten von (1) *die beiden theoretischen Sätze* (2) *und* (3) *benötigte, die jetzt ebenfalls nicht mehr zur Verfügung stehen.*

Es ist also naheliegend, folgendes anzunehmen: Soweit ein induktives Räsonieren innerhalb der ursprünglichen Theorie dazu benützt werden kann, um von Beobachtungsaussagen zu Sätzen zu gelangen, welche theoretische Terme enthalten, wird sich dieses Räsonieren in der Ersatztheorie nicht widerspiegeln lassen. Falls daher die Funktion der Originaltheorie darin erblickt wird, deduktive *und induktive* Zusammenhänge zwischen Beobachtungssätzen zu stiften, wobei man in den letzteren auch von einem

Räsonieren von der eben erwähnten Art Gebrauch macht, kann die Ersatztheorie die Aufgabe der Originaltheorie nur teilweise erfüllen.

Wir sprechen mit Vorsicht von einer Annahme und nicht von einem Beweis; denn es ist im Prinzip nicht ausgeschlossen, daß die prima facie in der Ersatztheorie nicht reproduzierbaren Induktionsschritte von der im obigen Beispiel illustrierten Art sich auf andere Weise in der Craigschen Bildtheorie rekonstruieren lassen. Ob und in welchem Ausmaß dies der Fall ist, wird sich erst beurteilen lassen, wenn die Struktur und Reichweite einer künftigen Theorie der Induktion festliegen.

Ferner müssen wir eine auf den ersten Blick überraschende Behauptung aufstellen: Das von HEMPEL gebrauchte Modellbeispiel ist nur dem Anschein nach eine empirisch gehaltvolle Theorie. Unter Verwendung des Ramsey-Satzes wird im nächsten Kapitel gezeigt werden, daß diese Miniaturtheorie in Wahrheit *empirisch trivial* und *einer empirischen Bestätigung unfähig* ist.

**4.g** Es wurden verschiedene Nachteile angeführt, die den nach dem Craigschen Verfahren konstruierten Systemen anhaften: Die theoretischen Terme erwiesen sich dadurch *nicht als* im praktischen Wissenschaftsbetrieb *entbehrlich*. Der Ersatztheorie *mangelt es an Einfachheit und Ökonomie*, und zwar nicht allein wegen der Unendlichkeit des Axiomensystems, auf dem sie beruht, sondern auch *wegen der vom inhaltlichen Standpunkt paradoxen Struktur dieses Systems*, die N. GOODMAN in seiner Rezension von CRAIGs Arbeit[18] bündig so charakterisiert hat, daß „jedes Theorem sein eigenes Postulat besitzt". Ferner liefert das Verfahren *keinen Beitrag zur Analyse der Bedeutung und Signifikanz theoretischer Terme*. Schließlich werden in der Craigschen Bildtheorie vermutlich *gewisse* durch die Originaltheorie gestiftete *induktive Zusammenhänge zerstört*. Dieser letzte Mangel braucht kein endgültiger zu sein. Ebenso ist es denkbar, daß der vorher betonte Mangel an Einfachheit und Ökonomie kein definitiver sein muß. Ob dies der Fall ist oder nicht, hängt von einem logischen Problem ab, zu dessen Lösung bisher keine Ansätze vorzuliegen scheinen, nämlich von dem Problem: *ob und unter welchen Voraussetzungen die Craigsche Bildtheorie durch eine endlich axiomatisierte Theorie ersetzbar ist.*

---

[18] N. GOODMAN, [CRAIG], S. 318. .

# Kapitel VII
# Quantorenlogische Elimination theoretischer Begriffe: Der Ramsey-Satz

## 1. Die Methode

Wir gehen wieder von der Annahme aus, daß in unserer Objektsprache $L$ eine Theorie $T$ formuliert sei, die theoretische Terme enthält, so daß die Theorie nicht in der Teilsprache $L_B$ von $L$, der Beobachtungssprache, ausdrückbar ist. Da es uns auch hier nicht um den rein theoretischen Kalkül, sondern um die *interpretierte* Theorie geht, wählen wir als abkürzendes Symbol, so wie bereits an früherer Stelle, die Konjunktion $T \wedge Z$ bzw. im Unendlichkeitsfall die Vereinigung $T \cup Z$, wobei $T$ die theoretischen Postulate und $Z$ die Korrespondenzregeln enthalten soll. Wo immer im folgenden von der Theorie die Rede ist, soll darunter die interpretierte Theorie verstanden werden.

F. P. RAMSEY hat bereits vor mehreren Jahrzehnten eine Methode zur Behandlung theoretischer Terme entwickelt, der jedoch erst in den letzten Jahren größere Aufmerksamkeit geschenkt worden ist[1]. RAMSEYs Vorgehen ähnelt demjenigen von CRAIG in der einen Hinsicht, daß die in der Originaltheorie vorkommenden theoretischen Terme *eliminiert* werden. Während dies jedoch bei CRAIG auf dem Wege über die Konstruktion einer Ersatztheorie geschieht, welche eine völlig andere Struktur besitzt als die Originaltheorie, stimmt das von RAMSEY gewählte Substitut für die ursprüngliche Theorie strukturell mit der letzteren weitgehend überein. Da in dem Substitut die theoretischen Terme überhaupt nicht vorkommen, *beansprucht auch Ramseys Methode nicht, einen Beitrag zur empirischen Bedeutungsanalyse theoretischer Terme zu liefern.* Vielmehr zielt sie nur darauf ab, *eine*

---

[1] Die unberechtigte zeitliche Verzögerung in der Auswertung von RAMSEYs Gedanken dürfte in den historischen Umständen zu suchen sein. RAMSEY starb sechsundzwanzigjährig im Jahr 1930. Seine Werke wurden 1931 aus dem Nachlaß von R. B. BRAITHWAITE unter dem Titel „Grundlagen der Mathematik" veröffentlicht. Dies mußte den Eindruck erwecken, als handle es sich dabei ausschließlich um Arbeiten aus dem Gebiet der logisch-mathematischen Grundlagenforschung. Tatsächlich konzentrierte sich auch später das Interesse hauptsächlich auf RAMSEYs Vereinfachung der Typentheorie und auf seine subjektivistische Grundlegung der Wahrscheinlichkeitstheorie. Einer der ersten, die später auf die Wichtigkeit nur partiell interpretierbarer Terme hinwiesen, war RAMSEYs Freund R. B. BRAITHWAITE.

*von jenen suspekten Termen freie, jedoch mit der Originaltheorie funktionell äquivalente Ersatztheorie zu liefern.* Ebenso wie im Craigschen Fall läßt sich diese Ersatztheorie stets *effektiv konstruieren.*

CRAIG hatte zunächst lediglich ein Theorem der mathematischen Logik beweisen wollen. Erst im nachhinein wurde von HEMPEL und CRAIG die Relevanz seines Resultates für die Frage theoretischer Begriffe erkannt. Bei RAMSEY verhielt es sich ganz anders. Ihn bewegten von vornherein alle schwierigen *philosophischen Fragen,* welche mit den Begriffen verknüpft sind, die wir theoretische Begriffe nennen. Zu einer Zeit, da wissenschaftstheoretisch und naturphilosophisch Interessierte sich entweder nebelhaften Spekulationen hingaben oder einem verdünnten Empirismus und Positivismus huldigten, der die naturwissenschaftliche Erkenntnis auf eine exakte „Beschreibung des Gegebenen" reduzieren und keine anderen als beobachtungsmäßig verifizierbare Sätze als sinnvoll zulassen wollte, hatte RAMSEY bereits eine fundamentale Einsicht gewonnen, mit der er seinen Zeitgenossen weit voraus war. Man könnte sie *die Einsicht in die wissenschaftliche Kontextabhängigkeit theoretischer Begriffe* nennen. Er sah klar, daß Begriffe, wie „Elektron", „Spin", „Gen" etc. *auf andere Weise* eine Bedeutung erhalten als die Begriffe von Beobachtbarem: „blau", „hart", „Eisen", „Trier". Und zwar nicht deshalb, weil die letzteren durch die Methode der hinweisenden Erläuterung oder mittels relativ simpler Definitionen gewonnen werden können, während für die ersteren komplizierte Definitionsketten bereitgestellt werden müssen. Vielmehr durchschaute er die philosophische Naivität der Annahme, daß es *überhaupt* möglich sei, die Terme der ersteren Klasse auf solche der zweiten definitorisch zurückzuführen. Beobachtungsterme, wie „blau" oder „hart", sind nämlich *für sich verständlich.* Ihre Bedeutungen ändern sich nicht mit einer Änderung unserer theoretischen Auffassung von der Welt. Der Ausdruck „Gen" hingegen ist nicht für sich verständlich, sondern erhält seine Bedeutung, zumindest teilweise, durch den *Kontext der Theorie,* in dem er vorkommt. Ändert sich die *Theorie der Genetik,* die den Term „Gen" enthält, so ändert sich zwangsläufig auch die Bedeutung dieses Prädikates. Und die Bedeutungsänderung wird mehr oder weniger radikal sein, je nachdem ob die Genetik eine radikale Änderung oder nur eine leichte Modifikation erfahren hat. Das Analoge gilt für theoretisch-physikalische Terme. Ein theoretischer Ausdruck, wie „*Elektron*", besitzt innerhalb einer *klassischen* Atomtheorie eine ganz andere Bedeutung als im Rahmen einer *quantenphysikalischen* Theorie der Elementarteilchen. Mit dieser Erkenntnis der theoretischen Kontextabhängigkeit solcher Ausdrücke hatte sich RAMSEY vor allem auch von der naiv-realistischen Auffassung befreit, wonach durch solche Terme bestimmte Arten von Objekten der realen Welt bezeichnet werden, von denen die eine Theorie dies und die andere jenes behauptet, durch die jedoch stets dasselbe designiert wird.

Auf der anderen Seite war es RAMSEY klar, daß mit der Betonung der Kontextabhängigkeit die Frage nach der Bedeutung theoretischer Terme nicht zur Gänze, sondern nur teilweise zu beantworten ist. Die uninterpretierte Theorie bildet ja nicht mehr als einen mathematischen Kalkül ohne Realitätsbezug. Die theoretischen Terme müssen irgendwie *in der Erfahrung verankert* werden, wenn dieser Realitätsbezug hergestellt werden soll. Wie ist diese Verknüpfung mit der Erfahrung herzustellen und dadurch der empirische Gehalt einer wissenschaftlichen Theorie zu bestimmen? Dies war eine der Fragen RAMSEYs. Wenn wir den Begriff der *Observablen* in einem engeren philosophischen Sinn verwenden, so kann man sagen, daß die Observablen unmittelbar in der Erfahrung verankert seien. Verwendet man den Observablenbegriff in einem weiteren Laboratoriumssinn, so fallen auch solche Begriffe wie der des Gewichtes oder der des Volumens eines Körpers darunter. Hier kann man zwar nicht mehr von einer direkten Verankerung in der Erfahrung sprechen. Trotzdem ist es sinnvoll zu sagen, daß auch diese Begriffe mit der erfahrenen Realität sehr eng verknüpft sind, da wir über *relativ einfache Meßverfahren* verfügen, um die Werte solcher Größen zu bestimmen. RAMSEY hatte nun erkannt, daß selbst die liberalste Auslegung des Begriffs des Beobachtbaren in einem nicht philosophischen Sinn, sondern in einem Laboratoriumssinn keine direkte Verankerung eines solchen Begriffs wie des Begriffs des Elektrons in der Erfahrung ermöglichen werde. An die Stelle der einfachen empirischen Interpretation von Observablen hat bei theoretischen Begriffen eine bloß partielle und sehr indirekte Deutung zu treten. Es ist dies die Deutung mit Hilfe von Regeln, die später von CARNAP Korrespondenz- oder Zuordnungsregeln genannt wurden.

Auch in bezug auf das Verhältnis von Theorie und realer Wirklichkeit hat RAMSEY neuartige Fragen gestellt. Inwiefern kann man sagen, daß ein wissenschaftliches System, welches theoretische Terme enthält, etwas über die reale Welt aussagt? Kann man insbesondere in bezug auf die durch theoretische Terme bezeichneten Entitäten eine Existenzfrage stellen? Elektronen *existieren* doch sicherlich nicht in demselben Sinn, in dem man davon spricht, daß der Apfel, den ich in der Hand halte, oder das Haus dort drüben existiert! Lassen sich derartige Begriffe wie der Begriff des Elektrons überhaupt scharf abgrenzen von metaphysischen Begriffen ohne empirischen Gehalt? Ist es zulässig, davon zu sprechen, daß eine wissenschaftliche Theorie die Struktur der Realität beschreibt? Oder ist eine Theorie nur ein kunstvoll ersonnenes Verfahren, um die unübersehbare Menge unserer Erfahrungen in gewisser Weise zu ordnen? Es sind dies alles Fragen, die sich unausweichlich aufdrängen, sobald man zu der Erkenntnis gelangt ist, daß erstens die Bedeutungen theoretischer Terme durch den Kontext des wissenschaftlichen Systems, in dem sie vorkommen, mitbestimmt werden und daß zweitens diese Terme einen empirischen Gehalt nur partiell und auf sehr indirektem Wege erhalten, jedenfalls in ganz anderer Weise, als Observable mit empirischem Gehalt versehen werden. Für eine weitere wichtige Fragestellung, die für RAMSEY vielleicht das Hauptmotiv zur Entwicklung seines Verfahrens gebildet hat, sei auf den letzten Teil von Abschn. 9 verwiesen.

Wir sehen, daß Ausgangsbasis wie Problemstellung für RAMSEY sehr ähnlich sind mit jenen, auf die wir bei der Erörterung von CARNAPs Signifikanzkriterium stießen. Nur daß RAMSEY in einer genialen Schau Konzeptionen und Fragestellungen vorweggenommen hatte, zu denen CARNAP später erst durch ungemein mühevolle Kleinarbeit gelangte: auf langen Umwegen und über den Einblick in das Scheitern aller seiner früheren Versuche, eine einheitliche Wissenschaftssprache aufzubauen, welche im Prinzip die Struktur einer Beobachtungssprache hat.

Zur Beantwortung der Frage nach dem *wissenschaftstheoretischen Status der theoretischen Terme* macht RAMSEY einen ganz neuartigen und höchst interessanten Vorschlag. Der *Grundgedanke* läßt sich mit wenigen Worten so charakterisieren: Den Ausgangspunkt bilde eine in ihrem außerlogischen Teil endlich axiomatisierte interpretierte Theorie. Man verknüpfe die Axiome konjunktiv mit den Zuordnungsregeln zu einem einzigen Satz. Nach Beseitigung evtl. vorkommender theoretischer Individuenkonstanten ersetze man alle theoretischen Prädikatkonstanten durch verschiedene freie Variable und stelle dem so gebildeten Ausdruck ein Präfix voran, bestehend aus Existenzquantoren, durch welche alle neu eingeführten Variablen gebunden werden.

## 2. Präzise Definition des Ramsey-Satzes einer Theorie

Wir gehen jetzt zu einer genaueren Beschreibung des Verfahrens über. $T$ sei die konjunktive Zusammenfassung der theoretischen Postulate, $Z$ die Konjunktion der Zuordnungsregeln. $T \wedge Z$ ist die interpretierte Theorie. Wir nennen diese Konjunktion wieder die *Originaltheorie* und kürzen sie ab durch $TZ$. Sollten darin theoretische Individuenkonstante vorkommen, so mögen diese nach dem bekannten logischen Rezept eliminiert werden (durch Überführung in Kennzeichnungen in einem ersten Schritt und Kontextelimination dieser Kennzeichnung in einem zweiten Schritt[2]). Falls die Theorie $n$-stellige Funktionsterme enthalten sollte, so mögen diese in der üblichen Weise als $(n + 1)$-stellige Relationsterme konstruiert werden. Die einzigen in $TZ$ vorkommenden *theoretischen Terme* sind somit Prädikatkonstante. Diese seien $n$ an der Zahl: $\tau_1, \ldots, \tau_n$. Ferner mögen in $Z$ die $k$ *Beobachtungsterme* $\omega_1, \ldots, \omega_k$ vorkommen. Um das Vorkommen dieser $n + k$

[2] Für eine knappe Schilderung des Verfahrens vgl. STEGMÜLLER, [Erklärung und Begründung], S. 66–68.

deskriptiven Terme explizit anzudeuten, wählen wir für die interpretierte Theorie die folgende Abkürzung:

(1) $TZ(\tau_1, \ldots, \tau_n, \omega_1, \ldots, \omega_k)$.

*Anmerkung 1.* Wollten wir eine analoge Symbolik für die beiden Konjunktionsglieder $T$ und $Z$ getrennt verwenden, so müßten wir außerdem wissen, *welche* theoretischen Terme in den Zuordnungsregeln vorkommen Gewöhnlich sind dies ja, wie wir wissen, nicht alle, sondern nur einige der in den theoretischen Postulaten vorkommenden Konstanten. Angenommen, es seien dies die Terme: $\tau_{i_1}, \ldots, \tau_{i_h}$. Da die theoretischen Postulate keine Beobachtungsterme enthalten, würde an die Stelle von (1) die folgende Darstellung treten:

(1') $T(\tau_1, \ldots, \tau_n) \wedge Z(\tau_{i_1}, \ldots, \tau_{i_h}, \omega_1, \ldots, \omega_k)$.

*Anmerkung 2.* Nach Voraussetzung sind die theoretischen Terme $\tau_i$ ($i = 1, \ldots, n$) Prädikate. Eine detailliertere Aussage über die Natur dieser Prädikate würde voraussetzen, daß uns die Struktur der zugrunde liegenden Logik bekannt ist. Sollte es sich um ein typentheoretisches System handeln, so wären die theoretischen Terme mit entsprechenden Typenindizes zu versehen. In einem typenfreien System könnte man alle theoretischen Terme als Klassenterme auffassen, da $n$-stellige Relationen als Klassen geordneter $n$-Tupel interpretierbar und $n$-Tupel ihrerseits nach dem Wiener-Kuratowski-Verfahren auf den Klassenbegriff zurückführbar sind.

RAMSEYs Vorschlag geht dahin, in einem *ersten Schritt* die Terme $\tau_1, \ldots, \tau_n$ in der interpretierten Theorie $TZ$ durch verschiedene Variable $\varphi_1, \ldots, \varphi_n$ zu ersetzen, die nicht in $TZ$ vorkommen. (Falls die zugrunde liegende Logik eine Typenlogik ist, müssen Variable von geeigneten Typen gewählt werden. In einem typenfreien System können diese $n$ Variablen alle Klassenvariable sein; vgl. dazu die obige zweite Anmerkung.) Diese Aussageform wird in einem *zweiten Schritt* dadurch zu einem Satz ergänzt, daß diese $n$ Variablen durch gleichnamige Existenzquantoren gebunden werden. So entsteht die Aussage:

(2) $\vee\varphi_1 \ldots \vee\varphi_n\, TZ(\varphi_1, \ldots, \varphi_n, \omega_1, \ldots, \omega_k)$.

Wir nennen (2) den *Ramsey-Satz* oder das *Ramsey-Substitut* der Originaltheorie $TZ$[3]. Wir benützen $TZ^R$ als Abkürzung für den Ramsey-Satz von $TZ$. Die Folge der $n$ *Existenzquantoren* am Beginn bezeichnen wir als das *Existenzpräfix* des Ramsey-Satzes. Der hinter diesem Existenzpräfix stehende Ausdruck werde die *Ramsey-Formel* von (1) genannt.

Der RAMSEY-Satz soll in theoretischen Zusammenhängen im Verhältnis zur Originaltheorie die analoge Rolle spielen wie die Craigsche Ersatztheorie. Zu Beginn dieses Abschnittes haben wir bemerkt, daß der Ramsey-

[3] Wegen der wechselseitigen Vertauschbarkeit der zum Präfix von (2) gehörenden Quantoren ist (2) nicht eindeutig bestimmt. Wir können jedoch Eindeutigkeit dadurch erreichen, daß wir die zu substituierenden Variablen in alphabetischer Reihenfolge ordnen und außerdem die Existenzquantoren entsprechend dieser Ordnung der obigen Aussageform voranstellen. Die Verwendung des bestimmten Artikels in der Wendung „der Ramsey-Satz von $TZ$" ist damit gerechtfertigt.

Satz zum Unterschied von der Craigschen Bildtheorie mit der ursprünglichen Theorie strukturell „weitgehend übereinstimmt". Nachdem wir das Konstruktionsverfahren des Ramsey-Satzes beschrieben haben, können wir diese Behauptung präzisieren: Die Ramsey-*Formel* hat genau dieselbe Struktur wie die Originaltheorie; sie unterscheidet sich von dieser allein dadurch, daß sie an allen jenen Stellen Variable enthält, an denen dort theoretische Terme vorkommen.

## 3. Inhaltliche Erläuterung zur Ramsey-Methode

Angenommen, es stehe uns der folgende Satz zur Verfügung, den viele als eine praktisch sichere Wahrheit betrachten dürften:

(1) Hegel war ein Metaphysiker und Hegel lehrte an der Universität Berlin.

Aus diesem Satz können wir die Aussage ableiten:

(2) $\bigvee x$ ($x$ war ein Metaphysiker und $x$ lehrte an der Universität Berlin).

Der Übergang von (1) zu (2) schildert an einem elementaren Beispiel jene Art von Deduktionsschritten, die erforderlich sind, um von der Originaltheorie zum Ramsey-Satz dieser Theorie zu gelangen. Allerdings besteht ein wesentlicher Unterschied in bezug auf die Anwendung: Bei der Bildung des Ramsey-Satzes wird die Existenzgeneralisation nicht, wie im vorliegenden Fall, in bezug auf Individuenkonstante, sondern in bezug auf *Prädikat*konstante vorgenommen. Auch dieser Übergang läßt sich an unserem Beispiel nachzeichnen.

Angenommen, man gelange zu dem Resultat, eine Wendung wie „ist ein Metaphysiker" gehöre nicht zu der für sich verständlichen Sprache, sondern sei ein zumindest „partiell obskurer" Ausdruck, der durch die Begriffe der Beobachtungssprache nur unvollständig charakterisiert werden könne, etwa dadurch, daß man mittels deterministischer oder statistischer „Zuordnungsregeln" beobachtbare Verhaltensweisen von Metaphysikern in Vorlesungen, Diskussionen, kritischen Auseinandersetzungen etc. schildere. Kurz: Man entschließt sich, daß Prädikat „Metaphysiker" *als einen theoretischen Term* zu deuten. (2) würde in diesem Fall eine Miniaturtheorie bilden. Mit „$Mx$" für „$x$ war ein Metaphysiker" würde der aus dieser Theorie ableitbare und ihr entsprechende Ramsey-Satz so aussehen:

(3) $\bigvee \Psi \bigvee x$ ($\Psi x \wedge x$ lehrte an der Universität Berlin).

Die Aussage (3) ist in einer Hinsicht wesentlich schwächer als die Aussage (2). Denn während in (2) *ein ganz spezielles Individuenprädikat* verwendet wird, das dazu dient, eine *bestimmte* Prädikation vorzunehmen, erfolgt in

(3) nur eine *unbestimmte* Prädikation. Es wird darin im ersten Teilsatz ja nur mehr behauptet, daß es irgend ein Merkmal $\Psi$ gibt, welches für das Individuum $x$ charakteristisch sei. Diese Art von Abschwächung war von RAMSEY aber ausdrücklich bezweckt. Denn durch diese Abschwächung soll die dem fraglichen Term ursprünglich anhaftende Dunkelheit beseitigt werden.

Immerhin stellt sich nun sofort die Frage, *ob mit einer derartigen Abschwächung nicht auch die deduktive Leistungsfähigkeit der Originaltheorie reduziert wird.* Die Antwort lautet: Diese Leistungsfähigkeit wird *nicht* verringert, wenn man den Begriff der deduktiven Leistungsfähigkeit einer Theorie analog präzisiert wie im vorangehenden Kapitel. Der strenge Nachweis für diese Behauptung soll im folgenden Abschnitt erbracht werden.

RAMSEYs wichtige Einsicht bestand somit darin, daß durch seine Methode gleichzeitig zweierlei erreicht wird: *Einerseits wird die Originaltheorie so weit abgeschwächt, daß die ihr anhaftende Dunkelheit verschwindet; denn in dem ihr zugeordneten Ramsey-Substitut finden sich keine obskuren Prädikationen mehr. Auf der anderen Seite ist der Ramsey-Satz stark genug, um alle deduktiven Systematisierungen von Beobachtungssätzen vorzunehmen, die mit Hilfe der Originaltheorie gestiftet werden konnten.*

Dieser Behauptung ließe sich allerdings entgegenhalten, daß in einer anderen Hinsicht (3) anspruchsvoller sei als (2). Schlagwortartig könnte man den Unterschied so ausdrücken: *Während* (2) *mit einer nominalistischen Sprachkonzeption verträglich ist, gilt dies von* (3) *nicht mehr.* In (2) wird ein bestimmtes Individuenprädikat benützt. Dagegen wird vom Benützer dieses Prädikates nicht der ontologische Anspruch erhoben, daß es eine Entität, das *Metaphysiker-Sein*, gäbe, für welches dieses Prädikat ein Name sei. In (3) hingegen wird explizit behauptet, *daß es ein Ding $\Psi$ gebe*, welches gewissen Individuen zukomme. Auf diesen ontologischen Aspekt des Ramsey-Satzes kommen wir in Abschn. 10 ausdrücklich zu sprechen.

RAMSEYs Methode sei noch an einem von CARNAP gegebenen Beispiel skizziert[4]. Für dieses Beispiel wird es sich als zweckmäßig erweisen, theoretischen Kern und Zuordnungsregeln voneinander zu isolieren. Die vorliegende theoretische Sprache enthalte zwei *einstellige theoretische Prädikate* „Mol" und „$H$-Mol". Die Extension des ersten Prädikates bestehe aus der Klasse der Moleküle; die Extension des zweiten aus der Klasse der Wasserstoffmoleküle. Ferner werde vorausgesetzt, daß ein Raum-Zeit-Koordinatensystem gewählt sei, so daß man einen Raum-Zeit-Punkt durch seine drei Raum-Koordinaten $x$, $y$ und z sowie die Zeitkoordinate $t$ festlegen kann, also durch ein Quadrupel $\langle x, y, z, t\rangle$. Physische Objekte werden als Raum-Zeit-Gebiete, d. h. als Klassen solcher Quadrupel, gedeutet, nämlich als die Klassen der von ihnen eingenommenen Raum-Zeit-Punkte.

---

[4] CARNAP, [Physics], S. 249ff.

Es werden nun einige *weitere theoretische Prädikate*, und zwar diesmal *mehrstellige* Prädikate, in die Wissenschaftssprache eingeführt. Daß ein Körper $a$ zum Zeitpunkt $t$ die *absolute Temperatur* 319 besitzt, würde man üblicherweise mittels eines zweistelligen Temperaturfunktors „temp", der die Temperatur bezeichnet, so wiedergeben: „$temp(a,t) = 319$". Da wir nur Prädikate zulassen wollen, wird statt dieses Funktors ein dreistelliges Prädikat „*Temp*" gewählt, welches dasselbe leistet. In unserem Fall würde also gelten: „$Temp\,(a, t, 319)$". Analog soll der *Druck* eines Körpers zur Zeit $t$ durch das dreistellige Prädikat „$Druck\,(x, t, p)$" wiedergegeben werden; weiterhin die Masse eines Körpers durch das zweistellige Prädikat „$Mass(x, m)$". Die Geschwindigkeit von $x$ zu $t$ werde schließlich durch eine dreistellige Relation von der Art ausgedrückt: „$Geschw(x, t, \langle r_1, r_2, r_3\rangle)$". Hier tritt an der dritten Argumentstelle ein Tripel von reellen Zahlen auf, welches die Geschwindigkeitskomponenten in bezug auf die drei Koordinatenachsen angibt. Wie bereits erwähnt, könnten auch diese vier weiteren Prädikate *als einstellige Klassenprädikate* gedeutet werden, sofern man eine geeignete Struktur für die zugrunde liegende Logik annimmt.

Die zur Diskussion stehende Theorie sei *eine Teiltheorie der Gastheorie*. Ihre Postulate mögen einige *theoretische Mikrogesetze* der kinetischen Gastheorie enthalten, in denen von den Bewegungen und Geschwindigkeiten von Molekülen, ihrem Zusammenprall u. dgl. die Rede ist. Ferner enthalte die Theorie gewisse *theoretische Makrogesetze* über Gase, und zwar sowohl allgemeine Gesetze, die für beliebige Gase gelten, als auch spezielle Gesetze, die nur für Wasserstoff gültig sind. *Sämtliche* Gesetze sind *theoretische* Gesetze, weil in ihnen gewisse der angeführten theoretischen Prädikate vorkommen: in den Mikrogesetzen kommen alle sechs Prädikate vor, in den Makrogesetzen die vier Relationsprädikate. Die Gesamttheorie bestehe aus der Konjunktion all dieser Mikro- und Makrogesetze und werde so abgekürzt:

$$T\colon (\ldots Mol \ldots H\text{-}Mol \ldots Temp \ldots Druck \ldots Mass \ldots Geschw \ldots)$$

$T$ ist vorläufig ein reiner Kalkül. Denn in den theoretischen Postulaten kommen keine Beobachtungsterme vor. Die partielle Deutung von $T$ erfolge durch Zuordnungsregeln für die drei theoretischen Terme „Temp", „Druck" und „Mass". (Für Andeutungen darüber, wie solche Regeln auszusehen haben, vgl. Kap. V.) Da es die Aufgabe der Zuordnungsregeln ist, einen Kontakt herzustellen zwischen der *theoretischen Begriffswelt* und der *Welt des Beobachtbaren*, müssen in diesen Regeln auch noch Beobachtungsterme, etwa $\omega_1, \ldots, \omega_8$, vorkommen. Die fraglichen Regeln würden als Bestandteile auch eine Beschreibung der Konstruktion dreier Meßgeräte: des Thermometers, des Manometers und der Waage, enthalten. Innerhalb gewisser Grenzen können mittels dieser Meßgeräte bestimmte Temperatur-, Druck- und Gewichtswerte abgelesen werden, nämlich durch die *Beobachtung von Zeigerstellungen auf den Skalen* dieser Meßinstrumente. Die Regeln $Z$

sind ebenfalls als Konjunktion aufzufassen. Jedem der drei theoretischen Terme mögen gewisse Beobachtungsterme entsprechen. Wir symbolisieren dies dadurch, daß wir $Z$ als eine Konjunktion, bestehend aus drei Gliedern, auffassen und in jedem Konjunktionsglied bestimmte unter diesen Beobachtungstermen anführen (es können aber natürlich auch dieselben Beobachtungsterme in verschiedenen Konjunktionsgliedern vorkommen):

$$Z\colon (\ldots \mathit{Temp} \ldots \omega_1 \ldots \omega_k \ldots) \wedge (\ldots \mathit{Druck} \ldots \omega_{k+1} \ldots \omega_m \ldots) \wedge (\ldots \mathit{Mass} \ldots \omega_{m+1} \ldots \omega_s \ldots)$$

Die interpretierte Theorie besteht aus der Konjunktion von $T$ und $Z$, also:

$$TZ\colon \{(\ldots \mathit{Mol} \ldots H\text{-}\mathit{Mol} \ldots \mathit{Temp} \ldots \mathit{Druck} \ldots \mathit{Mass} \ldots \mathit{Geschw} \ldots) \wedge [(\ldots \mathit{Temp} \ldots \omega_1 \ldots \omega_k \ldots) \wedge (\ldots \mathit{Druck} \ldots \omega_{k+1} \ldots \omega_m \ldots) \wedge (\ldots \mathit{Mass} \ldots \omega_{m+1} \ldots \omega_s \ldots)]\}$$

Die Umformung von $TZ$ in das Ramsey-Substitut erfolgt in zwei Schritten. Im *ersten Schritt* werden die beiden einstelligen Prädikatkonstanten „Mol“ und „$H$-Mol“ durch zwei *Klassenvariable*, etwa „$K_1$“ und „$K_2$“, ersetzt und die vier mehrstelligen Prädikate „Temp“, „Druck“, „Mass“, „Geschw“ durch die vier *Relationsvariablen* „$R_1$“, „$R_2$“, „$R_3$“, „$R_4$“[5]. Bereits nach Vollzug dieses ersten Schrittes sind die theoretischen Terme zum Verschwinden gebracht worden. Im *zweiten Schritt* werden der so gewonnenen Formel mit den sechs freien Variablen sechs Existenzquantoren vorangestellt, welche diese Variablen binden und die Formel wieder in einen Satz verwandeln. Als Ramsey-Satz unserer Theorie erhalten wir also die folgende Aussage:

$$TZ^R\colon \vee K_1 \vee K_2 \vee R_1 \vee R_2 \vee R_3 \vee R_4 \{(\ldots K_1 \ldots K_2 \ldots R_1 \ldots R_2 \ldots R_3 \ldots R_4 \ldots) \wedge [(\ldots R_1 \ldots \omega_1 \ldots \omega_k \ldots) \wedge (\ldots R_2 \ldots \omega_{k+1} \ldots \omega_m \ldots) \wedge (\ldots R_3 \ldots \omega_{m+1} \ldots \omega_s \ldots)]\}.$$

Nennen wir das erste Konjunktionsglied hinter dem Quantorenpräfix den $T$-Teil des Ramsey-Satzes und das zweite Konjunktionsglied den $Z$-Teil. Dann besagt also der Ramsey-Satz, daß es mindestens eine Klasse $K_1$, mindestens eine Klasse $K_2$, mindestens eine Relation $R_1, \ldots$, mindestens eine Relation $R_4$ gibt, welche zusammen die folgenden Bedingungen erfüllen: Erstens sind die beiden Klassen und die vier Relationen in der Weise *miteinander* verknüpft, wie dies im $T$-Teil dargelegt wird; und zweitens sind die drei Relationen $R_1$, $R_2$ und $R_3$ mit den *s beobachtbaren Entitäten* $\omega_1, \ldots, \omega_s$ in der im $Z$-Teil geschilderten Weise verknüpft.

[5] Das Symbol „$K$“ soll an „Klasse“, das Symbol „$R$“ an „Relation“ erinnern. Bei der erwähnten anderen Deutungsmöglichkeit wären auch die Relationsvariablen als *Klassen*variable zu interpretieren.

## 4. Nachweis der deduktiv-funktionellen Äquivalenz des Ramsey-Satzes mit der Originaltheorie

$TZ$ sei wieder die Originaltheorie und $TZ^R$ ihr Ramsey-Substitut. $V_T$ stelle wie früher das theoretische Vokabular dar, während $V_B$ die von den theoretischen Termen verschiedenen deskriptiven Konstanten enthalte. So wie im vorangehenden Kapitel verstehen wir unter den $V_B$-Theoremen diejenigen Lehrsätze, welche keine theoretischen Terme enthalten. Notwendig und hinreichend für den gewünschten Nachweis der funktionellen Äquivalenz von $TZ^R$ mit $TZ$ ist der Beweis des Satzes, daß die Klasse der $V_B$-Theoreme von $TZ$ identisch ist mit der Klasse der $V_B$-Theoreme von $TZ^R$.

(*a*) *Jedes $V_B$-Theorem von $TZ^R$ ist auch ein $V_B$-Theorem von $TZ$.* Dies ist der triviale Teil der Behauptung. Er ergibt sich unmittelbar aus zwei Tatsachen: erstens daß $TZ^R$ aus $TZ$ durch geeignete Existenzquantifikationen unmittelbar gefolgert werden kann und zweitens daß die Folgebeziehung transitiv ist. Allerdings setzt bereits die Durchführbarkeit des ersten Schrittes voraus, daß eine so starke Logik zugrunde liegt, um die Existenzgeneralisationen bezüglich der theoretischen Prädikatkonstanten vornehmen zu können.

(*b*) *Jedes $V_B$-Theorem von $TZ$ ist auch ein $V_B$-Theorem von $TZ^R$.*

$S$ sei ein Satz der zugrunde liegenden Wissenschaftssprache $L$. Unter $\bigvee_T(S)$ verstehen wir eine Existenzgeneralisation von $S$ bezüglich sämtlicher theoretischer Prädikate, die in $S$ vorkommen. Die fragliche Formel soll also dadurch zustande kommen, daß die verschiedenen in $S$ vorkommenden theoretischen Terme durch verschiedene neue Variable ersetzt werden und daß aus der auf diese Weise entstehenden Formel dadurch ein Satz gebildet wird, daß man gleichnamige Existenzquantoren voranstellt. Analog verstehen wir unter $\bigwedge_T(S)$ eine Allgeneralisation von $S$ bezüglich sämtlicher Terme aus $V_T$, die in $S$ vorkommen. Falls $S$ keine theoretischen Terme enthält, sei $\bigvee_T(S)$ und ebenso $\bigwedge_T(S)$ mit $S$ identisch. Unter einem $V_B$-Satz verstehen wir einen Satz aus $L$, der keine Terme aus $V_T$ enthält.

Wir beweisen nun die allgemeinere Behauptung: *Jeder $V_B$-Satz, der aus einem beliebigen Satz $S$ logisch folgt, ist auch eine logische Folgerung von $\bigvee_T(S)$.*

Es sei also $S$ ein beliebiger, also im allgemeinen ein theoretische Terme enthaltender Satz von $L$, und $S_B$ ein $V_B$-Satz. Nach Voraussetzung gelte:

(1) $S \Vdash S_B$ (d. h. der Beobachtungssatz $S_B$ wird von $S$ logisch impliziert).

Diese Folgebeziehung kann in eine logische Gültigkeitsbeziehung des entsprechenden Konditionals umgeformt werden:

(2) $$\Vdash S \rightarrow S_B \,.$$

Auf Grund eines logisch gültigen Schlusses können wir zur Allgeneralisation der in diesem Satz vorkommenden $V_T$-Terme übergehen und erhalten:

(3) $$\Vdash \wedge_T(S \rightarrow S_B)\,.$$

Nach Voraussetzung enthält $S_B$ keine Terme aus $V_T$. Also werden durch die Allquantoren in (3) nur Variable des Antecedens gebunden, so daß (3) wegen einer bekannten quantorenlogischen Äquivalenz übergeht in:

(4) $$\Vdash \vee_T(S) \rightarrow S_B\,.$$ [6]

Somit gilt auch:

(5) $$\vee_T(S) \Vdash S_B\,.$$

Aus (1) läßt sich also (5) gewinnen. Wir wählen nun als $S$ den speziellen Satz $TZ$. An die Stelle von (1) tritt dann die gültige Folgebeziehung:

(1') $$TZ \Vdash S_B\,,$$

während wir an Stelle von (5) erhalten:

(5') $$\vee_T(TZ) \Vdash S_B\,.$$

Nun ist aber $\vee_T(TZ)$ nach Definition dieses Ausdrucks identisch oder logisch äquivalent mit $TZ^R$; denn in beiden Fällen sind die theoretischen Terme von $TZ$ durch Variable ersetzt und durch Existenzquantoren gebunden worden. Statt (5') können wir also schreiben:

(5'') $$TZ^R \Vdash S_B\,.$$

Damit ist die Behauptung bewiesen: Aus der Annahme (1'), wonach der Satz $S_B$ ein $V_B$-Theorem von $TZ$ ist, wurde die metatheoretische Aussage hergeleitet, daß $S_B$ auch ein $V_B$-Theorem des Ramsey-Satzes dieser interpretierten Theorie $TZ$ sei.

Damit ist der strenge Nachweis dafür erbracht, daß die *deduktive* Leistungsfähigkeit von $TZ$ und $TZ^R$ dieselbe ist, *soweit es sich um $V_B$-Folgerungen dieser beiden Sätze handelt.* (Selbstverständlich ist die deduktive Leistungsfähigkeit dieser beiden Sätze *nicht generell* dieselbe.) Die Frage nach der Gleichwertigkeit der *gesamten* wissenschaftlichen Leistungsfähigkeit ist damit noch nicht endgültig beantwortet. Ebenso wie im Fall der Craigschen Bildtheorie muß dazu noch das Problem der *induktiven* Leistungsfähigkeit des Ramsey-Satzes diskutiert werden. Immerhin haben wir ein wichtiges Zwischenresultat gewonnen: Soweit wir uns auf deduktiv-nomologische Systematisierungen beschränken können, wissen wir auf Grund der beiden

---

[6] Analog zur logischen Gültigkeit der quantorenlogischen Formel: $\wedge x(Fx \rightarrow Gx) \rightarrow (\vee x Fx \rightarrow \vee x Gx)$ ist auch der Satz logisch gültig: $\wedge_T(S \rightarrow S_B) \rightarrow (\vee_T(S) \rightarrow \vee_T(S_B))$. Infolge der Identität von $\vee_T(S_B)$ mit $S_B$ kann man (4) daher in alternativer Weise aus diesem Satz und (3) mittels modus ponens gewinnen.

Resultate (a) und (b), *daß sich der Ramsey-Satz stets in derselben Weise für Erklärungs- und Voraussagezwecke eignet wie das ursprüngliche System von Postulaten T und Z.* Denn jede Aussage „über die reale Welt", in der keine theoretischen Terme vorkommen, folgt aus dem Ramsey-Satz, sofern sie aus der Originaltheorie folgt.

## 5. Ramsey-Satz und Beobachtungssprache

Im Ramsey-Substitut $TZ^R$ einer Theorie $TZ$ sind alle in der Originaltheorie vorkommenden theoretischen Terme verschwunden. Dies ist von Relevanz für die Lösung einiger der in Abschn. 1 angedeuteten philosophischen Probleme. Eine derartige Lösung kann man sich in zweifacher Weise vorstellen. *Entweder* die Fragestellung wird von der dortigen intuitiven Form in eine präzise Gestalt transformiert und dementsprechend *präzise beantwortet.* Eine solche Präzisierung von Frage und Antwort hatte z. B. CARNAP in bezug auf die Wirklichkeitsprobleme versucht (vgl. V,4). *Oder* die Probleme werden *zum Verschwinden gebracht,* da sie sich innerhalb der Neufassung der Theorie überhaupt nicht mehr formulieren lassen. Das letztere ist gerade der Fall hinsichtlich der die theoretischen Terme betreffenden semantischen Fragen, wenn man von der Originaltheorie zum Ramsey-Substitut übergeht. *Die den philosophisch reflektierenden Naturforscher ebenso wie den Naturphilosophen peinigenden Fragen,* wie: „was ist die genaue Bedeutung des Ausdruckes ‚Positron'?" oder: „was ist mit ‚Spin' genau gemeint?" *treten jetzt überhaupt nicht mehr auf. Sie können nicht einmal mehr formuliert werden.* Denn im Ramsey-Substitut kommen die Terme „Positron", „Spin" gar nicht vor.

Der Wissenschaftstheoretiker sollte über dieses Verschwinden philosophischer Fragestellungen nicht zu voreilig frohlocken. Denn *nicht alle* der dort formulierten Probleme lösen sich von selbst auf, insbesondere *nicht* die *Realitäts-* oder *Existenzprobleme.* Zwar ist es richtig, daß man jetzt nicht mehr fragen kann: „Existieren Positronen in der realen Außenwelt?" Aber es wird ja gerade im Ramsey-Satz einer Theorie, die den theoretischen Term „Positron" enthält, *die Existenz von etwas* behauptet, dem genau jene Attribute zukommen, welche in der Originaltheorie den Positronen zugesprochen wurden. Um in diesem Punkt größere Klarheit zu gewinnen, ist es erstens notwendig, sich die Struktur der dem Ramsey-Satz zugrunde liegenden Beobachtungssprache zu verdeutlichen, und zweitens einen Einblick in die ontologischen Voraussetzungen des Ramsey-Satzes zu gewinnen. Vorläufig wenden wir uns der ersten Aufgabe zu; das zweite dieser beiden Themen soll in Abschn. 10 diskutiert werden.

Gehen wir wieder davon aus, daß die Wissenschaftssprache $L$ in die beiden Teilsprachen: die Beobachtungssprache $L_B$ und die theoretische

Sprache $L_T$, zerfällt, wobei die Logik von $L_B$ nur die elementare Logik mit Identität ist, während $L_T$ in der Regel über ein weit stärkeres logisch-mathematisches Gerüst verfügt. Jetzt können wir unsere Frage schärfer so formulieren: *Hat die Elimination der theoretischen Terme durch den Ramsey-Satz den Effekt, daß der „theoretische Überbau" über der Beobachtungssprache $L_B$, nämlich der über $L_B$ hinausgehende Teil der theoretischen Sprache $L_T$, gänzlich überflüssig geworden ist, und daß der empirische Gehalt einer Theorie,* welcher sich vor allem in ihrer Verwendbarkeit für Erklärungen und Voraussagen äußert, *wieder in der Beobachtungssprache allein zum Ausdruck kommt?*

Auf den ersten Blick scheint die Frage bejahend ausfallen zu müssen; denn die einzigen außerlogischen Zeichen, die im Ramsey-Satz vorkommen, sind die deskriptiven Ausdrücke der Beobachtungssprache. Diese Feststellung allein würde uns jedoch ein schiefes Bild von der Sprache geben, in welcher der Ramsey-Satz formuliert ist. Wir müssen nämlich auch *die logische Struktur* dieser Sprache betrachten. Und in bezug auf diese ist folgendes zu sagen: Um das Ramsey-Substitut $TZ^R$ einer Theorie $TZ$ überhaupt *formulieren* zu können, genügt es keineswegs, die elementare Logik der vorgegebenen Beobachtungssprache $L_B$ zu übernehmen. *Vielmehr müssen wir den gesamten logisch-mathematischen Apparat der theoretischen Sprache $L_T$ benützen,* der in der Regel wesentlich stärker sein wird als die Logik von $L_B$. *Wie* stark der zu übernehmende logische Apparat sein wird, läßt sich nicht ein für alle Male sagen; denn dies hängt von der Natur der vorgegebenen Originaltheorie ab. Da kompliziertere Theorien von den Methoden der höheren Mathematik Gebrauch machen, müssen die darin vorkommenden Begriffsbildungen auch bei der Konstruktion des Ramsey-Satzes möglich sein. Dann aber reicht die Logik von $L_B$ bei weitem nicht aus. Denn in dieser Logik sind Existenz- und Allgeneralisationen nur in bezug auf Individuenvariable möglich, während jetzt auch über Klassen, Relationen, Klassen von Klassen, Klassen von Relationen etc. quantifiziert werden muß. Generell kann man sagen: Wenn die ursprünglich gegebene Wissenschaftssprache ausreichen soll, um beliebige naturwissenschaftliche Theorien zu formulieren, so muß die Logik von $L_T$ den drei Konventionen (A), (B) und (C) von V,3 genügen. *Diese wesentlich stärkere Logik muß übernommen werden, um den Ramsey-Satz bilden zu können.* An die Stelle der ursprünglichen Beobachtungssprache $L_B$ tritt also *eine bezüglich des logischen Apparates wesentlich verstärkte Beobachtungssprache $L_B^*$*[7]. Dieser wichtige Gesichtspunkt wird

[7] Es läge nahe, $L_B^*$ als *erweiterte* Beobachtungssprache zu bezeichnen. Dies würde jedoch leicht zu sprachlichen Mißverständnissen führen. Denn unter einer erweiterten Beobachtungssprache haben wir an früherer Stelle eine solche verstanden, in der neue deskriptive Konstante außer durch Definitionen durch nichtdefinitorische Verfahren eingeführt werden, wie z. B. durch Reduktionssätze. Jetzt dagegen handelt es sich darum, nicht die Methoden zur Erweiterung des *deskriptiven* Vokabulars zu verstärken, sondern darum, die *Logik* von $L_T$ auf die Beobachtungssprache zu übertragen.

leicht übersehen, wenn man das Resultat von RAMSEY so wiedergibt, daß das von ihm entwickelte Verfahren es gestatte, die ursprüngliche Theorie ohne Beeinträchtigung ihres empirischen Gehaltes in der Beobachtungssprache allein zu formulieren. Der Ausdruck „Beobachtungssprache" bedeutet hier nicht dasselbe wie $L_B$ innerhalb der ursprünglichen methodischen Aufsplitterung der Wissenschaftssprache in die Teilsprachen $L_B$ und $L_T$, sondern etwas wesentlich Stärkeres.

Noch etwas ist zu bedenken. Beim Nachweis der funktionellen Äquivalenz von $TZ^R$ mit $TZ$ haben wir uns ausschließlich auf den Vergleich der *deduktiven* Leistungsfähigkeit der beiden Sätze beschränkt und zweitens nur die *beobachtbaren* Folgerungen in Erwägung gezogen. Da $TZ$ auch *andere* nicht L-wahre Folgerungen besitzt, reicht der Gesamtgehalt von $TZ$ über den Gehalt von $TZ^R$ hinaus. Wegen dieser Tatsache vertreten verschiedene Philosophen die Auffassung, daß Terme, wie „Positron", „Spin" *mehr* beinhalten als das, was durch den Ramsey-Satz einer Theorie, welche diese Terme enthält, ausgedrückt werden könnte. Dieser „Bedeutungsüberschuß" (im Englischen: „surplus meaning") geht beim Übergang von einer interpretierten Theorie zu ihrem Ramsey-Substitut verloren. *Nur jener Teil des Gehaltes einer Theorie, der sich in Beobachtungssätzen wiedergeben läßt, wird auch durch den Ramsey-Satz zur Geltung gebracht.*

Abschließend soll noch eine Frage formuliert werden, die wir in analoger Weise bereits für die Craigsche Bildtheorie aufstellten: *Eignet sich der Ramsey-Satz in der praktischen Handhabung als ein Ersatz für die Originaltheorie oder bleibt die letztere im praktischen Wissenschaftsbetrieb unentbehrlich*? In bezug auf die Craigsche Bildtheorie war die Antwort negativ. Dies beruhte auf dem abnormen und von der Struktur der Originaltheorie völlig abweichenden Aufbau der Craigschen Bildtheorie. Im gegenwärtigen Fall haben wir uns jedoch davon überzeugt, daß in einer wesentlichen Hinsicht die Struktur der Originaltheorie erhalten bleibt. Das könnte den Gedanken aufkommen lassen, das Ramsey-Substitut nicht nur für wissenschaftstheoretische Zwecke zu benützen, sondern auch im alltäglichen naturwissenschaftlichen Betrieb von ihm Gebrauch zu machen, so daß theoretische Terme in praktischer Hinsicht überflüssig würden.

Eine derartige an den Ramsey-Satz geknüpfte Hoffnung wäre jedoch trügerisch. Dies soll anhand der Illustration des Ramsey-Satzes aus Abschn. 2 gezeigt werden. Angenommen, in der Originaltheorie komme die dortige Aussage *Temp*$(a, t, 319)$ vor, also die Behauptung, daß der Körper $a$ zur Zeit $t$ eine absolute Temperatur von 319 besitze. Wie ist diese Aussage in der Sprache des Ramsey-Substitutes wiederzugeben? Wie wir wissen, kommt im Ramsey-Satz das theoretische Prädikat „*Temp*" nicht mehr vor. Vielmehr tritt an seine Stelle die Relations*variable* „$R_1$". Nun können wir aber die fragliche Aussage natürlich *nicht* übersetzen in: „$R_1(a, t, 319)$". Denn dieser Ausdruck ist überhaupt kein Satz mehr, sondern *eine Formel mit einer* *freien Variablen.* Wir müssen daher alle Aussagen mit einbeziehen, die im Ramsey-Satz über $R_1$ gemacht werden. Dies sind keineswegs nur jene Konjunktionsglieder in der Ramsey-Formel, die das Symbol „$R_1$" enthalten. Die Struktur der Relation $R_1$ ist ja erst dann festgelegt, wenn man sowohl sämtliche Analoga zu den „theoretischen Verknüpfungen" kennt als auch sämtliche Beziehungen zu den in den Regeln $Z$ enthaltenen Beobachtungstermen. Das bedeutet aber nichts geringeres, *als daß man auf den ganzen Ramsey-Satz zurückzugreifen hat.* Formal gesprochen: Die Übersetzung von „$Temp(a, t, 319)$" in die Ramsey-Sprechweise würde folgendermaßen auszusehen haben: Wir müssen vom ganzen Ramsey-Satz $TZ^R$ (S. 408) ausgehen und im Wirkungsbereich des Quantorenpräfixes, also innerhalb der Ramsey-Formel, das Glied einfügen: „$\wedge\ R_1(a, t, 319)$".

Wir gelangen somit zu einem ähnlichen Resultat wie im vorigen Kapitel. Der Unterschied ist bloß ein gradueller. Während das praktische Operieren mit der Craigschen Ersatztheorie *prinzipiell unmöglich* wäre, würden im gegenwärtigen Fall nur *außergewöhnliche Komplikationen in der Sprechweise* auftreten. Denn jede beliebige theoretische Aussage würde nach erfolgter Übersetzung mit Notwendigkeit die gesamte Theorie in der verklausulierten Ramsey-Fassung wie einen Kometenschweif hinter sich herziehen.

Die Bedeutung des Ramsey-Satzes liegt somit nicht in dessen praktischer Verwendbarkeit, sondern allein *in seiner wissenschaftstheoretischen Bedeutung.* Auch RAMSEY selbst hatte seine Methode nur als ein Mittel zur wissenschaftstheoretischen Klärung des Sachverhaltes verstanden wissen wollen, nicht jedoch damit irgendeine Art von praktischer Empfehlung verbunden.

## 6. Carnaps Versuch einer Präzisierung der analytisch-synthetisch-Dichotomie für die theoretische Sprache mit Hilfe des Ramsey-Satzes

Wir setzen hier voraus, daß es geglückt sei, für die Beobachtungssprache $L_B$ die analytisch-synthetisch-Dichotomie einzuführen, und zwar auf der Grundlage der für diese Logik zur Verfügung stehenden Quantorenlogik sowie im Bedarfsfall unter Benützung geeigneter Bedeutungspostulate. Solche Postulate nennen wir auch Analytizitätspostulate oder kurz: *A-Postulate.* Analytisch wahre (kurz: *A-wahre*) Sätze sind entweder L-wahre Sätze oder solche, die aus den A-Postulaten logisch folgen. Die Wahrheit eines beliebigen analytisch wahren Satzes läßt sich feststellen durch alleinigen Rückgang auf die Bedeutungen der logischen und deskriptiven Ausdrücke, ohne dabei Erfahrungen zu Hilfe zu nehmen. Die *A-falschen* oder kontradiktorischen Aussagen sind die Negationen von A-wahren. A-wahre wie A-falsche Sätze bilden zusammen die *A-determinierten* (kurz: *analytischen*) Aussagen. Die nicht A-determinierten oder *A-indeterminierten* Sätze bilden die *synthetischen* Aussagen, also diejenigen, *welche einen Tatsachengehalt besitzen* (vgl. auch III, 3. c).

Es tritt nun die Frage auf, ob die Erweiterung der Klasse der L-wahren Sätze zu der der A-wahren bzw. allgemeiner: der Klasse der L-determinierten zu der der A-determinierten, für die theoretische Sprache $L_T$ durchführbar ist. Diese Frage läßt sich auf das folgende Problem reduzieren: *Kann man für die theoretische Sprache, analog zum Fall der Beobachtungssprache, Analytizitätspostulate angeben?* Eine bejahende Antwort mit effektiver Angabe der A-Postulate für $L_T$ ist offenbar erforderlich, um die Unterscheidung in analytische und synthetische Aussagen auch für die theoretische Sprache vornehmen zu können.

Selbst solche Philosophen, die nicht wie QUINE dieser Unterscheidung *prinzipiell* — d. h. sowohl für natürliche Sprachen wie für jede formalisierte Sprache, also auch für $L_B$ — skeptisch gegenüberstehen, haben doch erhebliche Zweifel geäußert, ob diese Unterscheidung für die theoretische Sprache erstens durchführbar und zweitens sinnvoll sei. Zu diesen „Semi-Skeptikern" gehört z. B. auch HEMPEL[8]. *Zugunsten der These von der Undurchführbarkeit dieses Programms* wird das Argument vorgebracht, daß es innerhalb der theoretischen Sprache kaum möglich sein dürfte, in *ungekünstelter* Weise gewisse Prinzipien als Analytizitätspostulate auszusondern. Dieser Punkt soll weiter unten erörtert werden. *Gegen die Sinnhaftigkeit dieser Unterscheidung* im Bereich der Theorie wird eine Überlegung etwa von folgender Art vorgetragen: *Die Beobachtungssprache $L_B$ ist eine für sich voll verständliche Sprache.* In einer solchen Sprache ist es sinnvoll, *von Bedeutungsrelationen zwischen den deskriptiven Ausdrücken* zu reden und diese Relationen in der Gestalt eigener Bedeutungspostulate festzuhalten. *Die theoretische Sprache ist hingegen keine für sich verständliche Sprache.* Die theoretischen Ausdrücke erhalten nur auf indirektem Wege und partiell eine Bedeutung, und zwar auf doppelte Weise: durch die theoretischen Verknüpfungen, die durch die Theorie $T$ geleistet werden, einerseits, und durch die Zuordnungsregeln $Z$ andererseits. Diese beiden Klassen von Sätzen machen aber zusammen nicht weniger aus als die gesamte interpretierte Theorie $TZ$, die zugleich den ganzen *Tatsachengehalt* des theoretischen Überbaues beinhaltet. *Bedeutungszuordnung und Zuordnung eines Tatsachengehaltes scheinen also auf der theoretischen Stufe unlösbar miteinander verbunden zu sein.* Daher erscheint es nicht als sinnvoll, beides durch ein künstliches Verfahren zu trennen.

Man muß sich ja vor Augen halten, was die Auszeichnung gewisser Sätze *als analytisch wahrer Sätze* für praktische Konsequenzen hat: *Diese Sätze werden durch eine derartige Auszeichnung gegenüber jedem empirischen Falsifikationsversuch immunisiert.* Denn was auch immer die künftigen Beobachtungen und Experimente für neue und zum Teil überraschende Resultate

[8] Vgl. seinen Aufsatz [CARNAP's Work], in: CARNAP, [CARNAP], insbesondere S. 703ff.

zutage fördern mögen, die als analytisch wahr ausgezeichneten Sätze von *TZ* dürfen nicht der Revision unterworfen werden. *Vielmehr bleibt jede potentielle Revision auf die restlichen Sätze der interpretierten Theorie beschränkt.* Hat dies dann aber nicht den Effekt einer künstlichen Einschränkung der wissenschaftlichen Forschungstätigkeit? Könnte es nicht der Fall sein, daß der Theoretiker in seinem Bestreben, eine *möglichst ökonomische* und *möglichst einfache* Theorie zu errichten, u. U. ganz entschieden gehemmt wird, wenn ihm verboten wird, gewisse durch das Prädikat „analytisch wahr" privilegierte Sätze von jeder Revisionsmöglichkeit von vornherein auszuklammern?

Dieses intuitive Argument gegen die Sinnhaftigkeit eines derartigen Unterfangens der Übertragung der analytisch-synthetisch-Dichotomie auf die theoretische Stufe stimmt weitgehend überein mit einer Feststellung, zu der wir in Bd. I gelangten (vgl. [Erklärung und Begründung], VI,8). Es ging dabei um die Aufstellung einer Miniaturtheorie des menschlichen Wollens oder besser: Begehrens, wobei „Wollen" („Begehren") als theoretischer Term eingeführt wurde. Bedeutungszuordnung und Tatsachenzuordnung schienen so unlösbar miteinander verquickt zu sein, daß es sich empfahl, die Sätze jener Miniaturtheorie wahlweise als *quasi-analytische* oder als *quasi-synthetische* Aussagen zu charakterisieren: die Verwerfung *aller* dieser Aussagen würde einen Verstoß gegen die *Bedeutung* von „Wollen" bzw. „Begehren" darstellen; der Verwerfung *einiger* unter ihnen auf Grund neuer wissenschaftlicher Befunde hingegen stünde nichts im Wege (für eine genauere Diskussion vgl. a. a. O. S. 402—404).

Man könnte die These, daß es überhaupt *nicht sinnvoll* sei, in $L_T$ die analytisch-synthetisch-Dichotomie einzuführen, auch durch das folgende, in II,3 in ganz anderem Zusammenhang benützte historische Beispiel für die Fehleinschätzung der Einfachheitssituation in der Physik stützen. H. POINCARÉ hatte die Auffassung vertreten, daß man stets die *euklidische Geometrie* als physikalische Geometrie verwenden werde, *da diese unter allen geometrischen Systemen das einfachste sei.* Daß man es prinzipiell immer so einrichten könne, dieses Ziel zu erreichen, hatte er bewiesen. Diese Überlegung hätte zu dem auf den ersten Blick recht plausiblen Entschluß führen können, die Axiome der euklidischen physikalischen Geometrie und damit auch deren Folgerungen zu analytischen Sätzen zu erklären. Dies hätte zu der Konsequenz geführt, *daß die allgemeine Relativitätstheorie in der Einstein-Fassung überhaupt nicht hätte aufgestellt werden können.* Durch den Beschluß wäre nämlich die euklidische Geometrie gegen jede Revisionsmöglichkeit immunisiert worden, so daß die Errichtung eines physikalischen Systems auf der Basis einer nichteuklidischen Geometrie ausgeschlossen gewesen wäre. Die allgemeine Relativitätstheorie in der Einstein-Fassung aber macht gerade von nichteuklidischen Geometrien Gebrauch.

Worin lag POINCARÉs Fehler? In der Außerachtlassung der Tatsache, daß es bei der Beurteilung einer naturwissenschaftlichen Theorie unter dem Gesichtspunkt der Einfachheit nicht genügt, eine noch so große *Teiltheorie* in Betracht zu ziehen, sondern daß man *die Einfachheit des Gesamtsystems* verlangen muß. EINSTEINs geniale neue Einsicht, die zur allgemeinen Relativitätstheorie führte, bestand in der Erkenntnis, daß mit dem Übergang zu komplizierteren geometrischen Systemen eine Vereinfachung der Gesamttheorie gelingt (vgl. auch II, 3). Dieses Beispiel zeigt besonders deutlich, wie gefährlich eine *Immunisierungsstrategie* sein kann, die implizit in der Erweiterung der logischen Wahrheit zur analytischen Wahrheit enthalten ist.

Alle diese Überlegungen bestärken die Zweifel an der Sinnhaftigkeit eines über die logische Wahrheit hinausreichenden Analytizitätsbegriffs für die theoretische Sprache. Jetzt sollen noch Gründe betrachtet werden, die *gegen die Durchführbarkeit* des Programms sprechen. Dazu gehen wir von der Frage aus: *Was für Sätze sollten als A-Postulate verwendet werden?*

Eine Möglichkeit bestünde darin, *die Axiome der Theorie T* als A-Postulate zu wählen. Man erkennt jedoch sofort, daß dies *keine brauchbare Wahl* wäre. Die Axiome von $T$ bilden nicht mehr als einen empirisch uninterpretierten Kalkül. Die theoretischen Terme werden dadurch nur in bezug auf ihre strukturellen Beziehungen festgelegt; semantisch gesprochen: *die Postulate von T verlangen nicht mehr, als daß die möglichen Modelle von T eine ganz bestimmte Struktur besitzen.* Das semantische Problem des Unterschiedes zwischen analytischen und synthetischen Aussagen läßt sich erst *formulieren*, nachdem die Zuordnungsregeln $Z$ zu der in der naturwissenschaftlichen Theorie $T$ beschriebenen mathematischen Struktur hinzugefügt worden sind. Denn erst diese Regeln liefern eine wenn auch nur partielle *empirische Deutung* der theoretischen Terme. Wir können somit ein erstes negatives Resultat festhalten: Weder die reine Theorie $T$ als ganze noch ein Teil davon eignet sich für die Wahl der analytischen Sätze.

Eine zweite Möglichkeit bestünde darin, die Regeln $Z$ als A-Postulate zu erklären. Als Motivation für die Wahl könnte man sich darauf berufen, daß die Regeln $Z$ empirische *Bedeutungsregeln* darstellen. Aber diese Regeln, für sich genommen, vernachlässigen wiederum ganz die strukturellen Relationen, welche durch $T$ ausgedrückt werden. Auch die Korrespondenzregeln *allein* genügen also nicht, um die Bedeutungen der theoretischen Terme festzulegen.

Soll man also die Konjunktion $T \wedge Z$ als A-Postulat wählen? Hier sind zwar *beide* Bedeutungskomponenten, die strukturelle wie die empirische, berücksichtigt. Wir würden also sicherlich nicht einen zu schwachen Satz wählen. *Dagegen würde es sich zweifellos um die Wahl einer viel zu starken Aussage handeln.* $T \wedge Z$ ist ja die *gesamte* interpretierte Theorie, also ein wissenschaftliches System *mit Tatsachengehalt.* Aus $T \wedge Z$ können wir im nichttrivialen Fall, d. h. wenn die interpretierte Theorie überhaupt „etwas über die Welt aussagt", unbegrenzt viele nicht-analytische Beobachtungsaussagen herleiten. Anders ausgedrückt: *Die Konjunktion $T \wedge Z$ ist sicherlich eine synthetische und keine analytische Aussage*[9].

[9] Für ein anschauliches Beispiel vgl. CARNAP, [Physics], S. 268f.

Diese drei negativen Resultate lassen sich weiter stützen durch die Überlegung, was geschehen soll, wenn die Theorie durch die Erfahrung erschüttert wird. Hätte man $T$ für analytisch wahr erklärt, so könnte sich die notwendig werdende Revision der Theorie nur mehr auf die Regeln $Z$ erstrecken. Würde man die A-Postulate mit den Zuordnungsregeln identifizieren, so wären diese zu unwiderruflichen Prinzipien erhoben worden, und der wissenschaftliche Umbau der Theorie müßte sich auf den Teil $T$ beschränken. Die Gleichsetzung von $T \wedge Z$ mit den A-Postulaten käme schließlich ganz der unwissenschaftlichen Einstellung gleich, die gesamte Theorie gegen jede mögliche, mit ihr unverträgliche Erfahrung zu immunisieren. Aber auch die beiden ersten Wege würden meist ein ernsthaftes Hemmnis für den wissenschaftlichen Fortschritt bedeuten. Denn ein Wissenschaftler sollte doch die Freiheit haben, bei Vorliegen von Erfahrungen, die mit seiner Theorie nicht vereinbar sind, *entweder* die Axiome *oder* die Zuordnungsregeln *oder* beides zu ändern.

Diese kurze Schilderung dreier möglicher unbefriedigender Wahlen von Analytizitätspostulaten zeigt zugleich die Wurzel für die Schwierigkeit einer solchen Wahl auf: In $T$ wird die *empirische* Bedeutungskomponente vernachlässigt; in $Z$ wird die *strukturelle* Bedeutungskomponente vernachlässigt; in $T \wedge Z$ werden zwar beide Bedeutungskomponenten berücksichtigt, doch handelt es sich dabei um eine viel zu starke *synthetische* Aussage, aus der alle beobachtungsmäßigen Konsequenzen der Theorie herleitbar sind.

Alle diese Überlegungen stimmen mit früheren Betrachtungen überein, die ebenfalls zu dem Ergebnis zu führen schienen, *daß in einer partiell empirisch interpretierten Theorie Bedeutungskomponente und Tatsachenkomponente unlöslich miteinander verwoben sind.*

CARNAP ist sich all dieser Schwierigkeiten voll bewußt. Trotzdem vertritt er die Auffassung, daß die analytisch-synthetisch-Dichotomie in bezug auf die theoretische Sprache sowohl *durchführbar* als auch *sinnvoll* ist. Die Lösung des Problems soll mit Hilfe des Ramsey-Satzes erfolgen.

Dabei will CARNAP keineswegs die folgende sich anbietende Radikallösung benützen, die kurz so zu schildern wäre: „In $TZ^R$ sind die theoretischen Terme verschwunden. Damit gibt es keine theoretische Sprache mehr. Also ist auch das Problem beseitigt worden, den Begriff der analytischen Aussage für die theoretische Sprache zu definieren. Die einzige Sprache, mit der wir es zu tun haben, ist die erweiterte Beobachtungssprache". Dieser Schritt wäre zu radikal; denn es wird dabei von der Fiktion ausgegangen, daß im tatsächlichen Wissenschaftsbetrieb das Ramsey-Substitut an die Stelle der ursprünglichen Theorie treten könnte. Wir haben bereits gesehen, daß dies nicht der Fall ist. Es wird de facto immer mit theoretischen Termen gearbeitet werden, welche die Formulierung, aber auch die Überprüfung und die Anwendung von allgemeinen theoretischen Prinzipien und Gesetzen ungemein erleichtern. Den Ausgangspunkt der Überlegung muß also die Annahme bilden, daß die theoretischen Terme aus der Wissenschaft *nicht* eliminiert worden sind.

Statt der Aufsplitterung der interpretierten Theorie in die beiden Sätze $T$ und $Z$ schlägt CARNAP *zum Zweck der Lösung des gegenwärtigen Problems* die Aufgliederung von $T \wedge Z$ in *zwei andere* Sätze $A_T$ und $F_T$ vor, von denen der erste *als Analytizitätspostulat für die theoretischen Terme* dient, während der zweite *den faktischen Gehalt der Theorie* ausdrückt.

(*a*) *Die Wahl von* $F_T$. Dieser Teil muß die Leistung vollbringen, daß er alle beobachtungsmäßigen Folgerungen der Theorie liefert. Der Ramsey-Satz tut dies, wie in Abschn. 4 gezeigt worden ist. Es liegt somit nahe, als $F_T$ den Satz $TZ^R$ zu wählen. Diese Wahl muß als merkwürdig erscheinen, wenn man von den Überlegungen von V ausgeht: Der den Tatsachengehalt der Theorie spiegelnde Satz $F_T$ wird nicht in der Weise gefunden, daß die theoretischen Terme gedeutet und als signifikant erwiesen werden. Der Ramsey-Satz *deutet nicht* die theoretischen Terme; *er enthält sie überhaupt nicht mehr*. Da es vom logischen Standpunkt aus nur auf die erwähnte *Leistungsfähigkeit* ankommt, bildet diese Befremdlichkeit höchstens ein psychologisches Faktum, jedoch keinen sachlichen Einwand gegen die Wahl. CARNAP schlägt daher vor, *$F_T$ mit $TZ^R$ gleichzusetzen.*

(*b*) *Die Wahl von* $A_T$. Für die gegenwärtige Aufgabe ist dies der springende Punkt. Die früheren Gegenargumente ließen starke Zweifel aufkommen, ob eine adäquate Wahl von $A_T$ möglich sei. Nachdem $F_T$ gewählt worden ist[10], reduziert sich für CARNAP dieses Problem auf die folgende rein logische Aufgabe: Es sind *zwei Daten* gegeben, nämlich: (1) $F_T$ ist identisch mit $TZ^R$. (2) $F_T$ und $A_T$ zusammen müssen ausreichen, um die gesamte Theorie auszudrücken; etwas exakter formuliert: *die Konjunktion von $F_T$ und $A_T$ muß $T \wedge Z$ logisch implizieren.*

Nun gilt das folgende logische Lemma: Für zwei gegebene Sätze $S_1$ und $S_2$ bildet das Konditional $S_1 \rightarrow S_2$ den *schwächsten* Satz, der zusammen mit $S_1$ den Satz $S_2$ logisch impliziert.

Wendet man dieses Lemma auf die beiden Daten an, d. h. wählt man als $S_1$ den Satz $TZ^R$ und als $S_2$ den Satz $TZ$, *so ergibt sich als zwanglose Wahl des Analytizitätspostulates $A_T$ die Konditionalbehauptung: $TZ^R \rightarrow TZ$.* Aus $F_T$ und $A_T$ ergibt sich tatsächlich, wie verlangt, mittels modus ponens der Satz $TZ$, d. h. $T \wedge Z$.

---

[10] Die Reihenfolge in der Wahl der beiden Sätze ist für ein Verständnis des methodischen Vorgehens CARNAPs wesentlich. Unsere intuitiven Erwägungen – oder sollte man besser sagen: unsere intuitive Voreingenommenheit? – würden ja eigentlich die Erwartung nähren, daß *in einem ersten Schritt* die Bedeutungspostulate gewählt werden und erst *in einem zweiten Schritt* der Tatsachengehalt der vorgegebenen Theorie bestimmt wird. CARNAPs Trick besteht in der Umkehrung dieser beiden Aufgaben.

Es ist noch zu überprüfen, ob diese Wahl von $A_T$ auch der Adäquatheitsbedingung für den Begriff der Analytizität genügt, welche verlangt, *daß dieser Satz frei von Tatsachengehalt ist.* Dies kann man unter Verwendung des Resultates von Abschn. 4 unmittelbar ersehen: Sowohl das Antecedens $TZ^R$ als auch das Konsequens $T \wedge Z$ von $A_T$ haben *genau dieselben beobachtungsmäßigen Konsequenzen.* Der Wenn-dann-Satz, welcher die erste Behauptung mit der zweiten verknüpft, kann daher keine solchen Konsequenzen haben. In einem Bild gesprochen: Er sagt nichts über die Welt aus. Dieser Umstand im Verein mit der gerade angestellten logischen Überlegung scheint die Wahl von $A_T$ endgültig zu rechtfertigen.

Inhaltlich könnte man das, was $A_T$ sagt, etwa durch die folgende Aussage wiedergeben: „Wenn Entitäten existieren — nämlich jene Entitäten, auf die sich das Quantorenpräfix des Ramsey-Satzes bezieht —, welche

(1) durch die Relationen *miteinander* verknüpft sind, die in den theoretischen Postulaten von $T$ ausgedrückt sind, und

(2) *zu den beobachtbaren Entitäten* in den Beziehungen stehen, die in den Zuordnungsregeln beschrieben werden,

dann ist die Theorie selbst wahr."

Das Postulat $A_T$ erzwingt somit eine bestimmte Deutung der theoretischen Terme, unabhängig von deren Tatsachengehalt, indem es, in etwas gröberer Formulierung, besagt: „Wenn die Welt so beschaffen ist, wie der Ramsey-Satz dies besagt, dann sind die theoretischen Terme so zu deuten, daß sie die Theorie erfüllen."

Zur Übung bilde der Leser den Satz $A_T$ für das in Abschn. 3 skizzierte Beispiel und verdeutliche sich dessen Inhalt.

Wir setzen voraus, daß für die Beobachtungssprache $L_B$ geeignete Analytizitätspostulate gewählt wurden. Ihre Konjunktion heiße $A_B$. Was aus der Konjunktion $A_B \wedge A_T$ logisch folgt, ist A-wahr. Sätze, deren Negationen aus dieser Konjunktion logisch folgen, sind A-falsch.

Carnap führt des weiteren P-Begriffe ein. Der Grundbegriff ist der der *P-Gültigkeit*[11]. Darunter fällt alles, was aus *sämtlichen* Postulaten der Theorie gefolgert werden kann. Die P-gültigen Sätze sind also genau die logischen Folgerungen der Konjunktion: $T \wedge Z \wedge A_B \wedge A_T$. Sofern wir uns auf die in $L_B$ formulierbaren P-gültigen Sätze beschränken wollen, können wir die beiden ersten Konjunktionsglieder durch $TZ^R$ ersetzen.

Insgesamt ergibt sich die folgende Klassifikation aller sinnvollen Aussagen von $L$. *Die Relativität auf eine bestimmte Theorie sowie auf die zugrunde liegende Logik und evtl. auf bestimmte frei zu wählende Analytizitätspostulate der Beobachtungssprache ist dabei zu beachten.* Das Schema „$X$-indeterminiert" ist hierbei definiert als „weder $X$-wahr noch $X$-falsch" bzw. „weder $X$-gültig

[11] Carnap spricht statt dessen von *P-Wahrheit.* Dies ist insofern eine etwas irreführende Terminologie, als $TZ$ in dem Sinn falsch sein kann, daß sie sich mit künftigen Beobachtungen nicht in Einklang bringen läßt.

noch $X$-ungültig". (Die P-Ungültigkeit eines Satzes bedeutet analog wie oben die P-Gültigkeit seiner Negation.) Durch Einsetzung von „L", „A" und „P" für „X" erhält man drei verschiedene Begriffe. Einen Überblick über sämtliche Klassifikationen von Sätzen liefert das folgende Bild; das Rechteck symbolisiere dabei die Klasse sämtlicher syntaktisch zulässiger Aussagen:

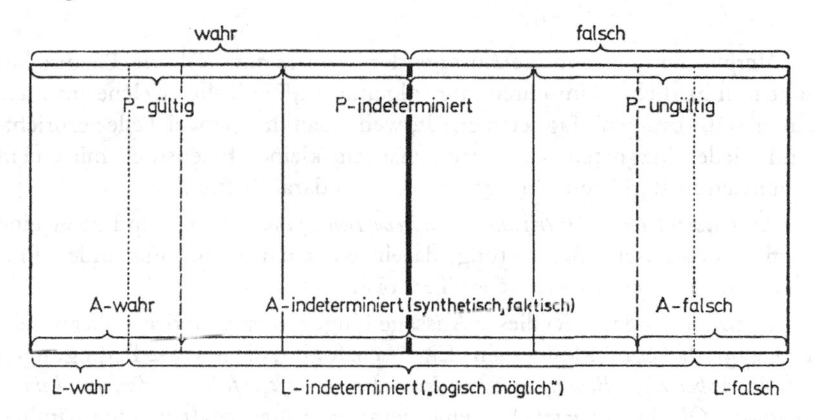


Dieses Schema, welches im Prinzip mit dem von CARNAP gegebenen übereinstimmt[12], hat allerdings einen Schönheitsfehler, der nicht übersehen werden sollte: Es enthält insofern eine starke Idealisierung, als darin von der erstrebten und — hoffentlich! — einmal erreichbaren *wahren* Theorie ausgegangen wird. Denn nur unter dieser Voraussetzung darf die P-Gültigkeit als in der Wahrheit enthalten angenommen werden. Von der historischen Relativität der Theorien auf die in einer Wissenssituation bekannte und anerkannte Basis wird dabei abstrahiert. Mit der Einbeziehung der drei P-Begriffe in das obige Schema läuft man somit Gefahr, ein fiktives Bild der Wissenschaft aufzustellen: Möglicherweise stellen sich auf lange Sicht alle *von Menschen entworfenen* Hypothesen als unhaltbar heraus. In diesem Fall würde CARNAPs Begriff der P-Gültigkeit eine axiomatisierte Theorie vorwegnehmen, die menschlich unerreichbar ist.

## 7. Hat Carnap einen Nachteil des Ramsey-Satzes übersehen?

Wir betrachten das in VI,4.f (S. 396 ff.) benützte Beispiel. Und zwar beschränken wir uns auf die beiden dortigen Sätze (2) und (3). Ihre Konjunktion bilde unsere Theorie. Als einzigen darin vorkommenden theoretischen Term nehmen wir so wie früher wieder das Prädikat „$M$" an. Die vier

[12] CARNAP, a. a. O., S. 273.

übrigen Prädikate seien Beobachtungsterme. Wie sieht der Ramsey-Satz dieser Miniaturtheorie aus? Wenn wir in (2) bezüglich „$Mx$" eine Exportation vornehmen und danach in zulässiger Weise zwei Quantoren nach hinten schieben, so lautet der Satz:

$$(R)\quad \vee W \wedge x \{[Wx \rightarrow \wedge y \wedge z((Bxyz \wedge Sx) \rightarrow (Wy \wedge Wz))] \wedge [Wx \rightarrow \wedge y(Exy \rightarrow Hxy)]\}.$$

Vergleichen wir nun die Aussage der Theorie mit ($R$)! Die Theorie besagt in inhaltlicher Umschreibung folgendes: „Die Teile, welche man aus einem stabförmigen Magneten erhält, wenn man ihn in zwei Teile zerbricht, sind wieder Magneten. Und wenn man ein kleines Eisenstück mit einem Magneten in Berührung bringt, so bleibt es daran haften."

*Dies scheint eine nichttriviale empirische Behauptung zu sein*, und zwar eine partiell theoretische Behauptung, da einer der darin vorkommenden Prädikatausdrücke ein theoretischer Term ist.

Der Ramsey-Satz ($R$) dieser Aussage hingegen ist eine *triviale* Wahrheit. Er besagt, daß es mindestens eine Eigenschaft gibt, die gewisse Bedingungen erfüllt, *wobei diese Bedingungen von jeder Eigenschaft erfüllt werden, die keinem physischen Objekt zukommt.* Für eine derartige Eigenschaft werden nämlich *bezüglich jedes beliebigen Objektes* die beiden Antecedensaussagen von ($R$) falsch und ($R$) selbst wird daher richtig. Solche Eigenschaften — und zwar sogar nomologische — lassen sich in beliebiger Anzahl angeben: die Eigenschaft, ein Mensch von 10.000 kg Gewicht zu sein; die Eigenschaft, ein fester Körper mit einer Temperatur von 400 Milliarden Grad Hitze zu sein; die Eigenschaft, ein perpetuum mobile zu sein.

Die Trivialitätsbehauptung bezüglich ($R$) läßt sich sogar verschärfen: Der Ramsey-Satz ist nicht nur trivial wahr, sondern darüber hinaus *logisch wahr*, da er sich durch Einsetzung aus einem Theorem der Logik zweiter Stufe ergibt. Intuitiv kann man sich davon am besten dadurch überzeugen, daß man für die Variable „$W$" nicht nur ein faktisch leeres, sondern ein *kontradiktorisches* Prädikat einsetzt.

Man kann aus diesem Beispiel leicht eine *allgemeine* Aussage darüber abstrahieren, *wann eine scheinbar nichttriviale Theorie einen trivialen Ramsey-Satz besitzt.* Dies wird immer dann der Fall sein, wenn die Theorie aus einer Konjunktion von Allsätzen von Konditionalform besteht, wobei in den Vordergliedern als Prädikate nur theoretische Terme auftreten. (Die Hinterglieder können dagegen sowohl Beobachtungsterme als auch theoretische Terme enthalten; man beachte, daß diese Hinterglieder ihrerseits Konditionalform haben können.) Daß eine nichttriviale Theorie einen trivialen Ramsey-Satz haben kann, ist erstmals von I. SCHEFFLER behauptet worden[13].

---

[13] Vgl. [Anatomy], S. S18, sowie [Reflections].

Das Hempelsche Beispiel wurde unter diesem Gesichtspunkt von P. ACHINSTEIN analysiert[14].

Sofern man diese Feststellung kritiklos hinnehmen müßte, liefe sie auf eine partielle Entwertung der Ramsey-Methode hinaus. *Diese partielle Entwertung würde sich offenbar auch auf* CARNAPS *Methode der Einführung der analytisch-synthetisch-Dichotomie in die theoretische Sprache übertragen.* Falls nämlich das Ramsey-Substitut einer nichttrivialen Theorie $TZ$ einen trivialen Gehalt hat, ist die Wahl von $TZ^R$ zur Wiedergabe des *faktischen Gehaltes* $F_T$ einer Theorie *inadäquat.* Damit wäre aber auch die Wahl von $A_T$ inadäquat, weil diese sich bei Befolgung der Carnapschen Methode auf die *vorherige* Gleichsetzung des Tatsachengehaltes $F_T$ der Theorie mit $TZ^R$ stützt.

Nun ist aber, wie H. G. BOHNERT zutreffend hervorgehoben hat, der eben geschilderte Einwand unbegründet[15]. Die in diesem Einwand stillschweigend gemachte Voraussetzung bestand in der Annahme, daß die Originaltheorie nicht trivial ist. Das „nicht trivial" stützte sich dabei auf die Feststellung, daß diese Theorie nicht logisch wahr sei. Gegen diese Annahme läßt sich folgendes vorbringen: Nach dem früheren Beweis ist die Klasse der aus einer Theorie folgenden Beobachtungssätze identisch mit der Klasse der aus dem Ramsey-Substitut der Theorie ableitbaren Beobachtungssätze. Da das Ramsey-Substitut im vorliegenden Fall logisch wahr ist *und daher überhaupt keine beobachtungsmäßigen Folgerungen besitzt*, ist somit auch die Klasse der Beobachtungssätze, welche aus der Originaltheorie folgen, leer. *Eine solche Theorie wird man aber mit Recht als trivial bezeichnen dürfen.*

So ergibt sich die paradoxe Situation, daß der scheinbare Einwand gegen die Ramsey-Methode in Wahrheit dafür verwertet werden kann, *ein Indiz für die Trivialität der Originaltheorie zu liefern.* Dies schmälert nicht, *sondern erhöht die Bedeutung des Ramsey-Satzes.* Wir können ja nun die folgende *generelle hinreichende Bedingung für die Trivialität einer Theorie* formulieren: Eine Theorie ist stets dann *empirisch trivial*, wenn sie entweder logisch wahr ist oder zwar selbst nicht logisch wahr, jedoch ein logisch wahres Ramsey-Substitut besitzt.

Eine derartige Festsetzung scheint zu den faktischen Beispielen in Widerstreit zu stehen. Doch dürfte dieser vermeintliche Widerstreit nur *psychologische Wurzeln* haben. So z. B. scheint die in dem auf die Formel ($R$) folgenden Absatz wortsprachlich formulierte Miniaturtheorie eine nichttriviale empirische Aussage zu beinhalten, ungeachtet der Tatsache, daß aus dieser Theorie keine Beobachtungssätze gefolgert werden können. Diese scheinbare Nichttrivialität beruht jedoch darauf, daß der darin vorkommende Ausdruck „Magnet" zahlreiche Assoziationen hervorruft, in

[14] Vgl. [Concepts], S. 84.
[15] Vgl. [Defense], insbesondere S. 280.

denen anderes faktisches Wissen über die Eigenschaft *magnetisch* zur Geltung kommt. Alles derartige Wissen hat man jedoch völlig außer Betracht zu lassen, wenn man das obige Beispiel *als eine für sich abgeschlossene Miniaturtheorie* in Betracht zieht.

Auf die Frage der L-Wahrheit des Ramsey-Substitutes einer nicht L-wahren Originaltheorie kommen wir in einem anderen Zusammenhang nochmals in Abschn. 9 zurück.

## 8. Zur Frage der Relevanz oder Irrelevanz des Ramsey-Satzes für das Problem der empirischen Signifikanz

Angenommen, jemand nimmt trotz aller skeptischen Argumente in V, 13 das Problem der empirischen Signifikanz weiterhin philosophisch ernst. Er müßte dann zu der Feststellung gelangen: *Das von Ramsey entwickelte Verfahren liefert ebensowenig wie die Craigsche Methode einen Beitrag zum Problem, wie sich die empirische Signifikanz theoretischer Terme ermitteln läßt.*

Dies erkennt man unmittelbar, wenn man nicht von einer axiomatisierten *empirischen Theorie,* sondern von einer axiomatisierten *metaphysischen* Theorie — das Wort „metaphysisch" im traditionellen Sinn verstanden — ausgeht, z. B. von einer Theorie, welche Terme enthält, wie „die Weltsubstanz", „das An-und-für-sich-sein des absoluten Geistes", „die Nichtung des Nichts". Das Ramsey-Substitut einer solchen Theorie läßt sich in genau derselben Weise bilden wie das Ramsey-Substitut einer physikalischen Theorie. Man hat dazu einfach diese metaphysischen Terme zu theoretischen Termen zu erklären, sie durch Variable zu ersetzen und der so gewonnenen Formel ein geeignetes Präfix von Existenzquantoren voranzustellen.

Es wäre also nicht korrekt, wenn ein Empirist in bezug auf eine physikalische Theorie, welche Terme, wie „Positron", „Spin" etc. enthält, so argumentieren wollte: „Die schwierigen Probleme der empirischen Signifikanz dieser Terme treten überhaupt nicht mehr auf, wenn man sich auf den Ramsey-Satz dieser Theorie bezieht. Denn diese Probleme verschwinden automatisch dadurch, daß in diesem Satz die fraglichen Terme nicht vorkommen." Das Argument ließe sich nämlich *wörtlich* wiederholen, wenn man die betreffenden physikalischen Terme durch metaphysische Terme von der oben erwähnten Art ersetzt hätte.

Auch dem möglichen Gegeneinwand, daß die erste Theorie im Gegensatz zur zweiten beobachtungsmäßige Konsequenzen habe, ließe sich leicht begegnen. Man hätte zur metaphysischen Theorie nur eine Reihe von Beobachtungssätzen, die auch vom Metaphysiker akzeptiert werden, konjunktiv hinzufügen. Diese Beobachtungssätze wären dann triviale Folgerungen der metaphysischen Theorie und daher ebenso des Ramsey-Substitutes dieser Theorie. Für Details sei der Leser nochmals auf die Ausführungen in V, 9 verwiesen.

*Immerhin könnte der Ramsey-Satz vom Empiristen dazu verwendet werden, um daran seine letzten Hoffnungen aufzuhängen.* Vorausgesetzt nämlich, daß die Behebung anderer Schwierigkeiten gelingen würde, wäre es prinzipiell möglich, einen empirischen Signifikanzbegriff mit seiner Hilfe zu präzisieren. Dieser Begriff könnte offenbar zum Unterschied von CARNAPS Intention nicht zur Beurteilung der Signifikanz *einzelner* theoretischer Begriffe, sondern höchstens zur Abgrenzung *ganzer empirischer Theorien* gegenüber metaphysischen Theorien benützt werden. Zu den Schwierigkeiten, die als Vorbereitung dafür behoben werden müßten, gehören vor allem die in V, 9 geschilderten Probleme. Wie bereits dort betont wurde, besteht z. B. die Forderung nach der Formulierung korrekter Adäquatheitsbedingungen für Zuordnungsregeln ganz unabhängig vom Carnapschen Programm eines Signifikanzkriteriums für isolierte theoretische Terme. Bezeichnen wir interpretierte Theorien, die solche noch zu präzisierenden Bedingungen erfüllen, als *interpretatorisch befriedigend*, so könnte der Empirist versuchsweise die Definition aufstellen: Eine Theorie ist empirisch signifikant, wenn sie *nicht* in dem im vorangehenden Abschnitt angegebenen Sinn *empirisch trivial* ist und wenn sie außerdem eine *interpretatorisch befriedigende* Theorie darstellt.

Die Chancen, auf diesem Wege doch noch zu einer Unterscheidung in empirisch signifikante und empirisch nicht signifikante Theorien zu gelangen, müssen jedoch auf Grund der prinzipiellen Überlegungen in V, 13 als sehr gering eingeschätzt werden.

## 9. Diskussion der induktiven Leistungsfähigkeit des Ramsey-Satzes

**9.a** Wir legen wieder dasselbe Beispiel zugrunde, das wir bereits bei der Erörterung der Frage benutzten, ob die Craigsche Bildttheorie genüge, um induktive Relationen zwischen Sätzen der Originaltheorie nachzuzeichnen (vgl. VI,4.f). Und zwar nehmen wir nicht nur an, daß die vier Aussagen (1) bis (4) verfügbar sind, sondern außerdem der Satz (5), von dem aus die beiden geschilderten Induktionsschritte zu (7) führen. Wir sind auf dieses Beispiel bereits in Abschn. 7 zurückgekommen. Den Ramsey-Satz der aus der Konjunktion (2) $\wedge$ (3) bestehenden Theorie haben wir dort angeschrieben und mit ($R$) bezeichnet.

Unser Problem läßt sich folgendermaßen formulieren: Können wir unser komplexes Argument, das aus deduktiven *und induktiven* Schritten bestand, wiederholen, wenn wir die Originaltheorie (2) $\wedge$ (3) durch ihr Ramsey-Substitut ersetzen? Im positiven Fall, so könnte man behaupten, müßte es möglich sein, unter Zuhilfenahme von ($R$) aus den drei Beobachtungssätzen (5), „*Sa*" und „*Babc*" den Satz (4) zu gewinnen.

Zunächst sieht man nicht, wie so etwas möglich sein sollte. Um die einzelnen Argumentationsschritte in der Originaltheorie durchführen zu können, war es notwendig, daß die dort angeführten Sätze *als selbständige Sätze* zur Verfügung standen. So etwa konnte das Zwischenglied „*Ma*" durch induktive Schritte nur mit Hilfe von Satz (3) gewonnen werden. Dieser Satz hat sich jedoch in ($R$) in einen *unselbständigen* Formel*teil* verwandelt. Es würde offenbar nichts nützen, den in ($R$) voranstehenden Existenzquantor zu vernachlässigen und den Formelteil:

$$\wedge x\, [Wx \rightarrow \wedge y\, (Exy \rightarrow Hxy)]$$

für sich zu betrachten. Wollte man nämlich das frühere induktive Räsonieren imitieren, so käme man statt zu „*Ma*" zu „*Wa*". Was aber sollte dies bedeuten? „*Wa*" *ist ja überhaupt kein Satz, sondern eine Formel mit einer freien Prädikat- bzw. Klassenvariablen* „*W*". Und von einer satzartigen Formel mit einer freien Variablen kann man weder sagen, sie sei induktiv gut bestätigt noch sie sei nicht gut bestätigt. Daher ergibt auch die formale Übertragung des ursprünglichen Problems keine sinnvolle Frage mehr, sondern nur die *sinnlose* Pseudofrage: „Kann man vom Beobachtungsbefund (5) mittels zulässiger induktiver Schritte zur Annahme der *Formel* ‚*Wa*' gelangen?"

Eine Überlegung von der Art scheint weiterzuführen, wie sie im Rahmen sogenannter Annahmekalküle gemacht wird. ($R$) besagt, *daß es eine Entität W gibt*, welche bestimmte Bedingungen erfüllt. $W_0$ sei ein derartiges $W$. Da durch diese Annahme der Operand von ($R$) zu einem *Satz* geworden ist, können wir unter Benützung des zweiten Konjunktionsgliedes die früheren Überlegungen parallelisieren: Wir gewinnen so zunächst mittels (5) auf induktivem Wege den *Satz* $W_0 a$ und von da aus unter Benützung der beiden übrigen Beobachtungssätze den Satz (4). Falls einer der hier benützten induktiven Schritte als bedenklich empfunden werden sollte, so könnte *genau dasselbe Bedenken* auch gegen den seinerzeitigen Übergang von (5) zu „*Ma*" vorgebracht werden.

Diese Überlegung scheint zu dem Resultat zu führen, *daß das Ramsey-Substitut in bezug auf die induktive Leistungsfähigkeit der Craigschen Ersatztheorie prinzipiell überlegen ist.* Denn was die letztere betrifft, so mußten wir feststellen, daß sich darin ein in der Originaltheorie vollzogenes induktives Räsonieren in der Regel *nicht* reproduzieren läßt. Wie ist diese Divergenz zu erklären? Die folgende Antwort liegt nahe: Die beiden Ersatzsysteme haben zwar dies gemeinsam, daß sie keine theoretischen Terme enthalten. Sie unterscheiden sich aber voneinander wesentlich dadurch, daß die Craigsche Bildtheorie außerdem *strukturell vollkommen verschieden ist von der Originaltheorie*, während der hinter dem Quantorenpräfix stehende Operand des Ramsey-Satzes *genau dieselbe Struktur besitzt wie die Originaltheorie.* Man braucht dann nur jene in mathematischen Beweisen ganz gebräuchliche und in den Annahmekalkülen formal nachgezeichnete Art von Überlegung anzustellen, die in dem Übergang von einer Existenzbehauptung zu einem nicht näher spezifizierten Objekt besteht, das die im Operand stehende Bedingung erfüllt.

Die Tatsache, daß sich eine derartige Überlegung vollziehen läßt, muß allerdings die mißtrauische Frage aufkommen lassen: „*Wenn diese Art von Übergang zulässig ist, wodurch unterscheidet sich denn dann das Ramsey-Substitut überhaupt noch von der Originaltheorie? Handelt es sich etwa nur um einen ‚Unterschied dem Buchstaben nach', nicht jedoch um einen ‚Unterschied dem Sinn nach'?*" Dieses in die Richtung des ontologischen Aspektes des Ramsey-Satzes weisende Problem wird im letzten Abschnitt genauer zur Sprache kommen.

Im Augenblick verweilen wir noch etwas beim induktiven Räsonieren. I. SCHEFFLER betont, daß zwar der Ramsey-Satz vermutlich der Craigschen Bildtheorie in bezug auf die induktive Leistungsfähigkeit überlegen sei, daß es jedoch voreilig wäre anzunehmen, der Ramsey-Satz besitze *genau dieselbe* induktive Leistungsfähigkeit wie die Originaltheorie[16].

Ähnlich wie in Abschn. 7 gehen wir von einer nicht L-wahren Theorie aus, deren Ramsey-Substitut L-wahr ist, etwa von der folgenden:

(*a*) $\wedge x\,[(fx \rightarrow Gx) \wedge (fx \rightarrow Hx)]$.

Dabei sei „$f$" der einzige darin vorkommende theoretische Term. Der Ramsey-Satz von (a) lautet:

(*b*) $\vee Z \wedge x\,[(Zx \rightarrow Gx) \wedge (Zx \rightarrow Hx)]$.

Angenommen, es stehe der folgende empirische Befund zur Verfügung:

(*c*) $Hd$.

Es möge gestattet sein, dieses Datum wegen (*a*) als eine wenn auch schwache *induktive Basis* oder als ein *induktives Indiz* für einen Schluß auf:

(*d*) $fd$

zu verwerten. Dieses Ergebnis gestattet wegen (*a*) einen *rein deduktiven* Übergang zu:

(*e*) $Gd$.

Sofern man den induktiven Schluß für gerechtfertigt hält — was wir für den Augenblick tun wollen —, kann man sagen: *Auf der Basis der Originaltheorie (a) stützt der empirische Befund „Hd" induktiv die Beobachtungsaussage „Gd"*.

Unter Benützung der obigen Überlegung: „$Z_0$ sei ein $Z$ von der in (*b*) geforderten Art" *können wir denselben Übergang von „Hd" zu „Gd" auch auf der Grundlage des Ramsey-Satzes (b) von (a) vornehmen.*

[16] Vgl. SCHEFFLER, [Anatomy], S. 218ff.

Jetzt entsteht aber eine Schwierigkeit wegen der Tatsache, *daß (b) eine logische Wahrheit der Logik der zweiten Stufe ist* (für einen raschen intuitiven Nachweis spezialisiere man die Variable „$Z$" zu „$G \wedge H$"). Neben (*b*) ist nämlich auch die folgende Aussage logisch wahr:

$$(b') \quad \vee Z \wedge x\,[(Zx \rightarrow \neg Gx) \wedge (Zx \rightarrow Hx)].$$

Statt (*b*) ist also auch diese Aussage als Zwischenglied verwendbar und würde ergeben, daß „$\neg Gd$" auf der Basis von „$Hd$" induktiv gut bestätigt ist.

Stützt man das induktive Argument hingegen auf die Originaltheorie, so ist ein analoger Übergang *nicht* möglich. Denn damit, daß die Theorie (*a*) akzeptiert wurde, braucht selbstverständlich *nicht* außerdem die Theorie akzeptiert zu sein, die aus (*a*) dadurch hervorgeht, daß darin „$G$" durch „$\neg G$" ersetzt wird:

$$(a') \quad \wedge x\,[(fx \rightarrow \neg Gx) \wedge (fx \rightarrow Hx)]\,.$$

Nur bei Annahme von (*a'*) jedoch würde die *ursprüngliche* Methode, die noch nicht vom Ramsey-Satz Gebrauch macht, ebenfalls zu dem Resultat führen, daß mit (*e*) auch dessen Negation induktiv gestützt sei.

Auf Grund dieser Überlegung gelangt SCHEFFLER zu dem Schluß, daß in einem Fall wie dem vorliegenden nur die Originaltheorie, nicht jedoch das Ramsey-Substitut dieser Theorie *eine auszeichnende induktive Bestätigung* liefere: Mit Hilfe der Originaltheorie wird ja *Gd* gegenüber seiner Negation durch den Befund *Hd ausgezeichnet*; denn die Negation findet dort keine Bestätigung. Geht man hingegen zum Ramsey-Satz über, *so geht diese Auszeichnung verloren*, da man statt (*b*) den L-wahren Satz (*b'*) benützen kann, der die Bestätigung von $\neg Gd$ liefert.

**9.b** Diesem Einwand von SCHEFFLER kann man mit einem ähnlichen Argument begegnen wie jenem, das am Ende des vorletzten Abschnittes vorgebracht worden ist. Die stillschweigende Voraussetzung bei der Formulierung des Einwandes bestand ja darin, daß die vorliegende Originaltheorie *empirisch gehaltvoll* sei. In Abschn. 7 gelangten wir jedoch zu der Feststellung, daß eine Theorie als empirisch trivial zu bezeichnen ist, wenn sich der zugehörige Ramsey-Satz als logisch wahr herausstellt.

Wir wollen jetzt versuchen, *diesen Gedanken noch zu verschärfen.* Um einen bloßen Versuch muß es sich deshalb handeln, weil bis heute keine Theorie der Bestätigung vorliegt, die sich auf ein System von wissenschaftlichen Aussagen anwenden ließe, in welchem theoretische Terme vorkommen. Doch dürfte die folgende Annahme kaum anfechtbar sein:

(I) *Ein System von Aussagen, aus dem sich keine beachtungsmäßigen Folgerungen ableiten lassen, ist einer empirischen Prüfung oder Bestätigung überhaupt nicht fähig*[17].

---

[17] Auch diese These ist bereits bei H. BOHNERT, [Defense], S. 280, implizit ausgesprochen.

Jedenfalls kann man sich nicht vorstellen, wie eine auf eventuell noch so „indirektem" Wege verlaufende empirische Bestätigung einer Theorie aussehen sollte, deren *Bestätigungsbasis* (*Prüfungsbasis*) nicht in irgendwelchen akzeptierten Sätzen der Beobachtungssprache besteht[18]. Alle akzeptierten Beobachtungssätze sind vermutlich für die Frage der Bestätigung (Prüfung) der Theorie *irrelevant*, wenn die Theorie keine Sätze der Sprache $L_B$ herzuleiten gestattet.

Wir nehmen nun eine zweite, ebenfalls kaum anfechtbare These hinzu:

(II) *Eine Theorie, die nicht empirisch bestätigungsfähig (prüfbar) ist, kann auch nicht als Mittel dafür verwendet werden, gewisse empirische Aussagen mit Hilfe anderer zu stützen.*

Es sei nun $TZ$ eine Theorie, deren Ramsey-Substitut $TZ^R$ logisch wahr ist. Da die Klasse der $L_B$-Folgerungen beider Sätze nachweislich dieselbe und daher wegen der L-Wahrheit von $TZ^R$ leer ist, muß die Theorie infolge der Gültigkeit von (I) einer empirischen Bestätigung (Prüfung) unfähig sein. Wegen (II) kann sie daher auch nicht dafür verwendet werden, um gewisse empirische Behauptungen mit Hilfe anderer zu stützen. *Damit aber bricht das gesamte Argument von Scheffler zusammen.* Denn weder die Theorie (*a*) noch die Theorie (*a'*) sind empirisch bestätigungsfähig bzw. prüfbar, da sie wegen der logischen Wahrheit ihres Ramsey-Substitutes keine beobachtungsmäßigen Konsequenzen haben. Sie können daher wegen (II) auch nicht dazu benützt werden, um einen „induktiven Übergang" von $Hd$ auf $Gd$ bzw. auf $\neg Gd$ zu rechtfertigen.

*Der Umstand, daß die Ramsey-Substitute dieser beiden Theorien die fraglichen Übergänge nicht gestatten, ist somit kein Symptom für die mangelnde induktive Leistungsfähigkeit der Ramsey-Sätze, sondern umgekehrt ein Symptom für die Unbrauchbarkeit der Originaltheorie, induktive Zusammenhänge zu stiften.*

Abermals stellt sich somit heraus, daß eine Überlegung, welche prima facie auf einen *Mangel* des Ramsey-Satzes aufmerksam zu machen scheint, bei genauerer Analyse gerade den gegenteiligen Effekt hat: *Sie weist auf die zusätzliche Bedeutung des Ramsey-Satzes für die Frage der empirischen Bestätigungsfähigkeit (Prüfbarkeit) theoretischer Hypothesen hin.*

Zusammenfassend kann man das Resultat dieser Betrachtungen sowie der Überlegungen im Schlußteil von Abschn. 7 so wiedergeben: *Hinreichend (und vielleicht sogar notwendig) für die empirische Trivialität sowie für die fehlende Bestätigungsfähigkeit (Prüfbarkeit) einer Theorie ist die logische Wahrheit des Ramsey-Substitutes dieser Theorie.*

Nur nebenher sei bemerkt, daß auch ganz unabhängig von dem hier vorgebrachten Einwand das obige Argument von SCHEFFLER äußerst pro-

[18] Die Alternative „Prüfungsbasis" fügen wir deshalb ein, weil die gegenwärtigen Überlegungen im Prinzip davon unabhängig sind, ob man überhaupt an die Möglichkeit eines induktiven Räsonierens glaubt oder nicht.

blematisch ist. Für die Behauptung nämlich, daß die Aussage (*c*) auf Grund von (*b*) *eine induktive Stütze für* (*d*) (und damit auch für (*e*)) bilde, läßt sich kaum mehr anführen als *eine höchst anfechtbare intuitive Plausibilitätsbetrachtung*. Tatsache ist jedenfalls, daß *keiner* der bisherigen Versuche, einen induktiven Bestätigungsbegriff zu präzisieren — sei es mit qualitativen, sei es mit komparativen oder mit quantitativen Mitteln —, zur Rechtfertigung dieses angeblichen induktiven Schrittes herangezogen werden könnte.

Bezüglich der Frage der induktiven Leistungsfähigkeit des Ramsey-Substitutes gelangen wir somit zu dem folgenden vorläufigen Ergebnis: Unter der Voraussetzung, daß man induktive Argumente überhaupt für zulässig erklärt, ist das Ramsey-Substitut der Craigschen Ersatztheorie eindeutig überlegen. *Die bisherigen Versuche, durch Angabe konkreter Modellbeispiele den Ramsey-Satz als „induktiv mangelhaft" zu erweisen, müssen als gescheitert betrachtet werden.* Selbstverständlich aber impliziert diese Feststellung nicht die Behauptung, daß alles in der Originaltheorie vollziehbare induktive Räsonieren im Ramsey-Substitut adäquat nachgezeichnet werden kann! Ob diese sehr viel weitergehende Behauptung richtig ist oder nicht, wird sich überhaupt erst dann entscheiden lassen, wenn über die Natur induktiver Argumente größere Klarheit herrscht als heute.

Abschließend greifen wir für einen scheinbar nichttrivialen Fall auf ein Beispiel von Hempel zurück, das wir früher bei der Erörterung eines anderen Fragenkomplexes benützten (vgl. Stegmüller, [Erklärung und Begründung], S. 167f.). Um die zahlreichen formalen Abkürzungen nicht nochmals anschreiben zu müssen, begnügen wir uns mit einer inhaltlichen Wiedergabe und verweisen im übrigen auf den dortigen Text. Die Theorie besage: „Weißer Phosphor hat einen knoblauchartigen Geruch, ist löslich in Terpentin wie in Pflanzenöl wie in Äther und erzeugt bei Berührung Hautbrennen. Außerdem hat er eine Entzündungstemperatur von 30° C. Und wenn immer ein Objekt eine derartige Entzündungstemperatur besitzt, geht es bei geeigneter Lufttemperatur in Flammen auf" (a. a. O., Formeln (6) bis (12); die ersten fünf Formeln können zu einem einzigen Konditional von Allform mit einer fünfgliedrigen Konjunktion im Konsequens zusammengefaßt werden). „Weißer Phosphor" und „Entzündungstemperatur von 30° C" werden hier als theoretische Terme aufgefaßt. Prima facie scheint es sich hierbei um eine vernünftige, nicht logisch wahre und empirische Theorie zu handeln.

In (12) vernachlässigen wir die Zeitvariable und fassen die beiden Prädikate „$C$" und „$F$" als einstellige Prädikate auf. Nach Exportation wird dann diese Aussage zu: $\wedge x\,[Ix \rightarrow (Cx \rightarrow Fx)]$. Kürzen wir weiter „$Cx \rightarrow Fx$" durch „$Mx$" ab, so erhalten wir als Ramsey-Satz unserer Theorie:

$$(\ast)\quad \vee\Psi \vee\Sigma \wedge x\,[(\Psi x \rightarrow Kx \wedge Tx \wedge Px \wedge Ex \wedge Hx) \wedge (\Psi x \rightarrow \Sigma x) \wedge (\Sigma x \rightarrow Mx)].$$

Wenn man den oben angestellten Reflexionen beipflichtet, so wird durch sie auch dieses Beispiel entwertet. Die logische Wahrheit von (*) ist ein Symptom dafür, daß es sich hierbei um eine *triviale* und *nicht bestätigungsfähige* Theorie handelt.

## 10. Das Problem der ontologischen Voraussetzungen des Ramsey-Satzes

**10.a** Philosophen, die viel Zeit und Kopfzerbrechen zur Klärung der Rolle theoretischer Begriffe aufgewendet haben, könnten die Neigung verspüren, angesichts der Elimination theoretischer Begriffe durch den Ramsey-Satz in einen etwas voreiligen Enthusiasmus auszubrechen. Sind denn jetzt nicht alle philosophischen Skrupel, von denen wir in Abschn. 1 die wichtigsten in Frageform schilderten, als *Scheinprobleme* und *Scheinfragen* entlarvt und in der radikalen Weise eliminiert worden, *daß sie sich überhaupt nicht mehr formulieren lassen*?

Betrachten wir wieder solche theoretischen Terme wie „Elektron", „Positron", „Spin". Sie mögen in der Originaltheorie $TZ$ vorkommen. In $TZ^R$ sind diese Ausdrücke verschwunden. *Dies darf man jedoch nicht so interpretieren, daß* RAMSEY *„die Elektronen, den Spin von Elektronen, die Positronen etc. zum Verschwinden gebracht habe*". Dazu hat man sich bloß die inhaltliche Bedeutung des Quantorenpräfixes des Ramsey-Satzes klar vor Augen zu führen. Auf Grund dieses Präfixes *behauptet ja* gerade auch das Ramsey-Substitut, *daß es etwas in der realen Welt gibt, das genau diejenigen Eigenschaften besitzt, welche die Physiker den Elektronen, Positronen etc. zuschreiben.*

Der Ramsey-Satz führt bestenfalls zu einer Elimination *gewisser* dieser Fragestellungen. CARNAP drückt dies so aus: Es ist zwar richtig, daß auf Grund des Vorgehens RAMSEYs eine Frage wie: „was ist die genaue *Bedeutung* des Wortes ‚Elektron'?" vermieden wird, weil sich diese Frage mangels des Vorkommens des Terms „Elektron" im Ramsey-Substitut *überhaupt nicht mehr stellen läßt.* Dagegen wird die eigentlich problematische Frage: „gibt es Elektronen?" *nicht* vermieden; sie wird nur in die eben erwähnte andere Form: „gibt es *etwas*, das ...?" transformiert. Und *diese* Frage allerdings, meint CARNAP, müsse man vom Ramseyschen Standpunkt aus *genauso interpretieren und auf sie genau dieselbe Antwort geben*, die er selbst bei der Erörterung der empirischen Signifikanz theoretischer Terme vorgeschlagen hat (vgl. V, 4)[19]: Es ist die Frage, *ob die Theorie, welche den Term „Elektron" enthält, also die Quantenphysik, richtig sei.* Und wir sind in dem Maße gerechtfertigt, „an die Existenz von Elektronen zu glauben", in dem wir auf Grund der verfügbaren, die Quantenphysik bestätigenden Erfahrungsdaten berechtigt sind, diese Theorie zu akzeptieren.

[19] CARNAP, [Physics], S. 255.

An dieser Stelle müssen wir allerdings auf einen wichtigen Punkt zu sprechen kommen, wobei wir wieder an die Analysen von I. SCHEFFLER anknüpfen. Man kann den Sachverhalt in knapper Form am besten so formulieren: RAMSEYs *Vorgehen ist mit einer nominalistischen Sprachkonzeption unvereinbar, auch wenn die Annahme der Originaltheorie mit einer derartigen Konzeption verträglich ist.* Dies ist genauer zu erläutern.

Wie wir in Abschn. 4 feststellten, kann der Ramsey-Satz nicht in der ursprünglichen Beobachtungssprache formuliert werden, in der lediglich die elementare Logik zur Verfügung steht. Vielmehr ist dafür eine erweiterte Beobachtungssprache mit einer wesentlich verstärkten logischen Apparatur erforderlich. Für uns ist es im gegenwärtigen Kontext bedeutsam, das Augenmerk auf den *semantischen* Aspekt dieser höheren Logik zu richten. Hier ergibt sich: *Der Wertbereich der Variablen besteht nicht mehr bloß aus Individuen* (wie der Wertbereich der elementaren Logik), *vielmehr schließt dieser Wertbereich Klassen, Relationen oder Attribute ein.* In einem Schlagwort formuliert: *Die Entitäten, deren Existenz auf Grund des Quantorenpräfixes des Ramsey-Satzes angenommen werden muß, sind platonische Wesenheiten.*

Bereits die bisherigen Analysen machten es deutlich, daß durch das Ramsey-Substitut *eine Bezugnahme auf theoretische Entitäten nur dem Buchstaben nach, nicht jedoch dem Sinn nach vermieden* wird: Zwar kommen in der Neufassung der Theorie die theoretischen Konstanten, die gewisse Entitäten designieren, nicht mehr vor; die fraglichen Entitäten kehren jedoch *als Werte gebundener Variablen* wieder zurück.

Der Nominalist wird noch weiter gehen, nämlich die erste Hälfte dieser Aussage leugnen: *Die abstrakten Entitäten treten vielmehr erst im Ramsey-Satz als derartige Werte von Variablen auf, nicht hingegen in der Originaltheorie.* Da es sich bei den theoretischen Termen nämlich um *Prädikate* handelt, *braucht man überhaupt nicht vorauszusetzen, daß diese theoretischen Ausdrücke etwas designieren.*

Ein Analogiebeispiel möge den nominalistischen Standpunkt verdeutlichen. Jemand steht in Innsbruck vor dem Hotel zum Goldenen Adler und bemerkt:

(1) Goethe war einer der bedeutendsten Dichter und übernachtete in diesem Haus.

Daraus ist die harmlose Existenzbehauptung ableitbar:

(2) $\vee x$($x$ war einer der bedeutendsten Dichter und $x$ übernachtete in diesem Haus).

Angenommen, ein mißtrauischer Hyperempirist erkläre „einer der bedeutendsten Dichter" für einen theoretischen Term. Dann wird (2) zu einer Miniaturtheorie, deren Ramsey-Satz folgendermaßen lautet:

(3) $\vee \Psi \vee x(\Psi x \wedge x$ übernachtete in diesem Haus).

Mit dem sinnvollen Gebrauch des Prädikates „einer der bedeutendsten Dichter zu sein" wird in (2) nicht der Anspruch verbunden, *es existiere eine Eigenschaft* oder *eine Klasse*, die durch dieses Prädikat bezeichnet wird. Vielmehr wird in (2) *nur die Existenz eines* (konkreten) *Individuums* angenommen. (3) hingegen ist nicht nur in bezug auf das, *was* von diesem Individuum ausgesagt wird, *unbestimmter*; vielmehr wird darin ausdrücklich die *Existenz eines derartigen Merkmals* behauptet.

Dieses Merkmal kann entweder intensional oder extensional gedeutet werden. Im ersten Fall handelt es sich um eine *Eigenschaft* (um ein einstelliges Attribut), im zweiten Fall um eine *Klasse*. Welche Deutung auch immer zugrundegelegt wird, um *eine* Feststellung *scheint* man nicht herum zu kommen: Trotz seiner größeren Unbestimmtheit *ist der Satz* (3) *eine in ontologischer Hinsicht wesentlich stärkere Aussage als der Satz* (2); denn im Satz (2) wird nur die Existenz eines Individuums behauptet, im Satz (3) hingegen außerdem noch *die Existenz eines Nichtindividuums* (je nach Interpretation einer Eigenschaft oder einer Klasse). In den meisten anderen Beispielen (z. B. in dem Beispiel von Abschn. 2) treten außerdem noch *Relationen* und *Funktionen*, in intensionaler oder extensionaler Interpretation, als neue Entitäten hinzu, welche in die ontologischen Hypothesen des den Ramsey-Satz benützenden Theoretikers einzubeziehen sind. *Der Ramsey-Satz ist also ontologisch anspruchsvoller als die Originaltheorie.*

Ob man aus dieser Feststellung Bedenken ableitet oder nicht, hängt von zweierlei ab, nämlich: erstens davon, ob man die Frage nach den ontologischen Voraussetzungen einer Theorie überhaupt ernst nimmt (was z. B. CARNAP zum Unterschied von QUINE *nicht* tut, da er meint, die sogenannten ontologischen Voraussetzungen einer Theorie auf semantische Festsetzungen reduzieren zu können); und zweitens, *falls* man sie ernst nimmt, davon, ob man sich dann zu einer nominalistischen Position bekennt oder nicht.

Das obige Beispiel liefert außerdem eine zusätzliche Veranschaulichung für Trivialisierungen, die ein Ramsey-Satz im Gefolge haben kann: (3) beinhaltet offenbar zum Unterschied von der informativen Aussage (1) etwas höchst Triviales, allerdings zum Unterschied von den in den Abschnitten 7 und 9 betrachteten Fällen keine logische Wahrheit. (3) ist nämlich bereits dann richtig, *wenn überhaupt jemand in diesem Haus übernachtete*; denn irgendeine Eigenschaft muß ja diese Person besitzen (z. B. die Eigenschaft, mit sich selbst identisch zu sein).

Die ontologische Problematik vermeidet man sicherlich dann, wenn man auf eine Semantik der Logiksysteme höherer Ordnung verzichtet und sich auf den *syntaktischen* Aspekt beschränkt. Für die *Handhabung* eines derartigen Systems ist nämlich eine Interpretation gar nicht erforderlich, sondern nur, *daß man in nominalistisch einwandfreier Weise über das fragliche System reden kann.* Daß dies stets möglich ist, haben N. GOODMAN und QUINE bewiesen[20]. Man würde auf diese Weise zu einer Position gelangen, die SCHEFFLER als *Syntaktischen Fiktionalismus* bezeichnet.

Damit nicht auf der Grundlage des hier erörterten ontologischen Aspektes eine Ungerechtigkeit gegenüber RAMSEY begangen wird, sei ausdrücklich betont, daß RAMSEY selbst niemals den Anspruch erhob, theoretische Begriffe gänzlich zu vermeiden oder sie zu eliminieren. Wir haben zu Beginn dieses Kapitels auf eine Reihe von Fragen hingewiesen, die ihn bewegten. Die wichtigste Frage haben wir aus Zweckmäßigkeitsgründen bis zum Schluß aufgespart. Sie läßt sich am besten so formulieren: RAMSEY ging von zwei Feststellungen aus, die miteinander unverträglich zu sein scheinen. Die erste Feststellung lautet: *Jede Theorie ist entweder wahr oder falsch.* (Ob wir den Wahrheitswert einer Theorie auch *festzustellen* vermögen, spielt dabei keine Rolle.) Ansonsten könnten wir niemals eine Theorie als *vermutlich* wahr akzeptieren oder sie als *vermutlich* falsch verwerfen. Die zweite Feststellung lautet: *Solange es nicht gelingt, die theoretische Sprache auf die Beobachtungssprache zu reduzieren, sind die theoretischen Terme außerlogische Konstante ohne feste Bedeutung; sie sind bestenfalls partiell mit einer Bedeutung versehen.* Diese beiden Feststellungen sind in dem folgenden Sinn miteinander unverträglich: Eine Theorie kann nur wahr sein, wenn alle Sätze, aus denen sie besteht, wahr sind. Und sie ist falsch, wenn mindestens einer ihrer Sätze falsch und die übrigen wahr sind oder wenn alle ihre Sätze falsch sind. Um so etwas überhaupt sagen zu können, müssen aber sämtliche Sätze der Theorie scharfe und festumrissene Bedeutungen besitzen. Da diese Bedingung von den theoretischen Sätzen nicht erfüllt wird, *handelt es sich gar nicht um wirkliche Sätze*, sondern bloß um satz*artige* Gebilde oder um *Aussageformen.* Bloßen Aussageformen aber läßt sich kein Wahrheitswert zuschreiben. Dann kann man aber auch nicht mehr von der Wahrheit oder Falschheit der Theorie reden.

*Diese* Schwierigkeit wird durch RAMSEYs Vorschlag tatsächlich behoben: Wenn wir die theoretischen Terme durch Variable ersetzen und dem so entstehenden Ausdruck die entsprechende Anzahl von Existenzquantoren voranstellen, so entsteht zweifellos ein *Satz*, von dem es sinnvoll ist zu fragen, ob er richtig ist oder falsch. Daß der so gebildete Satz *von wissenschaftstheoretischem Interesse* ist, beruht darauf, daß die Klasse der empirischen Folgerungen, die man aus ihm gewinnen kann, identisch ist mit der Klasse der empirischen Folgerungen der Originaltheorie. Dies war RAMSEYs wichtige Entdeckung.

Wir sehen also: RAMSEYs *Problem ist auf diese Weise gelöst worden. Nicht gelöst* worden ist dagegen das Ontologieproblem, wenn man darunter die Aufgabe versteht, eine Ersatztheorie zu konstruieren, die keine stärkeren ontologischen Voraussetzungen macht als die Originaltheorie.

[20] [Constructive Nominalism].

**10.b** An dieser Stelle müssen wir die Diskussion abbrechen. Denn unversehens hat sich unsere Fragestellung in eine völlig andersartige transformiert: *Das Problem der Elimination theoretischer Entitäten* wurde abgelöst von *der Frage nach den ontologischen Voraussetzungen einer Theorie.* Die Bemerkungen des vorangehenden Unterabschnittes setzten stillschweigend die Gültigkeit einer Version des *Quineschen Ontologiekriteriums* voraus, wonach man auf die Werte der gebundenen Variablen zu blicken hat, um die ontologischen Voraussetzungen einer Theorie herauszubekommen. Nun sind aber die Akten über dieses Kriterium längst nicht abgeschlossen[21]. Es haben sich im Zusammenhang mit diesem Kriterium Schwierigkeiten ergeben und verschiedene Differenzierungen als notwendig erwiesen. Im augenblicklichen Zusammenhang ist nur folgendes wichtig: Die sogenannte „*höhere Quantifikation*" erscheint dem Nominalisten als suspekt und damit erscheinen ihm alle logisch-mathematischen Theorien als verdächtig, die von derartigen Quantifikationen Gebrauch machen. Als mehr oder weniger selbstverständlich wird dabei vorausgesetzt, daß im ontologisch unbedenklichen alltäglichen Gespräch derartige höhere Quantifikationen, die sich auf Klassen, Eigenschaften u. dgl. erstrecken, nicht vorkommen. Diese Voraussetzung ist jedoch *nicht* haltbar. Wir nehmen sehr häufig solche Quantifikationen vor, ohne sie in irgendeiner Weise als problematisch zu empfinden oder ernsthaft eine Art von *platonischem Hyperrealismus* damit zu verknüpfen. Beispiele wären etwa Aussagen von der Gestalt: „*es bestehen* viele Gemeinsamkeiten zwischen den verschiedenen Galaxien im Universum"; „*es gibt* mehr vererbliche Dispositionen als man früher annahm"; „zwischen dem Verhaltensmuster höherer Säugetiere und menschlichem Verhalten *gibt es* verschiedene Ähnlichkeiten". Erwähnenswert ist auch das Beispiel von H. Bohnert (a. a. O., S. 277), wonach ein Blindgeborener, der durch die Kommunikation mit Normalsichtigen ein *gewisses* Verständnis von Farbwörtern bekommen hat, einfache Farbsätze als Hypothesen von der Gestalt formuliert: „*es gibt* Eigenschaften auf der Oberfläche von Dingen, welche ...". Kann man wirklich im Ernst behaupten, daß jeder, welcher eine derartige Äußerung macht, an die Existenz solcher Entitäten wie Ähnlichkeiten, Dispositionen etc. glaubt? Sollte es gelingen, Äußerungen von dieser Art eine ontologisch harmlose Deutung zu geben, *so wäre auch die obige These zu revidieren, daß der Ramsey-Satz ontologisch anspruchsvoller ist als die Originaltheorie.* Und selbst wenn dies nicht gelingen sollte, muß man Bohnert zustimmen, daß die von Ramsey propagierte Methode der Behandlung theoretischer Begriffe zu den für den Nominalisten bereits bestehenden Problemen nichts Neues hinzufügt.

---

[21] Für neuere Diskussionen vgl. Stegmüller, [Metaphysik], neue Einleitung S. 49ff. sowie den Sammelband [Universalienproblem], Wissenschaftliche Buchgesellschaft, Darmstadt.

Bohnert macht noch auf einen weiteren Aspekt des Ramsey-Satzes aufmerksam (a. a. O., S. 276f.). Es handelt sich darum, daß der Russellschen Theorie der *bestimmten* Kennzeichnung[22] ein Verfahren der unbestimmten Kennzeichnungen an die Seite gestellt wird. Beide Verfahren werden benützt, wenn man über ein Ding oder über eine Person spricht, das (die) man nicht selbst kennt, sondern nur auf Grund einer Beschreibung zu identifizieren vermag. Der Unterschied zwischen den beiden Fällen besteht darin, daß im einen Fall das Bezugsobjekt eindeutig bestimmt ist, im anderen nicht. Wenn z. B. Herr N. N. im Gespräch den Namen „Angelika" benützt und man annehmen muß, daß er sich dabei auf seine Frau bezieht, so kann dieser Name durch die bestimmte Kennzeichnung „die Frau des Herrn N. N." ersetzt und in allen Kontexten nach dem Russellschen Rezept behandelt werden. Ist hingegen die Bezugsperson unklar, so erfährt der Hörer aus dem Bericht des N. N. nur, daß er über *irgendjemanden* spricht, von dem seine Ausführungen gelten. Das formale Korrelat der Erzählungen würde in Wendungen bestehen, in welchen dieselbe Individuenvariable „$x$" benützt und durch einen Existenzquantor gebunden würde, um die Identität des Bezugsobjektes zu gewährleisten. Die *bestimmte* singuläre Kennzeichnung im Russellschen Sinn ist also nicht die einzige Methode, um über nicht bekannte Objekte zu reden. Die Einsicht, daß es daneben ein nicht weniger wichtiges Verfahren der *unbestimmten* Kennzeichnungen gibt, ist es, die sich Ramsey zunutze gemacht hat und statt auf Personen oder andere alltägliche Dinge auf theoretische Entitäten anwendete. Diese Interpretation des Ramseyschen Verfahrens macht es auch möglich, sein Vorgehen *nicht* als eine *nachträglich hinzutretende Eliminationsmethode bereits vorhandener theoretischer Begriffe in „realistisch formulierten" Theorien* aufzufassen, sondern diese Theorien so zu interpretieren, als seien sie *von Anbeginn an* in der Ramsey-Form angeschrieben. Das eben skizzierte Alltagsbeispiel mag als eine intuitive Stütze für das Verständnis dieser Bemerkung dienen.

Ramseys Methode bildete den bisher wichtigsten und interessantesten Beitrag zur Deutung wissenschaftlicher Systeme, die theoretische Begriffe enthalten. Wie alle bedeutenden Neuerungen mußte auch diese Methode zahlreiche Einwendungen über sich ergehen lassen. Es wurde behauptet, daß es sich dabei um nichts weiter als um einen wissenschaftstheoretisch bedeutungslosen Trick handle; daß der Ramsey-Satz gehaltvoller empirischer Theorien zu einer banalen Wahrheit zusammenschrumpfe oder daß überhaupt nur eine verschleierte Trivialität vorliege; daß das Ramsey-Substitut das induktive Räsonieren nicht vollständig nachzuzeichnen gestatte; daß sich seine ontologischen Voraussetzungen als viel zu stark erwiesen usw. Auf den ersten Blick hörten sich diese Einwendungen alle

---

[22] Für eine knappe Schilderung des Russellschen Verfahrens vgl. Stegmüller, [Erklärung und Begründung], S. 66—68.

recht plausibel an und sie gewannen durch zusätzliche Argumente noch an Plausibilität.

Bei näherem Zusehen erwiesen sich diese Einwendungen z. T. als falsch, z. T. als mindestens höchst problematisch. Und selbst wenn dem Ramsey-Satz noch Mängel anhaften sollten, so stehen dem doch bedeutende Vorteile gegenüber. Er *beseitigt* bestimmte, als schwer lösbar angesehene *semantische Fragen, die mit theoretischen Termen verknüpft sind*, wie z. B. die quälende Frage: „was ist die genaue Bedeutung von ‚Elektron'?" CARNAP gelang es, ihn dafür zu verwerten, *die analytisch-synthetisch-Dichotomie in die theoretische Schicht der Wissenschaftssprache hineinzutragen.* BOHNERT wies darauf hin, daß in diesem Verfahren implizit *eine Theorie der unbestimmten Kennzeichnung* steckt, die vermutlich wissenschaftstheoretisch nicht weniger wichtig ist als die Russellsche Theorie der bestimmten Kennzeichnung. Schließlich konnten wir feststellen, daß zwei Arten von Überlegungen, die prima facie auf einen Nachteil der Ramsey-Methode aufmerksam zu machen schienen, in Wahrheit gerade das Gegenteil bewirkten und eine weitere Leistungsfähigkeit dieser Methode an den Tag förderten: Der Ramsey-Satz liefert ein zusätzliches Kriterium für die *empirische Trivialität* einer Hypothese sowie für die *Immunität* von Theorien *gegenüber empirischer Prüfbarkeit.*

# Anhang
## Probabilistische Inkonsistenz der Quantenphysik und Quantenlogik

In diesem Anhang wird die Auffassung vertreten, daß das einzige überzeugende Argument, welches zu einer von der klassischen Logik abweichenden Quantenlogik führt, das von P. SUPPES vorgebrachte *probabilistische* Argument ist. Damit das Problem in möglichst scharfer Form hervortritt, wurde eine logische Paradoxie konstruiert, die als *wahrscheinlichkeitstheoretische Antinomie der Quantenphysik* bezeichnet wird. Das Auftreten eines Widerspruches ist das einzige, womit sich eine Revision der Logik rechtfertigen läßt. Die Inkonsistenz verschwindet, wenn man *die Logik der Ereignisse*, d. h. der Elemente des $\sigma$-Körpers, für den ein Wahrscheinlichkeitsmaß eingeführt wird, neu formuliert. Diese Logik bildet keinen Booleschen Verband.

Da mit den in diesem Anhang angestellten Überlegungen die Absicht verbunden ist, weiteres Nachdenken über dieses wichtige Problem zu stimulieren (und gleichzeitig zu verhindern, daß dieses Denken sich in Sackgassen verliert), wurde bewußt eine nicht sehr systematische und etwas provozierende Darstellung gewählt.

„Warum akzeptieren wir eine bestimmte Logik, z. B. die klassische Logik?" Antwort: „Um die Statistik auf die Realität anwenden zu können."

Vor nicht allzu langer Zeit wäre jeder, der eine solche Antwort gegeben hätte, als reif fürs Irrenhaus angesehen worden. Und auch heute wird eine solche Behauptung meist nichts weiter hervorrufen als verständnisloses Kopfschütteln. Immerhin mag es in einigen Gehirnen dämmern, *daß Logik vielleicht etwas mit Wahrscheinlichkeitstheorie zu tun hat* und daß dieser Aspekt der Logik nicht vernachlässigt werden darf, wenn die Grundgesetze des Universums statistischer Natur sind, wie die Quantenphysik annimmt.

Daß diese moderne Physik irgendeine Form von intellektuellem Paradoxon mit sich führt, ist seit ihrer Entstehung immer wieder empfunden worden, von ihren Begründern ebenso wie von ihren Gegnern als auch von den über sie reflektierenden Philosophen. Tatsächlich besteht ein solches Paradoxon. Um seinen Ort zu bestimmen, ist es zweckmäßig, in einem vorbereitenden Schritt zu sagen, wo es *nicht* liegt, zumal die vorliegenden geographischen Fehlbestimmungen zahllos sind.

Da ist gelegentlich die Rede vom *Subjektivismus* der modernen Physik. Diese Rede stützt sich auf die aus der Theorie folgende Feststellung, daß die Beobachtung von Elementarpartikeln eine *unvorhersehbare* Störung durch das beobachtende Subjekt hervorrufe. Nun ist aber zu beachten, daß hier mit „Subjekt“ nicht das erkenntnistheoretische Subjekt, etwa im Sinn KANTs, gemeint sein kann. Vielmehr handelt es sich dabei um ein lebendes Wesen aus Fleisch und Blut, welches mit seinen *Händen* ein Meßinstrument benützt und mit seinen *Augen* das Meßergebnis abliest. Dieses „Subjekt“ kann daher durch einen nichtmenschlichen Roboter ersetzt werden.

Weiterhin wurde der *Indeterminismus* der modernen Physik von vielen Philosophen als absurd empfunden. Manche beriefen sich dabei auf die Äußerung EINSTEINs: „Gott würfelt nicht“. Doch eine Paradoxie liegt hier nur für diejenigen vor, die meinen, am klassischen Kausalprinzip festhalten zu müssen.

Auf diese beiden Punkte will ich nicht weiter eingehen, da sie in VII, 9 von [Erklärung und Begründung] ausführlich zur Sprache kamen. Was den zweiten Punkt betrifft, so ist vielleicht nur dies überraschend, daß es anscheinend zwei kategorial verschiedene Typen von Indeterminismus gibt, wie ich dort zu beweisen versuchte, einen Indeterminismus der *Gesetze* und einen Indeterminismus der *Zustände*, wie man schlagwortartig sagen könnte (vgl. insbesondere VII, 9.k, S. 509ff.)[1].

Die Paradoxie liegt ganz woanders. Sie soll weiter unten geschildert werden. Bevor ich auf ihre Konsequenzen bezüglich der Frage der Logik eingehe, formuliere ich das folgende

**Toleranzprinzip:** *Nicht nur eine naturwissenschaftliche Theorie, sondern auch die Logik kann prinzipiell in Frage gestellt und einer Revision unterzogen werden.*

Dieses Prinzip soll für die folgenden Überlegungen akzeptiert werden. Der Grund für seine Annahme ist einleuchtend: Nur wer sich an dieses Prinzip hält, kann überhaupt in eine Diskussion über eine von der klassischen Logik abweichende Quantenlogik eintreten. Die bisherigen Auseinandersetzungen haben sich häufig deshalb als unfruchtbar erwiesen, weil die Gegner einer Quantenlogik das Toleranzprinzip nicht akzeptierten. Dann liegt für sie von vornherein eine negative Antwort auf die Frage nach der Modifizierbarkeit der herkömmlichen Logik fest. Orthodoxe Vertreter einer überlieferten Logik werden niemals zugeben, daß eine neue Theorie „zu einer neuen Logik führen“ könne.

Als Motiv für die Annahme des Prinzips läßt sich vorläufig nur ein moralischer Grundsatz angeben: Ein Wissenschaftler sollte stets bereit sein, alle

---

[1] Ein Beweis dafür, daß die Quantenmechanik nicht in eine Theorie von der klassisch-deterministischen Art eingebettet werden kann, findet sich bei KOCHEN und SPECKER in [Hidden Variables]. Ein früherer Beweisversuch geht auf J. v. NEUMANN zurück. Dieser Versuch blieb allerdings erfolglos, da v. NEUMANN eine zu starke Voraussetzung benützte. KOCHEN und SPECKER zeigen dies durch Konstruktion eines Gegenbeispiels. Darin wird durch Einführung verborgener Parameter ein klassisches Modell für einen quantenmechanischen Fall geliefert, obwohl dies nach v. NEUMANNs These nicht möglich sein dürfte.

seine Überzeugungen einer Revision zu unterziehen, selbst wenn sie noch so zentral sein mögen.

Weiter formulieren wir, ebenfalls nur *für den Zweck der folgenden Überlegungen*, das

**Intensionalitätsprinzip:** *Es ist gestattet, in einer logischen Untersuchung nicht nur über Aussagen und deren Beziehungen, sondern auch über den intensionalen Sinn von Aussagen, also über Propositionen und Sachverhalte, zu sprechen.*

Das Motiv für die Annahme dieses Prinzips ist dies, daß die klassische Wahrscheinlichkeitstheorie, von der die moderne Physik Gebrauch macht, unter den Ereignissen (d. h. den Elementen des Ereigniskörpers) nicht raumzeitliche Vorgänge, sondern Sachverhalte oder Propositionen, also intensionale Gebilde, versteht.

Schließlich soll noch der Bereich der Aussagen, deren Logik zur Diskussion gestellt wird, scharf abgegrenzt werden im

**Gegenstandsprinzip:** *Die Logik, die der Klärung bedarf, ist die Logik, die der quantenphysikalischen Theorie zugrunde liegt.*

Auch dieses Prinzip drückt nichts Selbstverständliches aus. Es enthält implizit zwei negative Feststellungen: Erstens handelt es sich nicht darum, zwar für die Theorie selbst die klassische Logik beizubehalten, jedoch eine davon verschiedene Logik für ein dieser Theorie zugeordnetes *philosophisches Interpretationssystem* anzunehmen (wie dies etwa bei REICHENBACH der Fall ist). Zweitens geht es auch nicht um die Logik der Metatheorie, d. h. um die Logik jener inhaltlichen Aussagen, in denen *über* die Theorie gesprochen wird. Es geht einzig und allein *um die der quantenphysikalischen Theorie selbst zugrunde liegende Logik*. Eine „philosophische Interpretation" — was immer darunter verstanden werden mag — wird überhaupt nicht zur Diskussion gestellt. Und für unsere inhaltlichen metatheoretischen Aussagen setzen wir die übliche zweiwertige Logik voraus.

Jetzt werden zwei radikale Thesen formuliert:

**These I:** *Der Weg zur Quantenlogik führt über die Einsicht, daß die Standardinterpretation der Unschärferelation unrichtig ist.*

**These II:** *Die Quantenphysik enthält ein wahrscheinlichkeitstheoretisches Paradoxon, das sich aus der Verwendung der klassischen Wahrscheinlichkeitstheorie ergibt. Nach der klassischen Wahrscheinlichkeitstheorie muß jedem Element des Ereigniskörpers eine Wahrscheinlichkeit zugeordnet werden. Im quantenphysikalischen Fall treten dagegen Ereignisse auf, für die zwar eine Wahrscheinlichkeit definiert ist, deren Konjunktion jedoch keine Wahrscheinlichkeit zugeteilt erhält.*

Die erste These wäre überflüssig, wenn es nur um das positive Resultat ginge. Sie wurde aufgenommen, weil außer SUPPES sämtliche anderen Verfechter einer Quantenlogik an die übliche Deutung der Unschärferelation — auch HEISENBERGs Prinzip genannt — anknüpfen und damit in einen Irrweg hineingeraten.

Auch außerhalb der Erörterungen um eine Quantenlogik wurden immer wieder neue „Deutungen" der Unschärferelation vorgeschlagen. Alle diese Bemühungen sind zwecklos. Es gibt hier überhaupt nichts zu interpretieren. Die Bedeutung der Heisenbergschen Unschärferelation liegt unverrückbar fest. Diese Bedeutung ist aber eine andere als die, welche in physikalischen Lehrbüchern sowie in naturphilosophischen Schriften angeführt wird.

Die Unschärferelation bezieht sich auf Elementarteilchen. Wenn die $x$-Koordinate des Ortes eines solchen Teilchens mit $q_x$ und die $x$-Koordinate des Impulses mit $p_x$ bezeichnet wird, so lautet die auf die $x$-Koordinate spezialisierte Unschärferelation:

(1) $\Delta p_x \cdot \Delta q_x \geqq h/2\pi$ (wobei $h$ die sogenannte Plancksche Konstante darstellt, deren genaue Natur im gegenwärtigen Zusammenhang ohne Interesse ist).

Diese Aussage wird inhaltlich in der folgenden Weise wiedergegeben:

(2) *Je genauer der Ort eines Teilchens gemessen wurde (bestimmt ist), desto ungenauer wird die Messung (Bestimmung) des Impulses dieses Teilchens ausfallen und umgekehrt. Eine simultane exakte Messung (Bestimmung) von Ort und Impuls ist unmöglich.*

Sowohl in quantenphysikalischen Lehrbüchern[2] als auch in naturphilosophischen Schriften[3] wird diese Deutung mit mehr oder weniger großer Selbstverständlichkeit als die korrekte Deutung unterstellt. (In naturphilosophischen Schriften finden sich meist nur Äußerungen von folgender Art: Aus der Unschärferelation *folge bekanntlich*, daß Ort und Impuls eines Teilchens nicht gleichzeitig meßbar sind.) Ein Unterschied ist höchstens in zwei unwesentlichen Hinsichten zu bemerken: Während einige behaupten, daß (1) *dasselbe* besage wie (2), beschränken sich andere auf die schwächere Feststellung, daß (2) aus (1) *logisch folge*. Wir werden für die Kritik diese schwächere Interpretation zugrundelegen. Der zweite Unterschied besteht darin, daß bisweilen ausdrücklich von der Unmöglichkeit einer simultanen *Messung* zweier konjugierter Größen, wie Ort und Impuls desselben Teilchens, die Rede ist, während andere sagen, daß die Werte konjugierter

[2] Vgl. etwa A. MARCH, [Quantum Mechanics], S. 5; L. D. LANDAU und E. M. LIFSHITZ, [Quantum Mechanics], S. 4; L. I. SCHIFF, [Quantum Mechanics] S. 7; G. SÜSSMANN, [Einführung], S. 12.

[3] Vgl. etwa H. REICHENBACH, [Quantenmechanik], S. 23; E. NAGEL, [Science] S. 294; K. HÜBNER, [Physik], S. 75; R. CARNAP, [Physics], S. 284.

Größen nicht gleichzeitig exakt *bestimmt* seien. Sofern hier nicht bloß ein terminologischer Unterschied vorliegt, handelt es sich höchstens um eine Art von „Ontologisierung" der ersten Sprechweise, also um einen Unterschied in der philosophischen Ideologie, über den wir hier hinwegsehen können.

Ich beginne die Kritik der Anschaulichkeit halber mit einem historischen Bericht: Ich habe bei zwei Gelegenheiten je einen Fachmann für Wahrscheinlichkeitstheorie und Statistik gefragt, ob er wisse, was das Symbol „$\Delta$" in der Formulierung (1) bedeute. Beide erwiderten, daß es sich um eine Bezeichnung für eine *Umgebung* bzw. für ein *Intervall* handle. Von da gelangten sie ebenfalls zu einer Deutung, welche der obigen Interpretation (2) entspricht: „Wenn die Impulskoordinate in einem *Intervall* der Länge $\Delta p$ liegt, die Ortskoordinate in einem Intervall der Länge $\Delta q$, dann kann man wegen (1) nicht gleichzeitig $\Delta p$ und $\Delta q$ sehr klein machen. Also ..." (jetzt folgte eine mit (2) synonyme Aussage). Über die Natur des Intervallbegriffs konnten sie keine genauere Auskunft geben. Als ich ihnen erzählte, daß das Symbol „$\Delta$" genau dasjenige bedeute, was in ihrer Wissenschaft als *Standardabweichung* (*Streuung*) bezeichnet und gewöhnlich mit „$\sigma$" abgekürzt wird, zeigten sie sich höchst überrascht. Einer erwiderte sogar: „Das ist doch nicht möglich!" Er hatte blitzschnell erfaßt, daß unter dieser Voraussetzung die herkömmliche Deutung nicht stimmen könne.

Es ist daher nicht verwunderlich, daß P. SUPPES, der gleichzeitig Experte in mathematischer Statistik, moderner Logik und Physik ist, als erster den Fehler entdeckte. Er weist darauf hin, daß eine logische Kluft besteht zwischen dem, was das Prinzip wörtlich besagt, und der Interpretation, welche ihm gewöhnlich gegeben wird[4]. Es scheint mir, daß man darüber noch hinausgehen und die Behauptung aufstellen kann:

(3) Die Aussage (2) folgt nicht aus der korrekt interpretierten Aussage (1).

Für die Begründung von (3) wähle ich ein intuitives Vorgehen, welches bereits seit dem Mittelalter bekannt ist und als *die Methode der Widerlegung durch logische Analogie* bezeichnet wird. (Diese Methode war zu einer Zeit, da man noch nicht über einen präzisen logischen Folgerungsbegriff verfügte, ein wichtiges Hilfsmittel, um angebliche logische Schlüsse als Fehlschlüsse zu entlarven.)

Angenommen, eine Person schlägt die folgende *Begründung* dafür vor, daß sie nicht berühmt ist:

---

[4] „... there is a very large logical gap between the claims that are ordinarily made for the meaning of the uncertainty principle and the literal interpretation of the principle itself as a statement about the product of two standard deviations", [Role], S. 321. Ähnlich kritisch hatte sich SUPPES bereits in der Arbeit [Quantum Mechanics], S. 385, geäußert.

(4) Wenn ich Bundespräsident wäre, dann wäre ich berühmt.
Ich bin nicht Bundespräsident.
Daher bin ich nicht berühmt.

Daß es sich hierbei um einen logischen Fehlschluß handelt, ist deshalb nicht sofort ersichtlich, weil sowohl die beiden Prämissen *als auch die Conclusio* wahre Sätze darstellen. Wie kann man die betreffenden Person von der Unrichtigkeit ihrer Argumentation überzeugen, ohne ihr zunächst einen langwierigen Unterricht in formaler Logik zu erteilen? Nun, man kann ihr ein Argument von formal gleicher Struktur vorsetzen wie das Argument (4), bei dem jedoch nur die beiden Prämissen wahr sind, die Conclusio jedoch falsch ist. Die Erzeugung dieses anderen Argumentes erfolgt so, daß man das Wort „ich" durch den Namen einer geeigneten anderen Person ersetzt. Damit ist die formale Gleichheit der beiden Argumente gezeigt und auch die Ungültigkeit des ersten. Denn in einem formal gültigen logischen Argument muß sich die Wahrheit der Prämissen auf die Conclusio übertragen, und zwei in ihrer formalen Struktur gleichen Argumente müssen entweder beide gültig sein oder nicht. Wir bilden also das zu (4) formgleiche Argument:

(5) Wenn HEISENBERG Bundespräsident wäre, dann wäre er berühmt.
HEISENBERG ist nicht Bundespräsident.
Also ist HEISENBERG nicht berühmt.

Hier ist der Schlußsatz trotz der Wahrheit der beiden Voraussetzungen falsch. Also ist das Argument (5) ungültig und damit auch das Argument (4).

Um diese Art von Überlegung auf den uns interessierenden Fall zu übertragen, ist der Begriff der Standardabweichung[5] erforderlich. Die wichtigsten wahrscheinlichkeitstheoretischen Begriffe werden an späterer Stelle eingeführt. Im Augenblick begnüge ich mich mit einer ungefähren inhaltlichen Charakterisierung, wobei ich mich außerdem auf den diskreten Fall beschränke. Es sei eine Größe gegeben, die $n$ verschiedene Werte $x_1, \ldots, x_n$ annehmen kann (z. B. die sechs Wurfergebnisse, die man mit einem Würfel erzielen kann). Es werde ein gewogener Durchschnitt aus ihnen gebildet, wobei als sogenannte Wägungskoeffizienten die Wahrscheinlichkeiten genommen werden, mit denen diese Werte eintreffen. Die Wahrscheinlichkeiten mögen $f(x_1), \ldots, f(x_n)$ sein. Man bildet den gewogenen Durchschnitt in der Weise, daß man die $n$ Werte jeweils mit den Wägungskoeffizienten multipliziert, über das Ganze summiert und schließlich durch

[5] Den statt dessen häufig benützten Ausdruck „Streuung", den z. B. REICHENBACH verwendet, vermeide ich. Die Standardabweichung ist nur *ein ganz bestimmtes* Maß zur Beurteilung der Streuung, das in der mathematischen Statistik nur wegen seiner großen mathematischen Vorzüge verwendet wird. In der Sozialstatistik hingegen werden meist andere, mathematisch primitivere Streuungsmaße benützt.

die Summe der Wägungskoeffizienten dividiert. Dieser letztere, im Nenner stehende Wert ist jedoch gleich 1. Man erhält somit den als *Mittel* bezeichneten Wert:

$$\mu = \sum_{i=1}^{n} x_i f(x_i),$$

also die Summe der mit ihren Wahrscheinlichkeiten multiplizierten möglichen Werte. Diese Summe wird auch *Erwartungswert* der Größe genannt. Nehmen wir z. B. an, daß wir es nicht mit einer zu messenden Größe, sondern mit den Ergebnissen von Würfen mit einem unverfälschten Würfel zu tun haben, bei dem die Wahrscheinlichkeiten für das Eintreten der einzelnen Augenzahlen gleich groß, nämlich alle 1/6, sind. Die Werte $x_i$ sind die möglichen Augenzahlen und laufen von 1 bis 6. Eine einfache Rechnung ergibt, daß der Erwartungswert 3,5 beträgt.

*Anmerkung.* Bereits an diesem elementaren Beispiel zeigt sich übrigens, wie irreführend die Bezeichnung „Erwartungswert" für das Mittel ist. Man kann natürlich *nicht* erwarten, mit diesem Würfel 3,5 zu werfen!

Wenn die Wahrscheinlichkeiten $f(x_i)$ für die möglichen Werte $x_i$ bekannt sind, sagt man auch, daß die Wahrscheinlichkeitsverteilung (oder kurz: die Verteilung) für diese Größe gegeben sei. Es ist nun häufig wichtig zu erfahren, welche Gestalt die Wahrscheinlichkeitsverteilung hat, d. h. wie eng sich die tatsächlichen Werte um das Mittel gruppieren. Den wichtigsten technischen Beurteilungsmaßstab dafür bildet die Standardabweichung. Angenommen, als Mittel (Erwartungswert) habe sich der Wert $\mu$ ergeben. Es wird nun die folgende Summe gebildet:

$$\sigma^2 = \sum_{i=1}^{n} (x_i - \mu)^2 f(x_i).$$

Dieser Wert wird *Varianz* der fraglichen Größe genannt. Es werden darin also die zum Quadrat erhobenen Abweichungen der tatsächlichen Werte vom Mittel mit den entsprechenden Wahrscheinlichkeiten multipliziert. Die *Standardabweichung* $\sigma$ ist nun nichts anderes als die positive Quadratwurzel aus der obigen Summe. Eine genauere Präzisierung erfolgt weiter unten.

Wir müssen an dieser Stelle ohne Beweis das Faktum zur Kenntnis nehmen, daß das „$\Delta$" von (1) die Standardabweichung bedeutet, so daß (1) in der jetzigen Symbolik durch die folgende Formel wiederzugeben ist:

$$\sigma(p_x) \cdot \sigma(q_x) \geqq h/2\pi. \tag{6}$$

Zu überprüfen ist, ob das Argument (bzw. die Interpretation), welches (welche) von (6) zu (2) führt, korrekt ist. Wir wählen die oben geschilderte Methode der logischen Analogie. Das Gegenbeispiel stammt aus der Bevölkerungsstatistik. Den Gegenstandsbereich sollen die Einwohner Japans bilden. Unter der Größe $L(y)$ soll die *Körperlänge* einer Person aus diesem Bereich verstanden werden und unter der Größe $G(y)$ das *Körpergewicht*. (Diese beiden Größenbegriffe treten also an die Stelle der obigen Größen *Impuls* und *Ort*.) Für beide Größen können wir zunächst das Mittel und dann die Standardabweichung bestimmen. Die Wahrscheinlichkeit, daß eine beliebig herausgegriffene Person unseres Bereiches eine bestimmte Körperlänge bzw. ein bestimmtes Körpergewicht hat, wird dabei mit der relativen Häufigkeit der Einwohner Japans mit diesen beiden Merkmalen identifiziert. Da wir weiter von der empirischen Tatsache ausgehen können, daß nicht alle Einwohner Japans genau dieselbe Körperlänge und genau dasselbe Körpergewicht haben (in welchem Fall allein sich eine Standardabweichung mit dem Wert 0 ergeben würde), werden beide Standardabweichungen einen positiven Wert haben, d. h. es gilt:

(7) $\sigma(L) \cdot \sigma(G) \geqq k$ für einen konstanten Wert $k$.

(Nebenbei bemerkt: $k$ wird ein Wert von „ganz hübscher Größe" sein, jedenfalls unvergleichlich größer als $h/\pi$; doch dieses Größenverhältnis ist für das Folgende ohne Relevanz.)

Angenommen, der Übergang von (1) bzw. von (6) zur Aussage (2) wäre logisch korrekt. Dann dürften wir aus (7) die folgende Schlußfolgerung ziehen:

(8) *Je genauer die Körperlänge eines Einwohners von Japan gemessen wird, desto ungenauer wird die Messung des Körpergewichtes eines Einwohners von Japan ausfallen und umgekehrt. Eine gleichzeitige genaue Messung von Körperlänge und Körpergewicht ist unmöglich.*

(In Analogie zum quantenphysikalischen Fall müßten alle jene, die aus (1) schließen, daß ein Teilchen zu einem bestimmten Zeitpunkt nicht sowohl einen scharf bestimmten Ort als auch einen scharf bestimmten Impuls *hat*, behaupten, daß kein Einwohner Japans zu einem bestimmten Zeitpunkt sowohl eine bestimmte Körperlänge als auch ein bestimmtes Gewicht besitzt.)

Dieses Ergebnis ist offenbar absurd. Es führt kein logischer Weg von (7) zu (8). Dann aber führt auch kein logischer Weg von (1) (bzw. von (6)) zu (2). Die übliche Deutung der Unschärferelation ist somit falsch[6].

[6] Da man sich beim Übergang von (1) zu (2) gewöhnlich — allerdings fälschlich — auf HEISENBERG beruft, könnte die gegenwärtige Betrachtung als eine Polemik gegen HEISENBERG ausgelegt werden. Diese Deutung erfolgte zu Unrecht. Wie mir Herr Professor HEISENBERG mündlich und in einem Schreiben vom 23. VI. 1969 mitteilte, vertritt auch er die Auffassung, daß man aus den Unschärferelationen nicht logisch schließen könne, daß ein Elementarteilchen nicht gleichzeitig einen genau bestimmten Ort und einen genau bestimmten Impuls besitzen kann.

Der bei dieser Widerlegung benützte gedankliche Trick ist höchst einfach: Es werden solche Fälle betrachtet, in denen die beiden Standardabweichungen, *für sich allein genommen*, bereits größer als ein bestimmter konstanter Wert sind. Dann ist natürlich auch ihr Produkt mindestens gleich einem konstanten Wert.

Einige werden vielleicht gegen diese Analogiebetrachtung protestieren und sagen: „Wie kann man denn Menschen mit Elektronen vergleichen! Elektronen sind doch ..." An dieser Stelle müßte ich leider sagen: „Halt! Es handelt sich nur um die Frage, ob ein Argument formal korrekt ist oder nicht. Und dafür spielt es keine Rolle, ob von Elektronen (Ort und Impuls), Mondkratern (Durchmesser und Tiefe) oder Menschen (Körperlänge und Gewicht) die Rede ist."

Man scheint also das folgende wichtige Fazit ziehen zu müssen:

(9) *Die Tatsache, daß das Produkt der Standardabweichungen der x-Koordinate des Impulses und der x-Koordinate des Ortes eines Elementarteilchens mindestens denselben Wert hat wie die vorgegebene Konstante $h/2\pi$, ist durchaus verträglich mit der Behauptung, daß beide Größen simultan scharf meßbar sind.*

Einige frühere Autoren scheinen so etwas geahnt zu haben. Deshalb versuchten sie, Gegenbeispiele zu konstruieren. Diese Versuche mußten mißlingen. Denn auf Grund des weiter unten besprochenen wahrscheinlichkeitstheoretischen Paradoxons ergibt sich sogar ein weit *schärferes* Resultat als jenes, das in der Behauptung (2) ausgedrückt ist.

*Anmerkung 1.* Wir haben den möglichen Opponenten gegen die Analogiebetrachtung oben nicht aussprechen lassen. Möglicherweise wollte er in seinem Einwand darauf hinweisen, daß menschliche Wesen Individuen mit vollkommen verschiedenen Eigenschaften sind, während die für indirekte experimentelle Beobachtungen „präparierten" Elektronen in einem Sinn *gleich* sind, in dem Menschen dies nicht sind. Wir brauchen diesen Gedanken nicht weiter zu verfolgen. Denn es ging uns nur um die Feststellung, daß keine logische Folgebezeichnung zwischen (6) und (2) besteht. Der Opponent würde gar nicht mehr dies bestreiten, sondern nur behaupten, daß *andere*, noch genauer zu schildernde Überlegungen zu (2) führen. Diese Möglichkeit haben wir nicht bestritten. Wie bereits angekündigt, gelangt man auf anderem Wege sogar noch zu einem schärferen Resultat als zu der Aussage (2). Im übrigen sei der Leser hier auf die Analyse interessanter psychologischer Analogiebeispiele bei Suppes, [Role], S. 323ff., verwiesen.

*Anmerkung 2.* Die Analyse des Sachverhaltes liefert ein interessantes Lehrstück dafür, wie die Wahl eines einzigen Symbols, in diesem Fall des Symbols „$\Delta$", zu einer falschen theoretischen Überzeugung führen kann. Hätte man die übliche Bezeichnung „$\sigma$" für die Standardabweichung beibehalten, so wäre der Irrtum sicherlich früher einem Wahrscheinlichkeitstheoretiker aufgefallen. So aber drängt sich unmittelbar die Vorstellung von einer *Umgebung* auf: Man erinnere sich etwa daran, daß es früher in der Schule allgemein üblich war, den Differenzenquotienten mittels des Symbols „$\Delta$" wiederzugeben! Das weitere Denken, welches zu (2) führt, verläuft dann fast zwangsläufig: „Je größer die Umgebung um $p_x$, desto kleiner die Umgebung um $q_x$ und umgekehrt etc.".

Als rätselhaft könnte es erscheinen, daß Reichenbach nicht auf diesen Punkt gestoßen ist, da er doch als Verfasser eines Buches über die Grundlagen der Wahrscheinlichkeitsrechnung auch in diesem Gebiet Fachmann war. Vermutlich wurde er durch die geometrische Veranschaulichung irregeführt: „Je steiler die eine Verteilungskurve, desto flacher die andere" (vgl. seine [Quantenmechanik], S. 20).

Alles Bisherige war nichts weiter als eine negative Abgrenzung. Jetzt wenden wir uns der wichtigeren These II zu. Um die eigentliche Schwierigkeit aufzeigen zu können, werden einige wahrscheinlichkeitstheoretische Begriffe benötigt.

Der Wahrscheinlichkeitsbegriff selbst wird axiomatisch eingeführt. Dies geschieht am einfachsten nach der Methode des Explizitprädikates. *Danach besteht die Axiomatisierung einer Theorie stets in der Einführung eines mengentheoretischen Prädikates.* Die Axiomatisierung der Gruppentheorie z. B. erfolgt über die Einführung des mengentheoretischen Prädikates „ist eine Gruppe". Die Axiomatisierung der Wahrscheinlichkeitstheorie wird durch die Einführung des mengentheoretischen Begriffs des Wahrscheinlichkeitsraums geliefert. (Leser, welche eine zusätzliche inhaltliche Erläuterung wünschen, seien auf die Ausführung in [Erklärung und Begründung], S. 639—642, verwiesen.)

Die ersten drei Definitionen sind weitgehend analog den entsprechenden Definitionen bei SUPPES, [Non-Classical Logic], S. 16f. $\Omega$ sei eine nichtleere Menge. $\mathfrak{A}$ ist genau dann ein *klassischer Ereigniskörper* über $\Omega$ wenn $\mathfrak{A}$ eine nichtleere Klasse von Teilmengen von $\Omega$ ist, so daß für beliebige $A, B \in \mathfrak{A}$ gilt:

1. $\bar{A} \in \mathfrak{A}$;
2. $A \cup B \in \mathfrak{A}$.

Falls $\mathfrak{A}$ außerdem abgeschlossen ist in bezug auf abzählbare Vereinigung, d. h. wenn für $A_1, A_2, \ldots, A_n, \ldots \in \mathfrak{A}$ gilt: $\bigcup_{i=1}^{\infty} A_i \in \mathfrak{A}$, so ist $\mathfrak{A}$ ein *klassischer σ-Körper von Ereignissen* über $\Omega$.

Ein Tripel $\langle \Omega, \mathfrak{A}, W \rangle$ soll eine *Struktur* genannt werden genau dann, wenn $\Omega$ eine nichtleere Menge, $\mathfrak{A}$ eine Teilklasse der Potenzmenge $P(\Omega)$ und $W$ eine reellwertige Funktion mit dem Argumentbereich $\mathfrak{A}$ ist.

Eine Struktur $S = \langle \Omega, \mathfrak{A}, W \rangle$ ist ein *endlich additiver klassischer Wahrscheinlichkeitsraum* genau dann wenn für beliebige $A, B \in \mathfrak{A}$ gilt:

1. $\mathfrak{A}$ ist ein klassischer Ereigniskörper über $\Omega$;
2. $W(A) = 0$;
3. $W(\Omega) = 1$;
4. Wenn $A \cap B = 0$, dann $W(A \cup B) = W(A) + W(B)$.

$S$ wird ein *klassischer Wahrscheinlichkeitsraum* genannt genau dann, wenn außer diesen vier Bedingungen noch die folgenden beiden Bedingungen erfüllt sind:

5. $\mathfrak{A}$ ist ein klassischer $\sigma$-Körper von Ereignissen über $\Omega$;

6. Wenn $A_1, A_2, \ldots A_n, \ldots$ eine abzählbare Folge von paarweise disjunkten Mengen von $\mathfrak{A}$ ist (d. h. wenn für $A_i, A_j \in \mathfrak{A}$ und $i \neq j$ gilt: $A_i \cap A_j = \emptyset$), dann:

$$W\left(\bigcup_{i=1}^{\infty} A_i\right) = \sum_{i=1}^{\infty} W(A_i).$$

Das Wort „klassisch" wurde nur zum Zweck der Abgrenzung vom quantenmechanischen Fall eingeschoben.

Als nächstes wird der Begriff der *Zufallsfunktion* benötigt. Darunter verstehen wir eine einstellige Funktion, die für die Elemente des Stichprobenraumes $\Omega$ definiert ist und deren Werte reelle Zahlen sind. Nehmen wir etwa an, das Zufallsexperiment bestehe aus drei aufeinanderfolgenden Würfen mit einer Münze; der Stichprobenraum enthalte also 8 mögliche Resultate. Mit „0" für „Kopf" und „1" für „Schrift" können diese Resultate durch Zahltripel (0,0,1), (1,1,0) usw. wiedergegeben werden. Eine auf diesem Stichprobenraum definierte Zufallsfunktion $\mathfrak{x}$ wäre z. B. die Funktion *die Anzahl der Kopfwürfe*. Sie liefert: $\mathfrak{x}(0,0,0) = 3$, $\mathfrak{x}(0,1,0) = 2$, $\mathfrak{x}(1,1,1) = 0$ etc.

*Anmerkung.* Gegen die in der Statistik üblichen Ausdrücke „Zufallsveränderliche" bzw. „stochastische Variable" sowie die gewöhnlich gegebene inhaltliche Charakterisierung dieser Begriffe habe ich drei Einwendungen. Erstens ist eine Variable ein sprachliches Symbol, während es sich hier um eine Funktion, also um etwas Außersprachliches, handelt. Zweitens sind auch die Ausdrücke, die eine solche Entität designieren, keine Variablen, sondern Funktoren, also Konstante. Schließlich hängt der Wert einer solchen Funktion nicht, wie immer behauptet wird, vom Zufall ab, sondern ist sogar berechenbar (Zufallsfunktionen sind berechenbare Funktionen). Was vom Zufall abhängt, ist das Eintreten eines *Argument*wertes, nicht jedoch eines Funktionswertes.

Im diskreten (endlichen oder abzählbar unendlichen) Fall kann weiter eine Funktion, genannt *Wahrscheinlichkeitsverteilung* $f_{\mathfrak{x}}$ von $\mathfrak{x}$, definiert werden. $f_{\mathfrak{x}}(x)$ gibt die Wahrscheinlichkeit dafür an, daß die Zufallsfunktion $\mathfrak{x}$ den Wert $x$ liefert, also:

$$f_{\mathfrak{x}}(x) = W\{\xi \mid \xi \in \Omega \wedge \mathfrak{x}(\xi) = x\}^{7}.$$

Vom mathematischen Standpunkt ist die (*kumulative*) *Verteilungsfunktion* $F_{\mathfrak{x}}$ von weit größerer Bedeutung. $F_{\mathfrak{x}}(x)$ gibt die Wahrscheinlichkeit dafür an, daß $\mathfrak{x}$ höchstens den Wert $x$ liefert. (Der untere Index wird meist fortgelassen, wenn keine Gefahr einer Mehrdeutigkeit besteht.) Diese Funktion ist für alle Elemente der erweiterten reellen Zahlgeraden (unter Einschluß der beiden Fernpunkte $-\infty$ und $+\infty$) definiert. Sie kann folgendermaßen definitorisch auf die Wahrscheinlichkeitsverteilung zurückgeführt werden:

$$F(x) = \sum_{y \leq x} f(y) \text{ für } -\infty \leqq x \leqq +\infty.$$

[7] Da $\Omega$ der Definitionsbereich von $\mathfrak{x}$ ist, könnte das erste Konjunktionsglied weggelassen werden. Es wurde nur größerer Anschaulichkeit halber eingefügt.

Im kontinuierlichen Fall, also wenn das Zufallsexperiment mehr als abzählbar viele mögliche Resultate aufweist, muß man anders vorgehen. An die Stelle der Definition von $f$ muß eine direkte Definition der Verteilungsfunktion $F$ treten, nämlich:

$$F_{\mathfrak{x}}(x) = W\{\xi \mid \xi \in \Omega \wedge \mathfrak{x}(\xi) \leq x\}.$$

Aus den Eigenschaften der Wahrscheinlichkeitsfunktion $W$ folgt unmittelbar, daß $F$ schwach monoton wachsend ist (d. h. daß die Relation $F(a) \leq F(b)$ für $a < b$ besteht), daß $F(-\infty) = 0$ und daß $F(+\infty) = 1$.

Es wird vorausgesetzt, daß die Ableitung $F'$ existiert. Sie wird als *Wahrscheinlichkeitsdichte* $f$ bezeichnet. Die Wahrscheinlichkeit dafür, daß $\mathfrak{x}$ mindestens den Wert $x$ annimmt, ist jetzt darstellbar durch das Integral:

$$F(x) = \int_{-\infty}^{x} f(y)\,dy;$$

und die Wahrscheinlichkeit dafür, daß der $\mathfrak{x}$-Wert zwischen $a$ und $b$ liegt, durch das Integral:

$$F(b) - F(a) = \int_{a}^{b} f(y)\,dy.$$

Die Wahrscheinlichkeit, daß der Wert genau $a$ ist, ergibt ein Integral mit identischer oberer und unterer Grenze, also den Wert 0. (Dies liefert übrigens die nachträgliche Begründung dafür, daß die Funktion $f$ nicht so wie im diskreten Fall definiert werden kann: Die Wahrscheinlichkeit eines bestimmten Wertes ist im kontinuierlichen Fall stets 0, während der Wert der Funktion $f$ von 0 verschieden ist. Außerdem ergibt sich hier, daß aus der Wahrscheinlichkeit 0 nicht die Unmöglichkeit folgt. In anschaulicher geometrischer Darstellung ist die Wahrscheinlichkeit $F(b) - F(a)$ durch den Inhalt der Fläche darstellbar, die nach oben durch die Kurve der Dichtefunktion $f$ zwischen den Punkten $f(a)$ und $f(b)$ begrenzt wird.)

Es seien noch die beiden Begriffe des Mittels (Erwartungswertes) der Verteilung von $\mathfrak{x}$ sowie der Standardabweichung der Verteilung von $\mathfrak{x}$ angeführt. Die Definitionen werden nur für den diskreten Fall explizit formuliert.

Der *Erwartungswert* $E(\mathfrak{x})$, auch mit $\mu$ abgekürzt, ist definiert durch: $\mu = E(\mathfrak{x}) = \sum_{i=1}^{n} x_i f_{\mathfrak{x}}(x_i)$. Die *Varianz*, auch zweites Moment über dem Mittel genannt, liefert ein Maß für die Streuung der Wahrscheinlichkeitsverteilung. Sie ist definiert durch:

$$\sigma^2 = \mathrm{var}(\mathfrak{x}) = \sum_{i=1}^{n} (x_i - \mu)^2 f(x_i) = E[(\mathfrak{x} - \mu)^2].$$

Die Quadratwurzel daraus, also $\sigma$, ist die *Standardabweichung* der Verteilung von $\mathfrak{x}$. Im kontinuierlichen Fall treten in beiden Fällen bloß Integralzeichen an die Stelle des Summenzeichens. (Der Leser vergegenwärtige sich auf der Grundlage dieser präzisierten Definitionen nochmals den genauen Sinn der Relationsbehauptungen (6) und (7).)

Der Begriff der *gemeinsamen (kumulativen) Verteilung* wird für den Fall eingeführt, daß mehrere Zufallsfunktionen mit demselben Stichprobenraum als Argumentbereich definiert sind. Für unsere Zwecke genügt es, den speziellen Fall zweier derartiger Funktionen $\mathfrak{x}$ und $\mathfrak{y}$ zu betrachten. Der Sachverhalt sei an einem diskreten Beispiel erläutert. Das Zufallsexperiment bestehe aus 3 aufeinanderfolgenden Würfen mit einem Würfel. Der Stichprobenraum hat $6^3 = 216$ Elemente. Die Zufallsfunktion $\mathfrak{x}$ werde definiert als die Gesamtzahl der Zweierwürfe, und die Zufallsfunktion $\mathfrak{y}$ als die Gesamtzahl der Sechserwürfe.

Die gemeinsame Verteilung zweier reellwertiger Zufallsfunktionen $\mathfrak{x}$ und $\mathfrak{y}$ über $\Omega$ ist definiert durch:

$$F_{\mathfrak{x},\mathfrak{y}}(x, y) = \mathrm{W}\{\xi \mid \xi \in \Omega \wedge \mathfrak{x}(\xi) \leqq x \wedge \mathfrak{y}(\xi) \leqq y\}.$$

Unter der Wahrscheinlichkeitsdichte $f(x, y)$ versteht man diesmal die partielle Ableitung $\frac{\partial^2 F(x,y)}{\partial x\, \partial y}$.

Die vorangehende Skizze dürfte genügen, um gezeigt zu haben, daß erstens in der Einführung zweier Zufallsfunktionen über demselben Stichprobenraum keine problematische Annahme steckt, daß zweitens die gemeinsame Verteilung dieser beiden Funktionen auf den für den Ereigniskörper über dem Stichprobenraum definierten Wahrscheinlichkeitsbegriff zurückführbar ist und daß diese Verteilung daher stets einen Wert zwischen den Grenzen 0 und 1 annehmen muß.

*Anmerkung*[8]. In der Definition der kumulativen Verteilung bzw. der gemeinsamen Verteilung wird vorausgesetzt, daß die fragliche Klasse zum Ereigniskörper gehört. Im diskreten Fall kann die Erfüllung dieser Voraussetzung automatisch dadurch garantiert werden, daß man als Ereigniskörper die Potenzmenge $P(\Omega)$ wählt. Im kontinuierlichen Fall ist dies bekanntlich unmöglich. Die wahrscheinlichkeitstheoretische Bedeutung der Maßtheorie besteht darin, Verfahren zur Gewinnung möglichst umfassender Klassen von Teilmengen aus $\Omega$ zu entwickeln, für die eine Wahrscheinlichkeitsfunktion definiert werden kann. Nach Einführung eines äußeren Maßes können als Ereigniskörper die Klasse der relativ auf dieses äußere Maß meßbaren Mengen gewählt werden und als Zufallsfunktionen meßbare Funktionen (d. h. Funktionen, deren Umkehrabbilder von offenen Mengen meßbare Mengen liefern). Wenn $\Omega$ ein metrischer Raum ist, so kann als Klasse der meßbaren Mengen die Klasse der *Borelschen Mengen* gewählt werden. Dies ist die kleinste Klasse, welche die Klasse der geschlossenen Mengen als Teilklasse und die leere Menge als Element enthält und die in bezug auf die Operation der Komplementbildung sowie der abzählbar unendlichen Mengenvereinigung abgeschlossen ist.

---

[8] Diese Anmerkung ist nur als Erinnerung für Kenner der modernen Wahrscheinlichkeitstheorie gedacht. Von den darin enthaltenen Hinweisen wird im folgenden kein Gebrauch gemacht.

Kehren wir nun zur Quantenphysik zurück. Wir formulieren zunächst eine fundamentale Feststellung:

(10) *In der Quantenphysik werden physikalische Größen als Zufallsfunktionen interpretiert.*

Diese Behauptung braucht nicht bewiesen zu werden. Sie ergibt sich einfach aus der statistischen Handhabung dieser Größen. Die Anwendung des Begriffs der Standardabweichung auf die Impuls- bzw. Ortsfunktion z. B. setzt eine Deutung dieser beiden Funktionen als Zufallsfunktionen voraus; denn *nur für Verteilungen von Zufallsfunktionen* ist dieser Begriff überhaupt definiert. Immerhin ist diese Deutung wissenschaftstheoretisch bemerkenswert: Die physikalischen Entitäten, die den Argumentbereich dieser Funktionen bilden, werden als Elemente eines Stichprobenraumes, also als mögliche Resultate eines Zufallsexperimentes, interpretiert. Dies ist die Art und Weise, wie die probabilistische Grundkonzeption in die moderne Physik technisch eingebaut wird.

Ohne Beweis müssen wir das folgende wichtige Resultat übernehmen:

(11) *Als Zufallsfunktionen gedeutete konjugierte Größen, z. B. Ort und Impuls eines Teilchens, besitzen zwar zugehörige Verteilungen, jedoch keine gemeinsame Verteilung; denn die Berechnung der gemeinsamen Wahrscheinlichkeitsdichte liefert für gewisse Fälle negative Werte.*

(Für den genauen mathematischen Beweis vgl. P. SUPPES, [Quantum Mechanics], S. 381—384. Die Beweisführung stützt sich auf die Arbeiten von E. WIGNER und J. E. MOYAL.)

Dies ist ein schärferes Resultat als dasjenige, welches in der herkömmlichen Deutung (2) der Unschärferelation enthalten ist: Ort und Impuls eines Teilchens sind nicht nur nicht simultan *präzise* meßbar, sondern in gewissen Fällen *überhaupt nicht simultan meßbar*! Jetzt haben wir alles Material beisammen, um eine *probabilistische Antinomie der Quantenmechanik* zu formulieren:

**(A)** *Die Quantenmechanik ist probabilistisch inkonsistent.*

(Die Einfügung von „probabilistisch" soll nicht bedeuten, daß ein neuartiger Begriff der Inkonsistenz verwendet wird, sondern soll lediglich einen Hinweis darauf liefern, daß die Antinomie nur durch die Verwendung des wahrscheinlichkeitstheoretischen Apparates zustandekommt.)

Der Nachweis ergibt sich aus dem Bisherigen ohne Mühe. Wir fassen die einzelnen Punkte kurz zusammen:

(*a*) Die Quantenphysik benützt die klassische Wahrscheinlichkeitstheorie, macht also insbesondere vom Begriff des klassischen Wahrscheinlichkeitsraumes Gebrauch.

(*b*) Nach der klassischen Wahrscheinlichkeitstheorie existiert zu zwei beliebigen Ereignissen des Wahrscheinlichkeitsraumes stets auch deren Konjunktion[9].

(*c*) Durch Zufallsfunktionen wird ein Stichprobenraum auf einen Zahlenraum abgebildet. Die Wahrscheinlichkeiten für die Elemente des Ereigniskörpers jenes Raumes verwandeln sich dadurch in Wahrscheinlichkeitsverteilungen bzw. in kumulative Verteilungen für die betreffenden Zufallsgrößen (vgl. die obigen Definitionen von $f$ und von $F$). Der Konjunktion von Ereignissen entspricht eine gemeinsame Verteilung.

(*d*) In der Quantenphysik werden physikalische Größen, wie z. B. Ort und Impuls, als Zufallsfunktionen gedeutet.

(*e*) Für gewisse dieser Größen existiert nachweislich zwar eine zugehörige Verteilung, jedoch keine gemeinsame Verteilung.

In (*a*) und (*d*) wird nur die Einbettung des klassischen wahrscheinlichkeitstheoretischen Apparates in die quantenphysikalische Theorie beschrieben. Der logische Widerspruch resultiert aus (*b*), (*c*) und (*e*). Denn wegen (*b*) und (*c*) müßte stets, wenn die beiden Verteilungen von Zufallsfunktionen existieren, auch eine gemeinsame Verteilung vorhanden sein; dies ist jedoch unvereinbar mit der Feststellung (*e*).

Als logisch inkonsistent entdeckt zu werden ist das schlimmste, was einer Wissenschaft zustoßen kann. Das Auftreten von Widersprüchen ist auch das einzige *zwingende* Motiv, welches eine Revision der zugrundeliegenden Logik erheischt, sofern kein anderer Ausweg gangbar ist.

Überlegen wir uns kurz, welche Verbesserungsvorschläge gemacht werden können:

(12) *Die Quantenphysik hat auf die Verwendung der Wahrscheinlichkeitstheorie zu verzichten.*

Dieser Vorschlag käme vom Standpunkt der Quantentheorie einem physikalischen Nihilismus gleich. Der Vertreter einer Theorie, nach welcher die grundlegenden Gesetze der Welt probabilistische Struktur haben, wird die Forderung des Verzichtes auf die Wahrscheinlichkeitstheorie als absurdes Ansinnen zurückweisen müssen. Das „Denken in Wahrscheinlichkeiten" ist in der modernen Physik so tief verwurzelt, daß ein Verzicht darauf nicht ohne gänzliche Preisgabe dieser Physik möglich wäre.

(13) *In quantenphysikalischen Kontexten sind auch Wahrscheinlichkeiten, die außerhalb des reellen Zahlenintervalles zwischen 0 und 1 liegen, zuzulassen.*

---

[9] Genauer ist damit gemeint: Zu zwei Elementen des Ereigniskörpers bildet auch die Konjunktion ein Element. Und diese Konjunktion erhält ebenso wie ihre Komponenten eine eindeutig bestimmte Wahrscheinlichkeit zugeteilt.

Das in (11) referierte Ergebnis über das Auftreten negativer Wahrscheinlichkeitswerte könnte diesen Lösungsvorschlag motivieren. Als zusätzliches Motiv könnte man versucht sein, sich auf DIRAC zu berufen, dessen Theorie zu Wahrscheinlichkeiten mit komplexen Werten führt (vgl. seine Arbeit [Analogy]). In technischer Sprechweise liefe dieser Vorschlag darauf hinaus, die *zweite* Komponente im Begriff des Wahrscheinlichkeitsraumes, nämlich den Begriff des Wahrscheinlichkeitsmaßes, anders festzulegen. Man muß sich aber klarmachen, was ein derartiger Entschluß bedeuten würde. *Verteilungen dürften überhaupt nicht mehr als Wahrscheinlichkeiten im herkömmlichen Sinn interpretiert werden.* Die ganze Quantentheorie würde sich in einen ungedeuteten Kalkül verwandeln. Die Rede von statistischen Gesetzen wäre unzulässig. Von einer Deutung könnte erst dann gesprochen werden, wenn gesagt würde, welche *nichtprobabilistische* Interpretation der Verteilungen vorzunehmen sei.

Diese radikale Konsequenz ergibt sich aus folgendem: Es sind zwar die verschiedensten Deutungsversuche des Wahrscheinlichkeitsbegriffs bekannt. Doch besteht — unabhängig davon, ob man eine Variante der Häufigkeitsinterpretation (Wahrscheinlichkeit als „relative Häufigkeit auf lange Sicht"), der personalistischen Interpretation (Wahrscheinlichkeit als „fairer Wettquotient") oder der logischen Interpretation (Wahrscheinlichkeit als „Bestätigungsgrad einer Hypothese $H$ auf Grund von Daten $E$") akzeptiert — allgemeine Einigkeit darüber, daß eine sinnvolle Deutung des Wahrscheinlichkeitsbegriffs nur möglich ist, wenn dieser Begriff die Kolmogoroff-Axiome erfüllt, und dies heißt insbesondere: wenn die Wahrscheinlichkeit ein normiertes Maß mit Werten zwischen 0 und 1 ist. Auch dieser potentielle Vorschlag soll daher nicht weiter verfolgt werden.

(14) *Der Widerspruch kann dadurch zum Verschwinden gebracht werden, daß der Apparat der Wahrscheinlichkeitstheorie in neuartiger Weise in die quantenphysikalische Theorie eingebaut wird.*

Diesem Vorschlag könnte man zum gegenwärtigen Zeitpunkt bestenfalls den Status eines höchst unklaren Programms zusprechen. Ich erwähne diese logische Möglichkeit nur der Vollständigkeit halber; denn von ihrer Realisierung kann ich mir keine klare Vorstellung machen. Leider sind uns die Physiker bereits bisher eine präzise Auskunft darüber schuldig geblieben, in welcher Weise sie von den Begriffen der Wahrscheinlichkeitstheorie Gebrauch machen[10].

---

[10] Vgl. etwa die Bemerkungen von SUPPES in [Role] auf S. 335, insbesondere die folgende: „I cannot . . . recall reading a single book or article on quantum mechanics by a physicist which uses the fundamental notion of a random variable in an explicit manner, although this notion is central to every modern treatise on probability theory". SUPPES verwendet hier die übliche Bezeichnung „random variable", die ich durch den Ausdruck „Zufallsfunktion" ersetzt habe.

Keine Lösung wäre es vorzuschlagen, daß nicht jedem Element des Ereigniskörpers eine Wahrscheinlichkeit zuzuschreiben sei. Der Begriff des Körpers bzw. $\sigma$-Körpers von Ereignissen wird ja überhaupt nur deshalb eingeführt, um eine solche Zuschreibung zu ermöglichen. Im diskreten Fall wird die Potenzmenge $P(\Omega)$ als Ereigniskörper gewählt. Im kontinuierlichen Fall ist dies nicht möglich. Die ganzen Bemühungen der modernen Wahrscheinlichkeitstheorie gehen dahin, möglichst umfangreiche Teilklassen von $P(\Omega)$ zu erhalten, die als $\sigma$-Körper wählbar sind. Nur deshalb wird ja von der komplizierten Apparatur der Maßtheorie Gebrauch gemacht. Wollte man Ereignisse zulassen, denen keine Wahrscheinlichkeiten zuzuordnen sind, so könnte man ja stets die Potenzmenge als Ereigniskörper wählen! SUPPES schließt daher mit Recht in [Non-Classical-Logic], S. 15, in seiner zweiten Prämisse diese Möglichkeit von vornherein explizit aus.

Es ist vielleicht nicht überflüssig, in diesem Zusammenhang darauf hinzuweisen, daß man es in der Quantenphysik bereits bei der Behandlung relativ elementarer Fälle mit überabzählbaren Ereigniskörpern zu tun hat, so daß die Benützung maßtheoretischer Begriffe unerläßlich bleibt. Ein derartiger elementarer Fall ist bei SUPPES in [Empirical Theories] geschildert: Es wird ein System von $n$ Partikeln betrachtet, und aus Gründen der Einfachheit wird außerdem angenommen, daß sich alle sogenannten Observablen als Funktionen des Ortes und des Impulses einführen lassen. Der Stichprobenraum ist in diesem Fall als ein $6n$-dimensionaler euklidischer Raum $E^{6n}$ konstruierbar. Ein Punkt ist durch ein $6n$-Tupel von reellen Zahlen $(q_1, \ldots, q_{3n}, p_{3n+1}, \ldots, p_{6n})$ gegeben. Die ersten $3n$ Koordinaten betreffen mögliche Ortsmessungen, die restlichen mögliche Impulsmessungen; und zwar sollen $q_1, q_2$ und $q_3$ die Ortskoordinaten der ersten Partikel sein, analog $p_{3n+1}$, $p_{3n+2}$ und $p_{3n+3}$ die Impulskoordinaten der ersten Partikel usw. Ein eindimensionales Ereignis ist eine auf eine der Dimensionen beschränkte *meßbare* Punktmenge von $E^{6n}$; ein Ereignis im allgemeinen ist eine *meßbare* Zylindermenge $Z_R$ mit $Z_R \subseteqq E^{6n}$, wobei $R \subseteqq \{1, \ldots, 6n\}$ (d. h. $R$ ist die Menge der Dimensionen, auf die $Z_R$ beschränkt ist). Für diesen Fall wird in [Empirical Theories] in Theorem 4, S. 370, die notwendige und hinreichende Bedingung für die Existenz einer quantenmechanischen Wahrscheinlichkeitsverteilung präzise angegeben. Dieses Theorem enthält zugleich eine Verallgemeinerung des oben angeführten Resultates über die Nichtexistenz gemeinsamer Verteilungen.

Immerhin sollte innerhalb der Überlegungen, die zu der Klasse der in (14) angedeuteten potentiellen Lösungsvorschläge gehören, der Gedanke verfolgt werden, daß man mit *mehreren* Ereigniskörpern operieren könnte, so daß unvertauschbaren Größen verschiedene derartige Ereigniskörper zugrundeliegen. (Möglicherweise beruhen die wahrscheinlichkeitstheoretischen Überlegungen der Physiker auf einer solchen Intuition. Ansonsten wäre es nicht recht verständlich, daß sie an der Nichtexistenz gemeinsamer Wahrscheinlichkeitsverteilungen nichts Anstößiges finden.) Zu bedenken ist freilich, daß man es dann nicht mehr mit *einem* Wahrscheinlichkeitsmaß, sondern mit mehreren zu tun hat, die „irgendwie" zueinander in Beziehung gesetzt werden müssen, ohne daß es zu absurden Konsequenzen kommt.

(15) *Der Begriff des Ereigniskörpers ist in neuartiger Weise einzuführen.*

Dies scheint gegenwärtig die einzige brauchbare Möglichkeit zu sein, um die Antinomie zwischen Wahrscheinlichkeitstheorie und Quantentheorie zu überwinden. Nach diesem Vorschlag ist nicht die zweite, sondern die *erste* Komponente im Begriff des Wahrscheinlichkeitsraumes zu ändern, also nicht die Definition der Maßfunktion $\mathfrak{W}$, sondern die Definition der Klasse $\mathfrak{A}$ zu modifizieren.

Eine solche Modifikation aber läuft tatsächlich auf nichts Geringeres hinaus als auf *die Annahme einer nicht-klassischen Logik der Ereignisse*. Von Logik zu sprechen ist nach dem Früheren deshalb gerechtfertigt, weil die Elemente von $\mathfrak{A}$ Sachverhalte bzw. Propositionen sind. Das Prädikat „nicht-klassisch" muß benützt werden, weil die Modifikation in solcher Weise erfolgen muß, daß der Ereigniskörper nicht mehr die formale Struktur eines Booleschen Verbandes hat, während die klassische Aussagenlogik diese Struktur besitzt.

Da nämlich wegen des geschilderten Resultates in der Quantenphysik zwei Ereignisse (Sachverhalte) nicht notwendig eine gemeinsame Verteilung besitzen, kann nach dem Vorschlag (15) der Einklang mit der Wahrscheinlichkeitstheorie nur in der Weise erzielt werden, *daß die Konjunktion zweier Ereignisse nicht generell existiert.*

*Anmerkung.* Man könnte im ersten Augenblick geneigt sein, den folgenden Einwand vorzubringen: „Durch den Ausschluß der Konjunktion gewisser Ereignisse wird der Ereignisbegriff selbst modifiziert. Nach dem Vorschlag (13) sollte der Wahrscheinlichkeitsbegriff modifiziert werden. Worin besteht der prinzipielle Vorzug der neuen Revision gegenüber dem Vorschlag (13)?" Die Antwort muß lauten: Es handelt sich um einen Unterschied zwischen *Modifikation* und gänzlicher *Preisgabe* eines Begriffs.

Irgendeine Art von Eingriff müssen wir vornehmen, um die Antinomie zu beseitigen. Dabei muß die leitende Idee die sein, einen solchen Eingriff zu machen, der mit dem geringsten Übel verbunden ist. Wenn wir gewisse Elemente aus dem Ereigniskörper ausschließen, so sind die beibehaltenen Elemente weiterhin Ereignisse im früheren Sinn. Wenn wir dagegen negative oder komplexe Wahrscheinlichkeiten zulassen, so geben wir den herkömmlichen Wahrscheinlichkeitsbegriff schlechthin preis. Die Quantentheorie hätte sich in einen ungedeuteten Kalkül verwandelt, der insbesondere nicht mehr dazu benützt werden könnte, probabilistische Erklärungen und Prognosen vorzunehmen.

Noch immer bestehen verschiedene Wahlmöglichkeiten. Wann soll z. B. eine Adjunktion von zwei Ereignissen zugelassen werden? Ein möglichst liberaler Lösungsvorschlag, der zugleich die genannte Schwierigkeit beseitigt, geht dahin, die Adjunktion zweier logisch disjunkter Ereignisse zuzulassen[11]. Dieser Gedanke scheint erstmals von VARADARAJAN in [Probability] geäußert worden zu sein. Während sich dieser Autor aber auf abstrakte Algebren bezog, hat SUPPES die Übersetzung in die Sprechweise des Ereigniskörpers vorgenommen. Wir gelangen so zu der folgenden Definition:

[11] Eine stärkere Restriktion findet sich in [Logical Structures] von KOCHEN und SPECKER. In dieser Arbeit werden jedoch wahrscheinlichkeitstheoretische Fragen nicht angeschnitten.

$\Omega$ sei eine nichtleere Menge. $\mathfrak{A}$ wird genau dann ein *quantenmechanischer Ereigniskörper über* $\Omega$ genannt, wenn $\mathfrak{A}$ eine nichtleere Klasse von Teilmengen von $\Omega$ ist, so daß für beliebige $A, B \in \mathfrak{A}$ gilt:

1. $\overline{A} \in \mathfrak{A}$;
2. Wenn $A \cap B = \emptyset$, dann $A \cup B \in \mathfrak{A}$.

Wenn $\mathfrak{A}$ außerdem abgeschlossen ist in bezug auf die Operation der abzählbaren Vereinigung paarweise disjunkter Mengen (wenn also für $A_1, A_2, \ldots, A_n, \ldots \in \mathfrak{A}$ gilt: $\bigcup_{i=1}^{\infty} A_i \in \mathfrak{A}$, sofern für $i \neq j$ $A_i \cap A_j = \emptyset$), so wird $\mathfrak{A}$ ein *quantenmechanischer σ-Körper von Ereignissen* genannt.

*Anmerkung.* Wegen $A \cap B = \overline{(\overline{A} \cup \overline{B})}$ ergibt sich, daß die Konjunktion zweier Ereignisse nur für den Fall garantiert ist, daß ihre Adjunktion logisch notwendig ist. Denn nach der ersten Bestimmung gilt: $A \cap B \in \mathfrak{A}$, sofern $\overline{A} \cup \overline{B} \in \mathfrak{A}$; und diese Beziehung gilt nach der zweiten Bestimmung für den Fall, daß $\overline{A} \cap \overline{B} = \emptyset$, inhaltlich gesprochen also: daß das durch „nicht-$A$ und nicht-$B$" beschriebene Ereignis unmöglich ist.

An die Stelle der beiden früheren klassischen Begriffe des Wahrscheinlichkeitsraumes haben jetzt die beiden Begriffe des endlich *additiven* sowie des *σ-additiven quantenmechanischen Wahrscheinlichkeitsraumes* zu treten. Hierbei können die früheren Definitionen wörtlich übernommen werden, nur daß in der ersten und fünften Teilbestimmung nicht mehr auf einen klassischen Mengenkörper (σ-Körper), sondern auf einen quantenmechanischen Mengenkörper (σ-Körper) Bezug genommen werden muß.

Aus den Definitionen folgt unmittelbar der

**Satz:** (*a*) *Wenn* $\mathfrak{A}$ *ein klassischer Ereigniskörper (σ-Körper) über* $\Omega$ *ist, so ist* $\mathfrak{A}$ *auch ein quantenmechanischer Ereigniskörper (σ-Körper) über* $\Omega$. *Die Umkehrung gilt nicht.*

(*b*) *Jeder klassische (endlich additive bzw. σ-additive) Wahrscheinlichkeitsraum ist auch ein quantenphysikalischer Wahrscheinlichkeitsraum. Die Umkehrung gilt nicht.*

(In [Non-Classical Logic] formuliert Suppes auf S. 19f. das abstrakte verbandstheoretische Analogon zum Begriff des quantenmechanischen Ereigniskörpers; eine axiomatische Behandlung ist für später angekündigt.)

Dieses Resultat könnte zu denselben Einwendungen Anlaß geben wie jenen, die gegen andere Versuche vorgebracht worden sind, eine nichtklassische Quantenlogik zu formulieren. Wie aus dem ersten Teil des obigen Satzes hervorgeht, ist die Menge der Modelle des Begriffs des quantenmechanischen Ereigniskörpers ja *größer* als die Menge der Modelle des Begriffs des klassischen Ereigniskörpers. Es gibt also jetzt Fälle, in denen die klassische Aussagenlogik nicht gilt. Nun muß man sich aber darüber im klaren sein, daß diese Wendung „die klassische Aussagenlogik gilt nicht" doppeldeutig ist. Zur Illustration tun wir für den Augenblick so, als könnten wir die linguistische Sprechweise Carnaps benützen: Danach ist zu unterscheiden zwischen den *Formbestimmungen* einer Sprache und den *logischen Regeln (Umformungsbestimmungen)*. Was hier geändert wird, sind die Formbestimmungen, nicht jedoch die logischen Regeln: Es existiert nicht mehr generell zu zwei beliebigen Sätzen auch deren Konjunktion; die „Gesetze der Logik" bleiben dagegen unangetastet. Daß wir oben nicht diese, sondern die modelltheoretische Sprechweise wählten, hat seinen Grund darin, daß die Ereigniskörper gewöhnlich überabzählbar sind und daher nicht durch etwas beschrieben werden können, was man üblicherweise einen Satz nennt; denn in jeder herkömmlichen Sprache stehen uns höchstens abzählbar viele Symbole und Ausdrücke zur Verfügung.

Kehren wir abschließend zur eingangs gestellten „verrückten" Frage zurück. Wenn wir von der Annahme ausgehen, daß die Quantenphysik nicht doch wieder einmal durch eine deterministische abgelöst werden wird, so ist die Anwendung probabilistischer Begriffe bei der Formulierung der Grundgesetze unvermeidlich. Diese Begriffe müssen aber auf solche Weise eingeführt werden, *daß sie unter der Annahme der Gültigkeit der Theorie mit der Logik der Ereignisse verträglich sind.* Diese Verträglichkeit bestand bisher nicht. Kritiker einer nichtklassischen Quantenlogik[12] gingen von der für selbstverständlich gehaltenen Annahme aus, daß man die Quantenphysik als eine Theorie formulieren kann, welche sich auf die Regeln der klassischen Aussagenlogik stützt. Diese Voraussetzung trifft jedoch nicht zu, wenn man beansprucht, die Theorie *als widerspruchsfreie Theorie* zu formulieren. In der klassischen Logik gibt es ja zu zwei Aussagen stets auch deren Konjunktion. Die auftretende probabilistische Antinomie dürfte daher tatsächlich ein zwingendes — und vermutlich *das einzige* bisher vorgetragene zwingende — Motiv für die Annahme einer nichtklassischen Logik der Quantenphysik bilden.

*Zusammenfassung.* Für die Behebung der Antinomie zwischen klassischer Wahrscheinlichkeitstheorie und Quantenphysik bieten sich prinzipiell vier Möglichkeiten an:

(I) Die quantenphysikalische Theorie wird mehr oder weniger radikal geändert.

(II) Die Einbettung der Wahrscheinlichkeitstheorie in die intakt gelassene physikalische Theorie wird modifiziert.

(III) Der Begriff des Ereigniskörpers wird geändert.

(IV) Der Begriff des Wahrscheinlichkeitsmaßes wird so verallgemeinert, daß u. a. auch negative Werte zugelassen werden.

Die Vorschläge (III) und (IV) enthalten eine Aufsplitterung des Vorschlages: „Die klassische Wahrscheinlichkeitstheorie ist zu ändern" nach

[12] So z. B. Hübner in [Quantenlogik] und Lenk in [Logische Konstanten], S. 609.

den beiden Komponenten im Begriff des Wahrscheinlichkeitsraumes. (I) und (IV) wurden nicht näher ins Auge gefaßt; denn (I) liefe auf nichts geringeres hinaus als auf die Forderung, die gegenwärtige Theorie fallenzulassen; und (IV) würde die Ersetzung des Wahrscheinlichkeitsbegriffs durch einen andersartigen, noch nicht bekannten Begriff beinhalten. So blieben nur die Möglichkeiten (II) und (III) offen. Hierzu ist zu sagen: Wenn sich erstens nicht die zu Punkt (14) angedeutete vage Möglichkeit (vgl. den Absatz unmittelbar oberhalb von (15)) in relativ zwangloser Weise realisieren läßt und sich zweitens herausstellt, daß der Vorschlag von SUPPES genau die unerwünschten Fälle ausschließt, ohne andersartige Nachteile im Gefolge zu haben, so dürfte dieser Eingriff in die Logik der Ereignisse den besten Ausweg aus dem durch die Antinomie erzeugten Dilemma liefern.

Alle früheren Versuche, eine eigene „Quantenlogik" aufzubauen, berücksichtigten den probabilistischen Aspekt der Theorie überhaupt nicht. Man kann diese Versuche, grob gesprochen, in drei Gruppen einteilen. Zur ersten Gruppe gehören alle Untersuchungen, welche an BIRKHOFF und v. NEUMANN in [Logic] anknüpfen. Diese beiden Autoren geben das distributive Gesetz der Aussagenlogik preis. Es ist immer wieder behauptet worden, daß diese Abhandlung die klassische Arbeit zur Quantenlogik darstelle. Diese Auffassung ist unzutreffend. Tatsächlich liefern die beiden Autoren wichtige Beiträge zu den Eigenschaften von Verbänden und projektiven Geometrien. Dem eigentlichen Thema, der *Logik*, widmen sie jedoch nicht mehr als ein paar Zeilen auf S. 831, die außerdem recht undeutlich sind.

Die eben zitierte Arbeit hat auf den Gang der weiteren Untersuchungen zur Frage, ob die Logik zu modifizieren sei, eher eine negative als eine positive Auswirkung gehabt. Sie hat nämlich einen bestimmten Typ von Fehlschluß begünstigt. Die klassische Aussagenlogik ist ein Modell der Booleschen Algebra. Nicht aber ist natürlich jedes derartige Modell eine klassische Aussagenlogik. Das Analoge gilt für den nichtklassischen Fall: Daraus, daß gewisse Gebilde nicht die Struktur einer Booleschen Algebra haben (z. B. gewisse lineare Unterräume eines Hilbert-Raumes), darf man nicht schließen, man hätte eine nichtklassische Logik entdeckt. Man hat zunächst nichts weiter gefunden als ein spezielles Modell einer abstrakten algebraischen Struktur. Von *Logik* zu sprechen, bedarf einer eigenen sorgfältigen Rechtfertigung. Die obige Behauptung von der Undeutlichkeit der Äußerungen der beiden Autoren betrifft gerade diesen Punkt.

Außerdem machen die meisten Autoren keine Angaben darüber, wie sie die folgende Schwierigkeit beheben wollen: Sie entwickeln eine Logik, in der gewisse Gesetze der klassischen Logik nicht gelten. Auf der anderen Seite machen sie an zahlreichen Stellen von Lehrsätzen der Mathematik Gebrauch, die nur unter Berufung auf die *gesamte* klassische Aussagenlogik zu beweisen sind.

Analoge Einwendungen können gegen die Überlegungen von SUPPES nicht vorgebracht werden. Zwar kann man hier ebenfalls die algebraischen Strukturen miteinander vergleichen: Ein klassischer Ereigniskörper ist eine Boolesche Algebra und besitzt daher dieselbe Struktur wie die klassische Aussagenlogik; ein quantenmechanischer Ereigniskörper hat demgegenüber eine andersartige Struktur. *Dies allein* liefert noch keine Begründung dafür, im zweiten Fall von einer nichtklassischen Logik zu sprechen. Die Rechtfertigung liegt vielmehr darin, daß die Elemente eines solchen Ereigniskörpers etwas sind, dem Wahrscheinlichkeiten zugeordnet werden, d. h. etwas, *das möglicherweise der Fall ist*, also Sachverhalte oder Propositionen. Es ist daher durchaus zulässig, von der Logik der

Ereignisse zu reden. Auch das zweite Bedenken wird gegenstandslos, wie wir bereits gesehen haben.

Für den zweiten Typ von Versuchen ist REICHENBACHs dreiwertige Logik repräsentativ. Hier geht es nicht um eine Revision der Logik, welche die quantenphysikalische Theorie *benützt*, sondern um die Errichtung einer Logik, die zu einer angeblich befriedigenden *philosophischen Deutung* dieser Theorie führt. Daß REICHENBACH sein Ziel nicht erreichte, ist in IV,4 gezeigt worden. REICHENBACHs Problemstellung ist unklar; sein Begriffsapparat defekt. Die vorgeschlagene Lösung gewisser (angeblicher) Paradoxien liefert nur eine scheinbare Verbesserung gegenüber der BOHR-HEISENBERG-Interpretation. Der *logische* Hauptmangel seiner Theorie besteht aber darin, daß er es vollkommen unterlassen hat, die Semantik seiner dreiwertigen Logik zu erklären.

Ein dritter Ansatz geht auf P. MITTELSTAEDT zurück. Hier tritt eine zusätzliche Konfusion zu den bei den Versuchen der ersten Gruppe erwähnten Irrtümern hinzu. MITTELSTAEDT legt die intuitionistische Aussagenlogik zugrunde, in der das tertium non datur geleugnet wird. Dies ist *eine Vermengung der Grundlagenproblematik der Mathematik mit der Grundlagenproblematik der modernen Physik.* Es gibt keinerlei Anlaß dafür, in der Quantenphysik den Satz vom ausgeschlossenen Dritten zu leugnen. Selbst wenn man Konstruktivist ist, muß man die — sei es noch so indirekte beweistheoretische — Rechtfertigung des tertium non datur längst hinter sich zurückgelassen haben, bevor man in die Grundlagenproblematik physikalischer Theorien einsteigt. Man kann zwar einem radikalen Intuitionisten nicht verbieten, seine Überzeugungen auch in der Anwendung der Logik auf physikalische Theorien zur Geltung zu bringen. Dann sollte er sie aber doch zumindest als solche kenntlich machen und nicht den Anschein erwecken, als sei die Wahl der intuitionistisch reduzierten Logik die Folge einer spezifischen Problematik der modernen Physik. Die intuitionistische Grundeinstellung hätte er ja auch gegenüber der klassischen Physik zur Geltung bringen müssen![13] Bei MITTELSTAEDT wird ferner das Komplementaritätsprinzip, also eine *physikalische Hypothese*, als eine logische Regel bezeichnet. Hier zeigt sich ein weiteres fundamentales logisches Mißverständnis. Die Formalisierung einer physikalischen Theorie — sei es in einem axiomatischen, sei es wie bei MITTELSTAEDT in einem spieltheoretischen Formalismus — bedeutet doch nicht, daß die in dieser Theorie vorkommenden Gesetze logische Gesetze werden.

Daneben werden von MITTELSTAEDT einige weitere höchst befremdliche Auffassungen vorgetragen, von denen ich eines der besonderen Kuriosität halber erwähne: Die *Unkenntnis* der Quantenmechanik mache gewisse logische Gesetze falsch ([Probleme], S. 128, erster Absatz)[14].

---

[13] Nur nebenher sei erwähnt, daß MITTELSTAEDT von der irrigen Ansicht ausgeht, man könne die Theorie der Dialogspiele von P. LORENZEN nur zur Formulierung der Regeln der intuitionistischen Logik verwenden. Durch Änderung gewisser Festsetzungen kann man nach dieser Methode jedoch auch die klassische Logik sowie andere Logikkalküle erhalten. Für eine knappe Diskussion dieses Punktes und weitere Literaturhinweise vgl. W. STEGMÜLLER [Remarks].

[14] Vgl. zur Kritik dieses Punktes auch HÜBNER [Quantenlogik], S. 932ff. Statt zu so seltsamen Konsequenzen zu gelangen, hätte MITTELSTAEDT auf das von ihm diskutierte Beispiel der Aussage $A \rightarrow (B \rightarrow A)$ mit inkommensurablen Sätzen $A$ und $B$ zu dem Schluß gelangen müssen, daß die von LORENZEN stammende spieltheoretische Deutung hier nicht anwendbar ist, da diese Deutung die unabhängige Beweismöglichkeit der beteiligten atomaren Aussagen voraussetzt, eine Voraussetzung, die hier nicht gegeben ist. Auf S. 129 wird eine neue willkürliche

*Spezialliteratur zum Anhang*

Die in der Bibliographie für das ganze Buch enthaltenen Arbeiten wurden hier nicht nochmals genannt.

BIRKHOFF, G. and J. v. NEUMANN [Logic], "The Logic of Quantum mechanics", in: Annals of Mathematics, Bd. 37 (1936), S. 823–834.

DIRAC, P. A. M., [Analogy] "On the Analogy between Classical and Quantum Mechanics" in: Review of Modern Physics, Bd. 17 (1945), S. 195–199.

DRIESCHNER, M., *Quantum Mechanics as a General Theory of Objective Prediction*, Hamburg und München 1969.

HEISENBERG, W., *Physikalische Prinzipien der Quantentheorie*, Mannheim 1958.

HÜBNER, K. [Physik], "Beiträge zur Philosophie der Physik", in: Philosophische Rundschau, Bd. 11 (1963), Sonderheft 4, S. 1–106.

HÜBNER, K. [Quantenlogik], "Über den Begriff der Quantenlogik", in: Sprache im Technischen Zeitalter, Bd. 12 (1964), S. 925–934.

KOCHEN, S. and E. P. SPECKER [Logical Structures], "Logical Structures Arising in Quantum Theory", in: Symposium on the Theory of Models, Amsterdam 1965, S. 177–189.

KOCHEN, S. and E. P. SPECKER [Hidden Variables], "The Problem of Hidden Variables in Quantum Mechanics", in: Journal of Mathematics and Mechanics, Bd. 17, 1 (1967), S. 59–87.

LANDAU, L. D. and LIFSHITZ [Quantum Mechanics], *Quantum Mechanics: Non-Relativistic Theory*, London 1958.

LENK, H. [Logische Konstanten], *Kritik der Logischen Konstanten*, Berlin 1968.

MARCH, A. [Quantum Mechanics], *Quantum Mechanics of Particles and Wave Fields*, New York 1951.

MITTELSTAEDT, P. [Probleme], *Philosophische Probleme der modernen Physik*, Mannheim 1963.

MITTELSTAEDT, P., *Untersuchungen zur Quantenlogik*, München 1959.

MOYAL, J. E., [Quantum Mechanics], "Quantum Mechanics as a Statistical Theory", in: Proceedings of the Cambridge Philosophical Society Vol. 45 (1949), S. 99–124.

POPPER, K., "Birkhoff and von Neumann's Interpretation of Quantum Mechanics", in: Nature Bd. 219 (1968), S. 682–685.

SCHIFF, L. I., *Quantum Mechanics*, 2. Aufl. New York 1955.

STEGMÜLLER, W. [Remarks], "Remarks on the Completeness of Logical Systems Relative to the Validity Concepts of P. LORENZEN and K. LORENZ", in: Notre Dame Journal of Formal Logic Bd. V, 2 (1964). S. 81–112.

SUPPES, P. [Quantum Mechanics], "Probability Concepts in Quantum Mechanics", in: Philosophy of Science Bd. 28 (1961), S. 378–389.

---

Ergänzungsregel hinzugefügt: dem sogenannten Opponenten wird zwar die sukzessive Begründung von $A$ sowie von $B$ zugestanden, dem Proponenten wird dagegen verboten, die durch die zweite Begründung aufgehobene erste Aussage zu zitieren. Daß hier reine Willkür vorliegt, erkennt man daran, daß man ja mit mindestens demselben Recht die folgende Ergänzungsregel hätte hinzufügen können: „Der Opponent darf keine Primaussagen setzen, deren Begründung den Beweis einer von ihm an früherer Dialogstelle gesetzten Primaussage zerstört". Während bei der von MITTELSTAEDT akzeptierten Regel dem Proponenten der schwarze Peter zugeschoben wird, behielte ihn bei der eben erwähnten Alternativregel der Opponent in der Hand. Im übrigen kann man bei diesem Vorgehen die Dinge stets so einrichten, daß genau das herauskommt, was man haben möchte.

SUPPES, P. [Rôle], "The Rôle of Probability in Quantum Mechanics", in: BAUMRIN (Hrsg.), *Philosophy of Science. The Delaware Seminar*, New York 1963, S. 319—337.

SUPPES, P., [Empirical Theories], "Logic Appropriate to Empirical Theories", in: Symposium on the Theory of Models, Amsterdam 1965, S. 365—375.

SUPPES, P. [Non-classical Logic], "The Probabilistic Argument for a Non-classical Logic of Quantum Mechanics", in: Philosophy of Science, Bd. 33 (1966), S. 14—21.

SÜSSMANN, G. [Einführung], *Einführung in die Quantenmechanik I*, Mannheim 1963.

VARADARAJAN, V. S. [Probability], "Probability in Physics and a Theorem on Simultaneous Observability", in: Pure and Applied Mathematics Bd. 15 (1962), S. 189—217.

WEIZSÄCKER, C. F. von, "Komplementarität und Logik", in: Die Naturwissenschaften Bd. 42 (1955), S. 521—529 und S. 545—555.

WEIZSÄCKER, C. F. von, "Die Quantentheorie der einfachen Alternative (Komplementarität und Logik" II), in: Zeitschrift für Naturforschung Bd. 13a (1958), S. 245—253.

WEIZSÄCKER, C. F. von, E. SCHEIBE und G. SÜSSMANN, "Komplementarität und Logik III. Mehrfache Quantelung", in: Zeitschrift für Naturforschung Bd. 13a (1958), S. 705—721.

WIGNER, E., "On the Quantum Correction for the Thermodynamic Equilibrium", in: Physical Review Bd. 40 (1932), S. 749—759.

## Nachtrag

Nach Drucklegung dieses Buches erschien das erste Heft von Bd. 21 (1970) der Zeitschrift *Synthese*, welches ausschließlich Arbeiten über die philosophische Deutung der Quantenphysik gewidmet ist. Für das in diesem Anhang behandelte Problem ist vor allem die Abhandlung von J. D. Sneed "Quantum Mechanics and Probability Theory" von Wichtigkeit. Sneed schlägt in diesem Aufsatz eine Deutung des Formalismus der Quantenmechanik vor, welche sowohl mit der klassischen Wahrscheinlichkeitstheorie als auch mit der klassischen Logik verträglich ist. Der neue Gedanke besteht darin, daß die in der Quantenmechanik auftretenden Zahlenwerte nicht als *unbedingte* Wahrscheinlichkeiten, sondern als *bedingte* Wahrscheinlichkeiten bestimmter Art interpretiert werden. Die in unseren Erörterungen vorausgesetzten Berechnungen gemeinsamer Wahrscheinlichkeitsdichten von konjugierten Größen werden bei diesem Vorgehen verhindert; denn die Wahrscheinlichkeitsdichten von konjugierten Größen bilden jetzt bedingte Wahrscheinlichkeitsdichten mit *nichtidentischen* Bedingungen, weshalb sie nicht aus einer gemeinsamen Dichtefunktion ableitbar sind.

# Nachwort
## Was ist wissenschaftlicher Fortschritt?

Eines der Grundübel der heutigen Philosophie ist die Neigung zur *Schablone* und zum *unverbindlichen Jargon*. Diese Tendenz wird in erschreckendem Maße dadurch zementiert, daß die Tradition immer größer wird und dementsprechend auch das Reservoir an Wörtern, die sich dafür anbieten, gedankenlos übernommen zu werden. Aufgabe einer rationalen Philosophie ist es unter anderem, diesen Hang zu überwinden und dem Denken in nivellierenden Schablonen ein differenzierendes Denken entgegenzusetzen. Die Überwindung kann nicht durch gute Vorsätze und einsame Entschlüsse erfolgen, sondern nur auf dem Wege mühevoller Übungen und oft recht unbequemer Einzelanalysen.

Zur Exemplifikation greifen wir einen Ausdruck heraus, der zwar nicht von philosophischer Tradition belastet, dafür aber heute in aller Munde ist, zumal er etwas zu bezeichnen scheint, was mit dem sogenannten technischen Fortschritt eng zusammenhängt oder sogar als Bestandteil von diesem aufgefaßt wird. Worum es hier geht, ist folgendes: Es soll gezeigt werden, daß auf die Frage „worin besteht der wissenschaftliche Fortschritt?" keine einfache Antwort gegeben werden kann, die sich in wenigen Sätzen zusammenfassen läßt, und schon gar nicht so etwas wie eine kurze und bündige Definition von „wissenschaftlicher Fortschritt". Von jedem derartigen Versuch kann man von vornherein sagen, daß er unverbindlich und nichtssagend ist.

Eine *informative* Antwort muß darin bestehen, deutlich zu machen, wie vielerlei unter diesem Terminus verstanden werden kann. Dabei wird zugleich zutage treten, daß wir manches von dem, was so bezeichnet wird, überhaupt noch nicht richtig verstehen und daß es noch gründlicher logischer und wissenschaftstheoretischer Analysen bedürfen wird, um unser Verständnis zu erhöhen.

Zunächst muß man sich darüber klar werden, ob die Frage nur auf die sogenannten *Erfahrungswissenschaften* beschränkt sein soll oder ob auch die reinen Formalwissenschaften *Logik* und *Mathematik* in sie einzubeziehen sind. Die Forschungen der Logiker und Mathematiker vermehren nicht unser Wissen von dieser Welt. Darum können sich diese Personen auch den Luxus reiner Schreibtischgelehrtheit leisten. Ein Erfahrungswissenschaftler hingegen hat im günstigsten Fall im Laboratorium zu arbeiten. Häufig muß er sogar in den Regen, in Hitze und Kälte hinaus, und bisweilen wird von ihm sogar verlangt, daß er unter unmenschlichen Lebensbedingungen tätig wird: am Südpol, im Himalaya, in den Tiefen des Meeres und in Zukunft vielleicht auch im Weltraum.

Hier soll das Hauptaugenmerk hauptsächlich auf die Erfahrungswissenschaften gerichtet werden. Wenn von Entwicklung der Wissenschaft oder wissenschaftlichem Fortschritt die Rede ist, so denkt man in erster Linie an *neue Funde* oder an die *Entdeckung neuer Einzeltatsachen.* Diese Erweiterung der Wissensbasis ist für sämtliche Realwissenschaften außerordentlich wichtig: Sie liefert ihnen allen die Grundnahrung, ohne welche diese Wissenschaften zur Stagnation verurteilt wären. Die Entdeckung neuer Fossilien, Ausgrabungen und Inschriften gehören ebenso hierher wie die experimentellen Nachweise bestimmter Naturphänomene. Bei den Funden kann ebenso der Zufall im Spiel sein wie die systematische Nachforschung. So etwa wurde mehr oder weniger zufällig der berühmte Drei-Sprachen-Stein gefunden, der zur Entzifferung der altägyptischen Hieroglyphen führte und damit die Basis für die ganze heutige Ägyptologie bildete. Systematische Nachforschungen hingegen waren es, welche z. B. die Entdeckung der Bakterien, der Viren oder des Neutrino im Gefolge hatten. Wie diese drei letzten Beispiele zeigen, stützt sich der Forscher bei derartigen Entdeckungen nicht allein auf seine Sinneswahrnehmungen, sondern außerdem auf gewisse mehr oder weniger komplizierte Apparaturen. Die Benützung solcher Instrumente beruht auf *drei Voraussetzungen,* einer praktisch-technischen und zwei theoretischen. *Die praktische Voraussetzung:* Um solche Apparate verwenden zu können, müssen sie erst konstruiert worden sein. Daher bleibt wissenschaftlicher Fortschritt zumindest im naturwissenschaftlichen Bereich schon auf dieser Grundstufe an den sogenannten technischen Forschritt gebunden. *Die theoretischen Annahmen:* erstens die allgemeinet Theorie des Meßinstrumentes und zweitens die spezielle Hypothese, daß das Meßinstrument in diesem konkreten Fall korrekt funktioniert. Beide Arten von theoretischen Annahmen sind in dem dritten naturwissenschaftlichen Beispiel problematischer als im ersten. Den genannten Entdeckungen im Kleinen entsprechen solche im Großen: Eines Tages entdeckte ein Mensch erstmals, daß es außerhalb unseres Milchstraßensystems noch ein weiteres ungeheures kosmisches Gebilde gibt, nämlich den Andromeda-Nebel. Heute kennt man bereits mehr als 100 Millionen derartiger Galaxien (Spiralnebel). Kürzlich fand man neue kosmische Gebilde, wie die Quasare und Pulsare. Auch hier ist der Fortschritt an Wissen an einen entsprechenden technischen Fortschritt gebunden: Ohne Teleskope und Radioteleskope hätte man diese Entdeckungen nicht machen können. Alle benützten technischen Errungenschaften dienen dazu, das sinnliche Unterscheidungsvermögen des Menschen wesentlich zu verschärfen und die Reichweite seiner Sinne beträchtlich zu erhöhen.

Wären die Wissenschaftler auf nichts weiter aus als auf die Entdeckung neuer Fakten, so würden sie uns zwar eine Fülle von Material liefern, jedoch keine tieferen Einblicke in die *Zusammenhänge* zwischen den Phänomenen. Gerade darum aber geht es allen *systematischen* Erfahrungswissenschaften. Der Vorstoß in eine Tiefendimension des Realen erfolgt in der Weise, daß auf Grund beobachteter Regelmäßigkeiten gesetzmäßige Zusammenhänge hypothetisch angenommen werden. Doch ist auch hier wieder eine Differenzierung vorzunehmen.

Die elementarste Stufe der Hypothesenbildung besteht in der Aufstellung *qualitativer empirischer Gesetzmäßigkeiten.* Zahlreiche solche Gesetze haben bereits Eingang in den vorwissenschaftlichen Alltag gefunden, so etwa Behauptungen wie die, daß Kork auf dem Wasser schwimmt, daß Blei schwerer ist als Eisen oder daß Kupfer Elektrizität leitet. Daß in all diesen Annahmen eine *hypothetische Komponente* steckt, hat den folgenden einfachen Grund: Es wird darin nicht über einzelne Beobachtungen berichtet, sondern es wird das Bestehen *allgemeiner* Zusammenhänge behauptet. Dabei dürfen diese Behauptungen auch nicht so interpretiert werden, als besagten sie bloß, daß diese Zusammenhänge bisher stets beobachtet worden sind. Wir *berufen* uns zwar auf bisherige Beobachtungen, wenn wir behaupten, daß Kork auf dem Wasser schwimmt. *Aber wir behaupten doch weit mehr, als in diesen Beobachtungen ausgedrückt ist.* Die Erfahrungen, auf die wir uns stützen, liegen ohne Ausnahme in der Vergangenheit. Die Behauptungen hingegen erstrecken sich auch auf *künftige* Fälle, die wir vorläufig noch nicht beobachten können. In den obigen Beispielen liegen die Annahmen beschlossen, daß auch morgen, im nächsten Jahr, ja sogar in aller Zukunft Kork auf dem Wasser schwimmen wird, Blei schwerer sein wird als Eisen und Kupfer Elektrizität leiten wird. Wir konnten alle diese künftigen Fälle noch nicht beobachten und können nur vermuten und hoffen, daß wir in der Zukunft keine gegenteiligen Beobachtungen machen werden. Gelangen wir hingegen doch einmal in der Zukunft zu solchen gegenteiligen Erfahrungen, so müssen wir die Annahme preisgeben, daß diese empirischen Gesetze gültig sind. Die hypothetische Komponente gerät in die empirischen Gesetzmäßigkeiten also dadurch hinein, daß wir in der Vergangenheit beobachtete Regelmäßigkeiten in die Zukunft extrapolieren und daß wir keine Sicherheit haben, dabei keinen Fehler zu begehen; denn die Zukunft könnte anders sein als die Vergangenheit war.

Der menschliche Forschungsdrang hat sich nicht damit begnügt, *isolierte* empirische Gesetze zu formulieren. Analog wie die Einzeltatsachen mit Hilfe von Gesetzen verknüpft worden sind (und damit erklärbar und voraussagbar wurden), hat man danach getrachtet, die Gesetze zu ganzen Systemen zusammenzuschweißen. So kam es zur Bildung mehr oder weniger komplexer *Hierarchien von Gesetzen.* Darin gibt es zu speziellen Gesetzen allgemeinere Gesetze, aus denen die ersteren deduzierbar sind. In der Hypothesensprache ausgedrückt: Zu speziellen hypothetischen Annahmen werden allgemeinere *Oberhypothesen* gesucht, aus denen die speziellen Hypothesen folgen. Bisherige Grundhypothesen hören dann auf, solche Grundhypothesen zu sein, da sie aus neu hinzutretenden allgemeineren Hypothesen ableitbar werden. In präziser Weise läßt sich dieser Sachverhalt, den wir als *deduktive Systematisierung* bezeichnen, nur anhand von Beispielen aus den verschiedenen systematischen Wissenschaften illustrieren. Da jedoch auch dafür bereits Beispiele im menschlichen Alltagsdenken vorgezeichnet sind, können wir uns für den Augenblick mit einer solchen alltäglichen Veranschaulichung begnügen. Sie wird auch ausreichen, um die wissenschaftstheoretische Wichtigkeit solcher Hierarchiebildungen vor Augen zu führen. Betrachten wir etwa die Sterblichkeitshypothese: „Alle Menschen sind sterblich" (natürlich zu verstehen im Sinn der Sterblichkeit aller menschlichen *Organismen*, um etwaige Unsterblichkeitshypothesen bezüglich der menschlichen Seele außer Betracht lassen zu können). Eine empirische Hypothese liegt deshalb vor, weil darin ja nicht nur ein historischer Bericht darüber ausgedrückt werden soll, daß alle Menschen, die in der Vergangenheit lebten, gestorben sind, sondern daß auch in Zukunft alle Menschen sterben werden. Die Hypothese ist auf Grund des Wissens darum, daß alle Menschen in der Vergangenheit starben, bestens bestätigt. Wird sie auch durch die Beobachtung bestätigt, daß alle Schmetterlinge starben? Diese Frage klingt absurd und die Antwort scheint auf der Hand zu liegen: „Selbstverständlich nicht. Was haben denn Schmetterlinge mit menschlichen Organismen zu tun?" Nun gibt es aber zur obigen Sterblichkeitshypothese eine Oberhypothese von größerer Allgemeinheit: „Alle tierischen Organismen sind sterblich". Ein Spezialfall dieser Oberhypothese ist der Satz: „Alle Schmetterlinge sind sterblich". Diese letztere Aussage wird durch das beobachtete Verenden von Schmetterlingen bestätigt. Diese Beobachtungen bestätigen daher auch die erwähnte Oberhypothese und damit die daraus zu folgernde Sterblichkeitshypothese bezüglich des Menschen. Empirische Bestätigungen von Sterblichkeitshypothesen bezüglich beliebiger Organismen liefern somit auch eine *indirekte* Bestätigung der Sterblichkeitsannahme in bezug auf den Menschen. Selbstverständlich gibt es noch zahlreiche weitere naturwissenschaftliche Annahmen, welche diese Hypothese indirekt stützen, darunter z. B. astrophysikalische Prognosen darüber, daß eines Tages auf unserem Planeten keine Bedingungen für organisches Leben mehr bestehen werden (so daß auch ein „Unsterblichkeitsserum" keinen Schutz vor der Wahrheit der Hypothese bilden würde). Ganz allgemein kann man sagen, daß durch die Aufstellung von Hierarchien empirischer Gesetzmäßigkeiten verschiedenster Allgemeinheitsstufe, also durch den Einbau einzelner Gesetzmäßigkeiten in immer größere Zusammenhänge, zweierlei erreicht wird: Erstens gelingt es dadurch, scheinbar heterogene Arten von Phänomenen unter dieselben allgemeinen

Gesetze zu subsumieren; und zweitens wird das System innerlich dadurch zusammengefügt, daß die Bestätigung von speziellen Teilen des Systems sich auf die übrigen Teile überträgt.

Wenn wir noch etwas bei den Gesetzen verweilen, so können wir drei weitere Dimensionen angeben, in welchen der Fortschritt verläuft. Der eine Trend betrifft die mathematische Präzisierung der Gesetze. Das wissenschaftliche Fortschrittsstreben ist teilweise unter vielem anderen auch *ein Streben nach größerer Genauigkeit*. Durch Formulierung in einer mathematischen Sprache gelingt es, Gesetze mit dem Anspruch auf ausnahmslose Gültigkeit zu formulieren, während sie vorher mit allen möglichen Ausnahmeklauseln und ceteris-paribus-Bedingungen versehen werden mußten. Auch die Verwertbarkeit für genaue Prognosen wird häufig erst erreicht, nachdem die Gesetze in mathematischer Sprache ausgedrückt sind. Wollte man z. B. die Gesetze der Planetenbewegung nur in der alltäglichen Sprechweise wiedergeben, so müßte man sich darauf beschränken zu sagen, daß sich die Planeten stets auf Ellipsenbahnen um die Sonne bewegen. Eine solche Feststellung eignet sich nicht für astronomische Prognosen. Mit Hilfe der in mathematisch-quantitativer Sprache formulierten Keplerschen Gesetze hingegen kann man Mond- und Sonnenfinsternisse mit außerordentlicher Genauigkeit für die kommenden Jahrhunderte voraussagen.

Ein anderer Trend betrifft den Übergang von der deduktiven Systematisierung zur *Theorienbildung*. Beides wurde und wird noch häufig nicht unterschieden. Dies ist ein Fehler. Das grundsätzlich Neue, das hier zutage tritt, ist die Benützung *theoretischer Begriffe*, die wir nicht mehr vollständig verstehen können, sondern für die man nur eine partielle und sehr indirekte Deutung liefern kann. Das Fallgesetz von GALILEI ist ein *empirisches* Gesetz, welches allerdings in mathematisch präzisierter Form ausgedrückt ist (alltagssprachlich etwa: „Ein in der Nähe der Erdoberfläche frei fallender Körper fällt mit einer Beschleunigung, die angenähert 9,81 m/sec² beträgt"). Die Theorie von NEWTON, aus der sich dieses Gesetz ebenso wie viele andere Gesetze (z. B. die Gesetze von KEPLER) approximativ ableiten lassen, kann hingegen nicht mehr als eine Ansammlung empirischer Gesetze verstanden werden. Darin finden sich nämlich *theoretische Konstruktionen*, wie z. B. *Kraft* und *Masse*, die man nur teilweise empirisch deuten kann. Daß dies lange Zeit nicht auffiel, beruht darauf, daß man mit derartigen Ausdrücken allerlei anthropomorphe Assoziationen verband und sich daher der Illusion hingab, mit diesen Vorstellungsbildern auch ein volles Verständnis der Ausdrücke gewonnen zu haben. Mit dem Übergang zur Atomphysik hat sich dieser Trend zu theoretischen Konstruktionen noch erheblich verstärkt. Es ist logisch ausgeschlossen, daß uns der Physiker eine *Definition* von „Elektron" gibt, welche diesen Begriff in anschaulicher Weise mit einem rein beobachtungsmäßigen Gehalt erfüllt. Die Bedeutung dieses

Begriffs ist erst durch den gesamten Kontext seiner Theorie festgelegt, und auch dies nur teilweise.

Analoges gilt, wie in den ersten beiden Abschnitten des vierten Kapitels gezeigt worden ist, von quantitativen und dispositionellen Begriffen. Auch diese werden nicht durch Zurückführung auf beobachtbare Gegebenheiten definiert, sondern durch *Korrespondenz-* oder *Zuordnungsregeln*, welche sie mit Beobachtbarem verknüpfen, bloß partiell gedeutet. Daher besteht auch die Entwicklung ständig neuer Meßverfahren nicht in der Einführung immer neuer „operationaler Definitionen" von Größen, sondern bloß in einer sukzessiven Bedeutungsverschärfung nur teilweise gedeuteter Begriffe. Damit ist ein weiterer wichtiger Aspekt des wissenschaftlichen Fortschrittes gewonnen: Ohne Korrespondenzregeln bliebe jede Theorie ein mathematischer Kalkül ohne Realitätsbezug. Die Hinzufügung solcher Regeln erfüllt erst die Theorie mit dem Blut der empirischen Realität. Im Verlauf der Entwicklung werden immer wieder neue derartige Regeln (z. B. in der Form neuer Meß- und Testverfahren) eingeführt. Der Anwendungsbereich des theoretischen Systems wird dadurch erhöht; ebenso die Empfindlichkeit des Systems für die Kontrolle durch die Erfahrung.

Mit den bisher angeführten Momenten sollte eine Teilanalyse des Begriffs „wissenschaftlicher Fortschritt" gegeben, nicht jedoch eine historische Behauptung aufgestellt werden. Auch vor der folgenden schematischen Darstellung *geschichtlicher Stadien* sollte man sich hüten: „zunächst empirische Generalisation — dann deduktive Systematisierung — dann mathematische Präzisierung — dann Theorienbildung". Wenn auch die Theorienbildung im allgemeinen ein relativ spätes Stadium bildet, so fließen diese Stadien doch ineinander über. So z. B. wird in zunehmendem Maße eine empirische Generalisation unmittelbar in mathematisch präzisierter Sprache vorgenommen oder die deduktive Systematisierung nimmt gleich die Form einer Theorie an, ja es kann sogar zu einer Theorienbildung kommen, ohne daß vorher einzelne Gesetzmäßigkeiten aufgestellt und erst nachher zu einem System zusammengefaßt worden sind.

Bisher haben wir uns ausschließlich mit den wissenschaftlichen Aussagen, ihrem Anwachsen, ihrer Präzisierung und Zusammenfassung zu Theorien beschäftigt. Über den wissenschaftlichen Aussagen darf das *Begriffsnetz* nicht vergessen werden, auf dem jedes wissenschaftliche System basiert. Der entscheidende Fortschritt, der hier stattfinden kann, besteht in dem Übergang von Begriffen, die nur ein geringes Maß an Information vermitteln, wie die klassifikatorischen Begriffe, zu wesentlich informativeren Begriffen, nämlich *komparativen* und vor allem *quantitativen* Begriffen (Länge, Temperatur, Gewicht usw.). Dieser Aspekt des wissenschaftlichen Fortschrittes hat uns im ersten Kapitel ausführlich beschäftigt. Hier sei nochmals auf zwei Bedeutungen quantitativer Begriffe hingewiesen: Durch diese Begriffe wird ein höheres Maß an zwischenmenschlicher Verständigung (Intersubjektivität) erzielt, da sie sich auf objektive Meßverfahren stützen. Ferner ermöglichen es erst diese Begriffe, präzise quantitative Gesetze zu formulieren.

Wiederum zeigt sich hier die Rückbindung des wissenschaftlichen Fortschrittes an die technische Entwicklung. Quantitative Begriffe kann man erst einführen, wenn eine geeignete Meßtechnik zur Verfügung steht. Dafür wiederum müssen die entsprechenden Meßgeräte erfunden worden sein. Der naturwissenschaftliche Fortschritt hätte im 17. Jhd. nicht einsetzen können, wenn zu dieser Zeit nicht bereits die unerläßlichen Hilfsmittel für exakte Experimente und Messungen verfügbar gewesen wären: das Thermometer, das Barometer, die Pendeluhr, das Mikroskop, das Teleskop, das Mikrometer.

Von der Frage der *Prüfung* empirischer Gesetze und Theorien haben wir bisher abstrahiert. Da Gesetze und Theorien stets bloße Hypothesen darstellen, darf dieser weitere Aspekt bei der Erörterung des wissenschaftlichen Fortschrittes nicht unberücksichtigt bleiben. Dieser Fortschritt kann auch darin bestehen, daß man *positive empirische Bestätigungen* von bestimmten vorgeschlagenen Gesetzen und Theorien findet und damit eine Entscheidung zwischen verschiedenen miteinander rivalisierenden Hypothesen zugunsten einer dieser Hypothesen trifft. So bildete der positive Ausgang des Michelson-Experimentes eine starke Stütze für die spezielle Relativitätstheorie und das positive Resultat der Sonnenfinsternisexpedition nach Neuguinea eine Stützung der allgemeinen Relativitätstheorie.

Dem positiven Ausgang steht der negative gegenüber. Neue experimentelle Befunde können dazu führen, daß bisher akzeptierte Hypothesen *erschüttert* werden. Immer wieder mußten die Naturforscher in den letzten Jahrhunderten zu ihrer Bestürzung feststellen, daß für sicher gehaltene Theorien falsch sind, da sie nicht in Einklang gebracht werden können mit den experimentellen Befunden. Es ist nicht ausgeschlossen, daß auch der künftigen Forschung dieses Schicksal immer wieder beschieden sein wird. Mancher wird vielleicht daran zweifeln, ob man so etwas auch noch als Fortschritt bezeichnen solle. Doch ist zu bedenken, daß die Einsicht in die Falschheit bisher geglaubter Theorien von grundlegender Bedeutung werden kann, weil sie erst den Blick freilegt für neuartige und brauchbarere Konzeptionen. Häufig ist die Erschütterung einer Hypothese nur die negative Seite eines Prozesses, der zugleich unter den vorigen Aspekt fällt: die Falsifikation einer Theorie kann die Bestätigung einer anderen bedeuten, wenn diese bereits verfügbar ist. Außerdem braucht die Erschütterung nicht totale Verwerfung im Gefolge zu haben. Häufig gelingt es, die bisher benützte Theorie zu modifizieren und zu verfeinern und sie auf diese Weise mit den beobachtbaren Realitäten in Einklang zu bringen.

In dem Maße, als moderne Theorien von den Methoden der höheren Mathematik Gebrauch machen, kann der wissenschaftliche Fortschritt entscheidend abhängen von der Durchführung *logisch-mathematischer Deduk-*

*tionen* im Kalkül, auf den sich die Theorie stützt. Eine Formulierung von Naturgesetzen in der Sprache der Differentialgleichungen z. B. wäre impraktikabel, wenn keine mathematischen Methoden zur Behandlung von Differentialgleichungen verfügbar wären. An dieser Stelle zeigt sich, daß logisch-mathematische Entdeckungen eine eminente Bedeutung für die Realforschung erhalten können. Häufig gelingt es erst auf einem relativ komplizierten Umweg über die Lösung schwieriger mathematischer Probleme, Theorien für die Erklärungen und Voraussagen beobachtbarer Phänomene verwertbar zu machen.

Zuletzt seien einige Ereignisse im Wissenschaftssektor angeführt, die man am besten als *wissenschaftliche Revolutionen* bezeichnen könnte, weil es sich dabei nicht nur um die Änderung spezieller Gesetze und spezieller Theorien handelt, sondern um die erstmalige Schaffung von solchen oder um eine Wandlung der grundlegendsten Überzeugungen, welche die Basis für alle bisherigen Theorienbildungen darstellten. Auch hier handelt es sich nicht um ein einheitliches Phänomen. Die erste große wissenschaftliche Revolution war *die Entstehung der modernen Naturwissenschaft* überhaupt. Hier vollzog sich etwas Unglaubliches: Es bahnte sich eine Lösung eines uralten Menschheitskonfliktes an, nämlich des Konfliktes zwischen dem heißen Drang, um das räumlich und zeitlich Entfernte zu wissen, und dem praktischen Nichtwissen um diese Dinge. Zwar gab es schon von alters her Wahrsager, Hellseher und Magier, die den Anspruch erhoben, zu solchem Wissen gelangt zu sein. Aber immer wieder hatte sich herausgestellt, daß die Voraussagen dieser Leute nicht stimmten und daß es sich bei ihnen entweder um Phantasten oder um Scharlatane handelte, die den menschlichen Wunsch, um das Ferne und vor allem um das Künftige zu wissen, ausbeuteten. Den Naturforschern dagegen glückte es erstmals, verborgene Regelmäßigkeiten im Naturablauf zu entdecken und, gestützt auf diese Regelmäßigkeiten, präzise Voraussagen künftiger Ereignisse zu machen, die auch genau zutrafen. Der Wahrsager wurde endgültig vom Naturforscher verdrängt.

Eine andere wissenschaftliche Revolution hat sich in der modernen Quantenphysik vollzogen. Man könnte sie schlagwortartig charakterisieren als *die Entdeckung der indeterministischen Grundstruktur unseres Universums*. Das klassische Kausalprinzip, wonach alle Vorgänge in dieser Welt unter streng deterministische Gesetze subsumierbar sind, erwies sich als unbegründetes Dogma. Während man früher meinte, daß die Verwendung von Wahrscheinlichkeitsgesetzen stets ein bloßes Provisorium darstelle, das nur solange benützt werden dürfe, als man die wahren gesetzmäßigen Zusammenhänge nicht kenne, stellte sich nun heraus, daß die Grundgesetze unseres Universums vermutlich *statistische Gesetze*, hingegen keine strikten Kausalgesetze sind[1].

---

[1] Dies ist natürlich eine etwas vage und ungenaue Charakterisierung der Sachlage. Für eine genauere Diskussion des Verhältnisses von Determinismus und Indeterminismus vgl. W. Stegmüller, [Erklärung und Begründung], Kap. VII.

Analog wie neue Erfahrungen verfügbare Theorien nicht zu bestätigen brauchen, sondern sie erschüttern und damit den Entwurf neuartiger Theorien erzwingen können, so kann auch eine wissenschaftliche Revolution aus einer Katastrophensituation hervorwachsen. Ein Beispiel dafür bildet die *Grundlagenkrise der modernen Mathematik*, die um diese Jahrhundertwende begann. Jahrtausendelang hatte die mathematische Erkenntnis als Prototyp echter und unfehlbarer Erkenntnis gegolten; und Wissenschaftler wie Philosophen hatten sich an diesem Idealbild orientiert. Nun erwies sich die klassische Mathematik als logisch widerspruchsvoll. Die Entdeckung logischer Widersprüche aber ist das Böseste, was einer Wissenschaft widerfahren kann: Logisch widerspruchsvolle Theorien sind wertlos, da in ihnen jede beliebige Aussage bewiesen werden kann. Während die Mathematiker glaubten, in den obersten Stockwerken eines stählernen Gebäudes zu sitzen, das auf Felsengrund errichtet sei, entdeckten die Grundlagenforscher, daß das Riesengerüst auf Sand gebaut war und daß eine Woge von Widersprüchen diese Unterlage wegzuschwemmen drohte. Moderne Logik und mathematische Grundlagenforschung haben von da aus ihre entscheidenden Impulse erhalten, und es haben sich verschiedenste Forschungszweige entwickelt mit z. T. recht überraschenden Resultaten, so etwa die intuitionistische Logik und Mathematik, die Beweistheorie und die axiomatische Mengenlehre.

Kehren wir zur Ausgangsfrage zurück: Was ist wissenschaftlicher Fortschritt? Wir haben gesehen, daß man sehr vielerlei darunter verstehen kann: die Gewinnung neuer empirischer Fakten sowie mathematischer Erkenntnisse; die Aufstellung neuer empirischer Generalisationen; den Übergang von der rein qualitativen zur quantitativen Weltbeschreibung; die Übersetzung empirischer Generalisationen in eine mathematisch präzisierte Sprache; die Einbettung isolierter Gesetzmäßigkeiten in deduktive Hierarchien von Gesetzen verschiedenster Allgemeinheitsstufe; den Übergang zur Theorienbildung mit nur teilweise deutbaren Grundbegriffen; die Bestätigung von Gesetzen und Theorien sowie deren Erschütterung und die Ersetzung bisher geglaubter Hypothesen durch neue; schließlich wissenschaftliche Revolutionen, welche das ganze Weltbild grundlegend verändern.

Die eben gemachten Andeutungen sollten nichts weiter vermitteln als einen ungefähren Eindruck von der ungeheuren Komplexität des geschichtlichen Phänomens, welches man wissenschaftlichen Fortschritt nennt. Man möge nicht in den Fehler verfallen zu glauben, daß mit diesem Bild auch schon ein *Verständnis* der Elemente dieses Phänomens geliefert sei. Davon kann keine Rede sein. Zu den noch immer am wenigsten verstandenen Aspekten gehören alle Fragen, welche die Prüfung, Bestätigung und Erschütterung von Theorien betreffen. Diese Probleme wurden im vorliegenden Band nicht angeschnitten. Dagegen haben wir uns vor allem mit zwei anderen Komponenten ausführlich beschäftigt: dem Übergang von der qualitativen zur quantitativen Weltbetrachtung und dem Übergang von der empirischen Generalisation zur Theorienbildung mit nur partiell deutbaren Grundbegriffen.

Obzwar man heute gern bereit ist zuzugeben, daß uns ein vollkommenes Verständnis der Phänomene *Wissenschaft* und *wissenschaftlicher Fortschritt* fehlt, nimmt man doch meist das Faktum dieses Fortschrittes als etwas Selbstverständliches hin. Auch dafür fehlt jede Berechtigung. Es ist a priori überhaupt nicht zu erwarten, daß wir zu brauchbaren Theorien über die Welt gelangen. A. EINSTEIN wird die Äußerung zugeschrieben, daß es zu den unverständlichsten Dingen dieser Welt gehöre, daß die Welt für uns verständlich sei. Und auch diese Verständlichkeit ist, wie man hinzufügen könnte, eine sehr begrenzte und ewig problematische: „Unsere Unwissenheit ist grenzenlos und ernüchternd. Ja, es ist gerade der überwältigende Fortschritt der Naturwissenschaften . . ., der uns immer von neuem die Augen für unsere Unwissenheit öffnet“[2]. Fast jeder echte Forscher wird gelegentlich von einem ähnlichen Gefühl beherrscht sein wie jenem, das ISAAC NEWTON durch die Worte wiederzugeben versuchte: „I do not know what I may appear to the world; but to myself I seem to have been only like a boy playing on the seashore, and diverting myself in now and then finding a smoother pebble or prettier shell than ordinary, whilst the great ocean of truth lay all undiscovered before me“[3].

[2] K. POPPER, „Die Logik der Sozialwissenschaften“, in: *Soziologische Texte*, Bd. 58, herausgegeben von H. MAUS und F. FÜRSTENBERG, Neuwied/Berlin 1969, S. 103.

[3] Zitiert in D. BREWSTER, *The Life of Isaac Newton*, Londen 1831, S. 338.

# Bibliographie

Studienausgabe *Teil C*


ACHINSTEIN, P., "Theoretical Terms and Partial Interpretation", in: The British Journal for the Philosophy of Science Bd. XIV (1963), S. 89–105.

ACHINSTEIN, P., "Scientific Theories and Empirical Significance", in: Review of Metaphysics Bd. 19 (1965), S. 758–769.

ACHINSTEIN, P. [Concepts], *Concepts of Science. A Philosophical Analysis*, Baltimore, Maryland 1968.

ALBERT, H. [Traktat], *Traktat über kritische Vernunft*, Tübingen 1968.

AUSTIN, J. L. [Wirklichkeit], "Das Wesen der Wirklichkeit", in: VON SAVIGNY, E. (Hrsg.), *Philosophie und normale Sprache*, Freiburg-München 1969, S. 38–49; (englisch in: AUSTIN, J. L., *Sense and Sensibilia*, Oxford 1962, Vorlesung VII, S. 62–77).

BAR-HILLEL, Y., "Rudolf Carnap. The Methodological Character of Theoretical Concepts", in: Journal of Symbolic Logic Bd. 25 (1966), S. 71–74.

BAUMRIN, B. (Hrsg.), *Philosophy of Science, The Delaware Seminar:* Bd. I (1961–1962) New York 1963, Bd. II (1962–1963), New York 1963.

BOHNERT, H. G. [Defense], "In Defense of Ramsey's Elimination Method", in: The Journal of Philosophy Bd. LXV (1968), S. 275–281.

CARNAP, R. [Überwindung der Metaphysik], "Überwindung der Metaphysik durch logische Analyse der Sprache", in: Erkenntnis Bd. 2 (1931), S. 219–241.

CARNAP, R. [Testability], "Testability and Meaning", in: Philosophy of Science Bd. 3 (1936) und Bd. 4 (1937); selbständig erschienen: New Haven 1954.

CARNAP, R. [Einführung], *Einführung in die symbolische Logik mit besonderer Berücksichtigung ihrer Anwendungen*, 3. Auflage Wien 1968.

CARNAP, R. [Theoretical Concepts], "The Methodological Character of Theoretical Concepts", in: FEIGL, H., and M. SCRIVEN (1956), S. 38–76.

CARNAP, R. [Beobachtungssprache], "Beobachtungssprache und theoretische Sprache", in: *Logica Studia Paul Bernays dedicata*, Neuchâtel, Suisse 1959, S. 32–44.

CARNAP, R. [Theoretische Begriffe], "Theoretische Begriffe der Wissenschaft: Eine logische und methodologische Untersuchung", in: Zeitschrift für philosophische Forschung Bd. 14 (1960), S. 209–233 und 571–598 (Übersetzung von CARNAP, R. [Theoretical Concepts]).

CARNAP, R. [Carnap], *The Philosophy of Rudolf Carnap*, SCHILPP, P. A. (Hrsg.), La Salle, Ill., 1963.

CARNAP, R. [Physics], *Philosophical Foundations of Physics*, GARDNER, M. (Hrsg.), New York-London 1966; (deutsch: *Einführung in die Philosophie der Naturwissenschaft*, München 1969).

CRAIG, W. [Replacement], "Replacement of Auxiliary Expressions", in: Philosophical Review Bd. LXV (1956), S. 38–55.

CRAIG, W. [Axiomatizability], "On Axiomatizability within a System", in: Journal of Symbolic Logic Bd. 18 (1953), S. 30–32.

FEIGL, H., and W. SELLARS (Hrsg.), *Readings in Philosophical Analysis*, New York 1949.

FEIGL, H., and M. BRODBECK (Hrsg.), *Readings in the Philosophy of Science*, New York 1953.

FEIGL, H., and G. MAXWELL (Hrsg.), *Current Issues in the Philosophy of Science*, New York 1961.

FEIGL, H., and M. SCRIVEN (Hrsg.), *Minnesota Studies in the Philosophy of Science:* Bd. I, Minneapolis 1956.

FEIGL, H., M. SCRIVEN, and G. MAXWELL (Hrsg.) [Minnesota Studies II], *Minnesota Studies in the Philosophy of Science:* Bd. II, Minneapolis 1958.

FEIGL, H., and G. MAXWELL (Hrsg.), *Minnesota Studies in the Philosophy of Science:* Bd. III, Minneapolis 1962.

FEYERABEND, P. K., and G. MAXWELL (Hrsg.), *Mind, Matter, and Method. Essays in the Philosophy of Science in Honor of Herbert Feigl*, Minneapolis 1966.

GOODMAN, N., and W. V. QUINE [Constructive Nominalism], "Steps toward a Constructive Nominalism", in: Journal of Symbolic Logic Bd. 12 (1947), S. 105—122.

GOODMAN, N. [CRAIG], Review of CRAIG [Replacement], in: Journal of Symbolic Logic Bd. 22 (1957), S. 317—318.

HEMPEL, C. G. [Reconsideration], "The Concept of Cognitive Significance: A Reconsideration", in: Proceedings of the American Academy of Arts and Sciences Bd. 80 (1951), S. 61—77.

HEMPEL, C. G. [Dilemma], "The Theoretician's Dilemma. A Study in the Logic of Theory Construction", in: FEIGL, H., M. SCRIVEN, and G. MAXWELL (1958), S. 37—98 (auch abgedruckt in: HEMPEL, C. G. [Aspects], S. 173—228).

HEMPEL, C. G. [Carnap's Work], "Implications of Carnap's Work for the Philosophy of Science", in: CARNAP, R. [Carnap], S. 685—710.

HEMPEL, C. G. [Aspects], *Aspects of Scientific Explanation*, New York-London 1965.

HERMES, H. [Berechenbarkeit], *Aufzählbarkeit, Entscheidbarkeit, Berechenbarkeit*, Berlin-Göttingen-Heidelberg 1961.

JAMMER, M., *The Conceptual Development of Quantum Mechanics*, New York 1966.

MAXWELL, G. [Criteria], "Criteria of Meaning and Demarcation", in: FEYERABEND, P. K., and G. MAXWELL (1966), S. 319—327.

POPPER, K. R., "The Demarcation Between Science and Metaphysics", in: CARNAP, R. [Carnap], S. 183—226.

QUINE, W. V., siehe: GOODMAN, N., and W. V. QUINE.

RAMSEY, F. P., "Theories", in: RAMSEY, F. P., *The Foundations of Mathematics*, London 1951, S. 212—236.

SCHEFFLER, I. [Anatomy], *The Anatomy of Inquiry: Philosophical Studies in the Theory of Science*, New York 1963.

SCHEFFLER, I. [Reflections], "Reflections on the Ramsey Method", in: The Journal of Philosophy Bd. LXV (1968), S. 269—274.

SCHILPP, P. A., siehe: CARNAP, R. [Carnap].

SMULLYAN, R. M. [Formal Systems], *Theory of Formal Systems*, Princeton, New Jersey 1961.

STEGMÜLLER, W. [Glauben], "Glauben, Wissen und Erkennen", in: Zeitschrift für philosophische Forschung Bd. 10 (1956), S. 509—549; abgedruckt im Sammelband: STEGMÜLLER, W., *Glauben, Wissen und Erkennen. Das Universalienproblem einst und jetzt*, Darmstadt 1965.

STEGMÜLLER, W. [Metaphysik], *Metaphysik, Skepsis, Wissenschaft*, 2. Auflage mit neuer Einleitung, Berlin-Heidelberg-New York 1969.

STEGMÜLLER, W. [Erklärung und Begründung], *Wissenschaftliche Erklärung und Begründung. Probleme und Resultate der Wissenschaftstheorie und Analytischen Philosophie I*, Berlin-Heidelberg-New York 1969.

STEGMÜLLER, W. (Hrsg.) [Universalienproblem], *Das Universalienproblem*, Darmstadt, im Erscheinen.

Druck: Brühlsche Universitätsdruckerei Gießen

9 783540 050216